普通高等教育"十三五"应用型人才培养规划教材

AutoCAD 2014实用教程

主编 ◎ 蒋冬清　朱俊杰　代春香

西南交通大学出版社
·成　都·

图书在版编目（ＣＩＰ）数据

AutoCAD 2014 实用教程 / 蒋冬清，朱俊杰，代春香
主编. 一成都：西南交通大学出版社，2018.1
ISBN 978-7-5643-6059-7

Ⅰ．①A… Ⅱ．①蒋… ②朱… ③代… Ⅲ．①
AutoCAD 软件 – 教材 Ⅳ．①TP391.72

中国版本图书馆 CIP 数据核字（2018）第 023891 号

AutoCAD 2014 实用教程

	责任编辑／李　伟
主　　编／蒋冬清　朱俊杰　代春香	特邀编辑／傅莉萍
	封面设计／何东琳设计工作室

西南交通大学出版社出版发行

（四川省成都市二环路北一段 111 号西南交通大学创新大厦 21 楼　610031）
发行部电话：028-87600564　　028-87600533
网址：http://www.xnjdcbs.com
印刷：成都中铁二局永经堂印务有限责任公司

成品尺寸　185 mm×260 mm
印张　21.5　　字数　534 千
版次　2018 年 1 月第 1 版　　印次　2018 年 1 月第 1 次

书号　ISBN 978-7-5643-6059-7
定价　49.00 元

前　言

AutoCAD 是 Autodesk 公司的产品，它拥有数以百万的用户，多年来积累了无法估量的设计数据资源。该软件作为计算机辅助设计工业的旗舰产品，一直凭借其独特的优势而为全球各行业的设计工程师所采用。作为一个辅助设计软件，它为工程设计人员提供了强有力的二维和三维工程设计与绘图等功能；随着版本的不断升级和功能的增强，将快速创建图形、轻松地共享设计资源、高效地管理设计成果等功能不断扩展和深化。为了让应用型大学学生更好地使用该软件，提高设计应用水平，特推出《AutoCAD 2014 实用教程》一书。

本书作者来自国内高校，对 AutoCAD 有多年的教学和使用经历，书中的实用见解、方法和技巧介绍都融会了作者多年精炼的教学与实践经验。本书紧扣 Autodesk 公司 AutoCAD 初级工程师级及工程师级认证考试的教学大纲，并且参考借鉴众多相关教材，有针对性地介绍与讲解了软件的主要功能和新特性，着重培养用户充分和适当地利用软件功能解决典型应用问题的能力和水平。

本书的编写突出了如下特点：

（1）突出以设计实例为线索，循序渐进，将整个设计过程贯穿全书，详细介绍了计算机辅助设计的流程、所涉及的规范和标准，以及在设计过程中所应用到的命令和技巧。

（2）结合机械相关专业特点进行编写，例题选用有工程代表性。

（3）注意贯彻我国 CAD 制图有关标准，指导读者有效地将 AutoCAD 的丰富资源与国标相结合，进行规范化设计。

（4）本书插入大量"提示"和"注意"醒目的标记，向读者推荐有益的经验和技巧。

本书共分为 9 章，分别为 AutoCAD 2014 中文版简介、绘图基础、二维绘图命令，二维修改命令、创建文字与表格、机械制图尺寸标注与编辑、机械制图常用图块与图案填充、机械制图工程图实例、AutoCAD 2014 三维实体建模与工程图生成。其中，第 1~4 章由蒋冬清编写，第 5、6 章由朱俊杰编写，第 7~9 章由代春香编写。本书的各个章节联系紧密、步骤翔实、层次清晰，形成一套完整的体系结构。

由于时间仓促，书中难免有疏漏和不妥之处，恳请广大读者批评指正。

作　者
2017 年 11 月

目　录

第 1 章　AutoCAD 2014 中文版简介

【本章导读】

　　本章将详细介绍 AutoCAD 2014 软件的发展、软件安装及设置、软件启动和关闭、软件基本文件操作、软件界面介绍、图形文件管理、如何获取帮助等内容。

【本章要点】

（1）AutoCAD 2014 中文版的安装与启动。
（2）AutoCAD 2014 中文版工作界面的介绍。
（3）文件管理。
（4）获取帮助。

1.1　AutoCAD 2014 中文版的安装与启动

　　用户在使用 AutoCAD 2014 软件之前，必须知道如何正确地在计算机中安装和启动该软件，本小节就这些问题加以介绍。

1.1.1　AutoCAD 2014 概述

　　AutoCAD（Autodesk Computer Aided Design）是 Autodesk（欧特克）公司首次于 1982 年开发的自动计算机辅助设计软件，用于二维绘图、详细绘制、设计文档和基本三维设计，现已成为国际上广为流行的绘图工具。AutoCAD 具有良好的用户界面，通过交互菜单或命令行方式便可进行各种操作。它的多文档设计环境，使非计算机专业人员也能很快地学会使用。在不断实践的过程中用户能更好地掌握它的各种应用和开发技巧，从而不断提高工作效率。AutoCAD 具有广泛的适应性，它可以在各种操作系统支持的微型计算机和工作站上运行。

　　AutoCAD 2014 在原有版本功能的基础上新增了许多特性，如 Windows 8 触屏操作、文件格式命令行增强、现实场景中建模等，具体表现如下：

　　（1）社会化设计：即时交流社会化合作设计，可以在 AutoCAD 2014 里使用类似 QQ 的即时通信工具、图形以及图形内的图元、图块等，通过网络交互的方式相互交换设计方案。

　　（2）支持 Windows 8 及触屏操作：Windows 8 操作系统的关键特性就是支持触屏，当然也需要软件提供触屏支持才能使用这种新特性。用户使用智能手机以及平板计算机，已经习惯了用手指来移动视图，AutoCAD 2014 在 Windows 8 中，已经支持这种超炫的操作方法。

（3）实景地图：现实场景中建模，可以将 DWG 图形与现实的实景地图结合在一起，利用 GPS 等定位方式直接定位到指定位置上。

本书主要是针对机械制图计算机绘图的一本教材，因此，仍然侧重于 AutoCAD 2014 的基本绘图功能的介绍。

1.1.2 AutoCAD 2014 中文版的安装

在计算机上使用 AutoCAD 2014 中文版之前，需要安装 AutoCAD 2014 中文版。下面介绍安装方法。

1. 确认操作系统及硬件条件

在安装 AutoCAD 2014 中文版之前，必须确定计算机硬件是否满足运行 AutoCAD 2014 中文版的条件及操作系统的位数，以便选择正确的软件进行安装。

（1）适用于 32 位 AutoCAD 2014 的系统及硬件。

AutoCAD 中文版适用于 Windows 8 或 Windows 8.1 standard、Enterprise 或 Professional edition，Windows 7 Enterprise、Ultimate、Professional 或 Home Premium edition（比较 Windows 版本），Windows XP Professional 或 Home edition（SP3 或更高版本）操作系统。

硬件最低要求：

① 2 GB RAM（建议使用 4 GB）。

② 6 GB 可用磁盘空间。

③ 1 024 ppi×768 ppi 的分辨率，真彩色（建议 1 600 ppi×1 050 ppi）。

（2）适用于 64 位 AutoCAD 2014 的系统及硬件。

AutoCAD 中文版适用于 Windows 8 和 Windows 8.1 standard、Enterprise 或 Professional edition，Windows 7 Enterprise、Ultimate、Professional 或 Home Premium edition（比较 Windows 版本），Windows XP Professional（SP2 或更高版本）。

硬件最低要求：

① 2 GB RAM（建议使用 4 GB）。

② 6 GB 可用磁盘空间。

③ 1 024 ppi×768 ppi 的分辨率，真彩色（建议 1 600 ppi×1 050 ppi）。

（3）大型数据集、点云和三维建模（所有的配置）的其他需求。

① Pentium 4 或 Athlon 双核处理器，3 GHz 或更高，或者 Intel、AMD dual core 处理器，2 GHz 或更高版本。

② 4 GB RAM 或更大。

③ 6 GB 硬盘空间（除安装所需的可用空间）。

④ 1 280 ppi×1 024 ppi 真彩色视频显示适配器 128 MB 或更高，Pixel Shader 3.0 或更高版本，Microsoft Direct 3D 的工作站类图形卡。

2. 安装步骤及注意事项

为了保证安装的正常运行，请以管理员身份进行运行，并且在安装过程中关闭其他 Windows 应用程序。

（1）在相应的版本软件拷入本地硬盘之后，找到安装文件，双击安装文件，安装初始化开始，如图 1.1 所示（注意：所有路径尽量避免中文路径出现）。

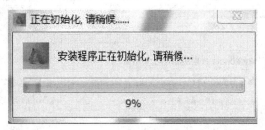

图 1.1　初始化界面

（2）初始化完成之后弹出安装首界面，如图 1.2 所示，点击"安装"。

图 1.2　安装首界面

（3）如果系统没安装相关插件，会更新，请点击"更新"，如图 1.3 所示（此步骤非常重要，如果不能完成此插件的安装，AutoCAD 2014 中文版安装将不能顺利进行）。

图 1.3　系统更新提示

（4）安装好插件后重启系统，具体操作如图 1.4 ~ 1.6 所示。

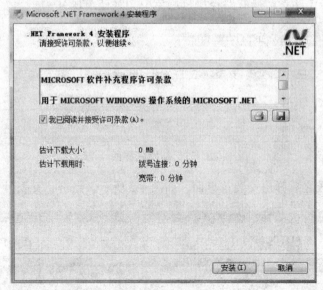

图 1.4　Microsoft.NET Framework 4 安装界面

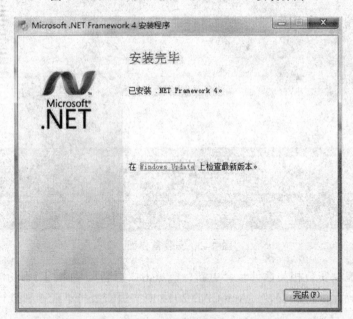

图 1.5　Microsoft.NET Framework 4 安装完成

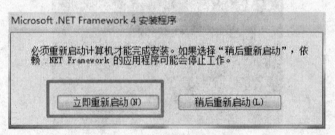

图 1.6　计算机重启提示

（5）重启之后继续安装，如果没有提示继续安装，请参考（1）操作。

（6）国家选择和许可协议。国家及地区选择"China"，然后点击"我接受"接受许可，点击"下一步"，如图 1.7 所示。

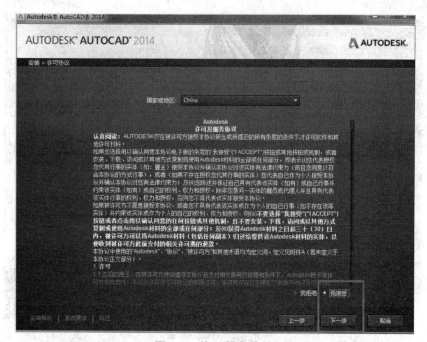

图 1.7　许可服务协议

（7）输入序列号和产品密钥（见图 1.8）。

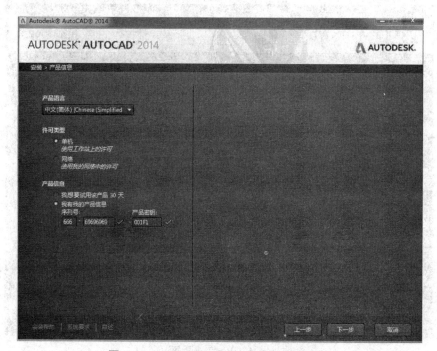

图 1.8　AutoCAD 2014 中文版产品密钥

（8）点击"安装"开始安装主程序，如图1.9所示。

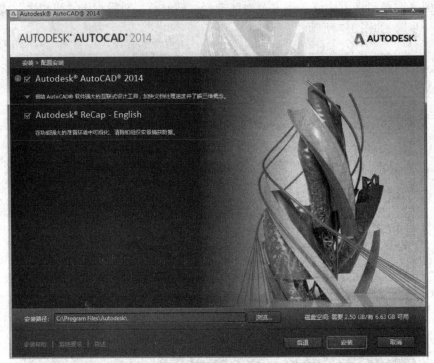

图1.9　配置安装

（9）安装完成，界面如图1.10所示。

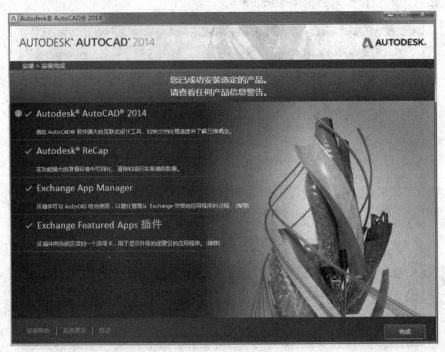

图1.10　完成界面

3. AutoCAD 2014 中文版的激活

安装完成后第一次打开 AutoCAD 2014 软件，会弹出 Autodesk 隐私声明，如图 1.11 所示，点击"我同意"，继续打开。

图 1.11　Autodesk 隐私声明

系统进入激活界面，如图 1.12 所示。在这个页面用户可以选择试用 30 天或者激活软件。

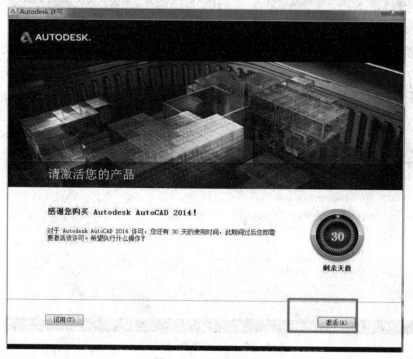

图 1.12　激活界面

如选择继续激活软件，可以选择立即连接网络激活和使用脱机方式激活两种方式，如图 1.13 所示。

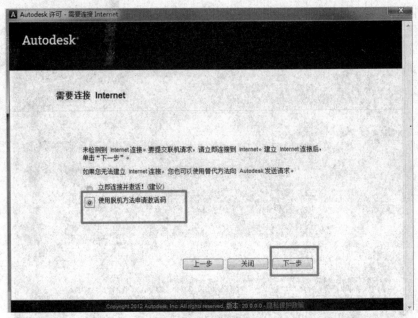

图 1.13　激活方式选择

激活完成界面如图 1.14 所示。

图 1.14　激活完成

1.1.3 AutoCAD 2014 中文版的启动

在使用 AutoCAD 2014 中文版软件之前，应该熟知正确的软件启动方法，这样才能更好地使用软件。

1. 命令选择法

在任务栏中点击"开始"按钮，然后选择"程序"→"Autodesk"→"AutoCAD 2014-简体中文"→"AutoCAD 2014-简体中文"命令，启动 AutoCAD 2014 中文版程序。

2. 快捷方式

在完成 AutoCAD 2014 中文版的安装之后，系统会自动在 Windows 桌面上创建 AutoCAD 2014 快捷方式图标，双击快捷方式图标，即可启动 AutoCAD 2014 中文版。

3. 打开文件法

在已安装 AutoCAD 2014 中文版的计算机上，双击任意一个后缀名为".dwg"的 AutoCAD 图形文件，只要该文件创建版本不高于 2014 版本，计算机在打开文件的同时即可成功启动 AutoCAD 2014 中文版程序。

1.2 AutoCAD 2014 中文版的工作界面

1.2.1 工作空间

AutoCAD 工作空间是由分组组织的菜单、工具栏、选项板和功能区控制面板组成的集合，用户可以在专门的、面向任务的绘图环境中工作。使用工作空间时，只会显示与任务相关的菜单、工具栏和选项板。此外，工作空间还可以自动显示功能区，即带有特定任务的控制面板的特殊选项板。

AutoCAD 2014 中文版提供了"草图与注释""三维基础""三维建模"和"AutoCAD 经典"等多种工作空间，可供用户选择。

1. 切换工作空间

可以用以下几种方式选择所需要的工作空间：

（1）使用菜单栏。

单击菜单栏"工具"→"工作空间"下一级菜单选项，如图 1.15 所示。

（2）使用工具栏。

展开"工作空间"工具栏上的"工作空间控制"下拉列表，选择工作空间，如图 1.16 所示。

（3）使用"快速访问"工具栏。

单击"快速访问"工具栏上的"工作空间"按钮，从弹出的下拉列表中选择所需的工作空间，如图 1.17 所示。

图 1.15　使用菜单栏选择工作空间

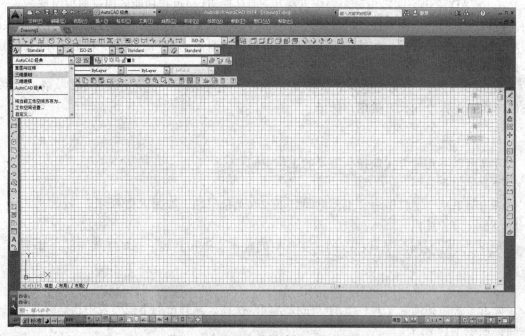

图 1.16　使用工具栏选择工作空间

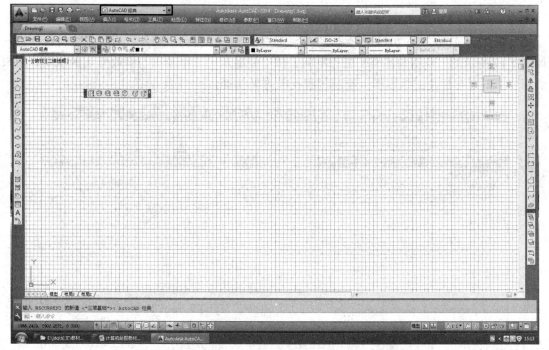

图 1.17 使用"快速访问"工具栏选择工作空间

（4）使用状态栏。

单击状态栏上的"切换工作空间按钮" 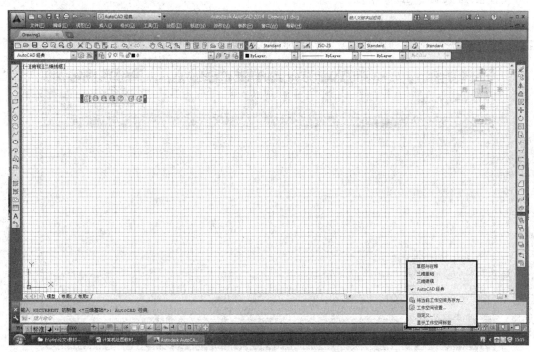，从弹出的列表中选择所需的工作空间，如图 1.18 所示。

图 1.18 使用状态栏选择工作空间

2. "草图与注释"工作空间

若用户是 AutoCAD 2014 中文版的初始用户，那么在启动了软件之后，系统将自动进入如图 1.19 所示的"草图与注释"工作空间，该空间显示了二维绘图与修改常用的工具，用来绘制二维图形与标注二维图形，绘制过程比较方便快捷。

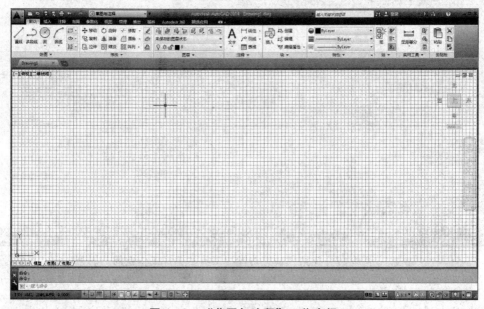

图 1.19　"草图与注释"工作空间

3. "三维基础"工作空间

在用户创建三维模型时，可以使用"三维基础"工作空间。该工作空间的界面更加精简，只显示了 7 个常用的与三维建模相关的选项卡，如图 1.20 所示。

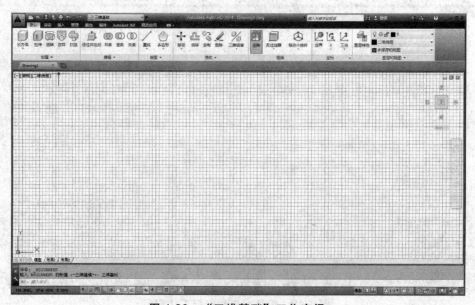

图 1.20　"三维基础"工作空间

4. "三维建模"工作空间

用户在创建较为复杂的三维模型时，可以使用"三维建模"工作空间，其界面特点与"草图与注释"工作空间十分相似，但功能区只有与"三维建模"相关的按钮，包含 14 个选项卡，与绘制二维图相关的按钮为隐藏状态，如图 1.21 所示。

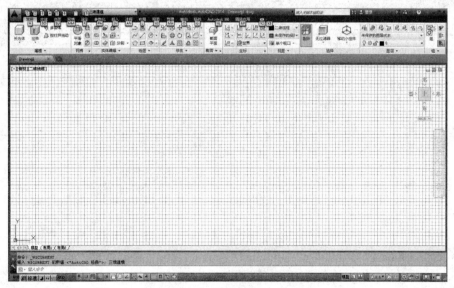

图 1.21　"三维建模"工作空间

5. "AutoCAD 经典"工作空间

对于习惯于 AutoCAD 传统工作界面（AutoCAD 2008 以前的版本）及操作比较熟练的用户，可以选择使用"AutoCAD 经典"工作空间创建和修改二维图，也可以通过一定的修改进行三维建模，以保持工作界面与旧版本一致，满足老用户的使用习惯，如图 1.22 所示。

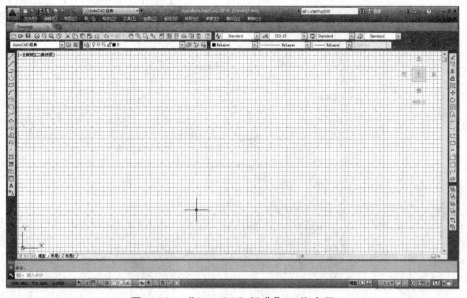

图 1.22　"AutoCAD 经典"工作空间

1.2.2 "AutoCAD 经典"工作空间界面介绍

"AutoCAD 经典"工作空间主要包含标题栏、工具栏、绘图区、状态栏等元素，如图 1.23 所示。

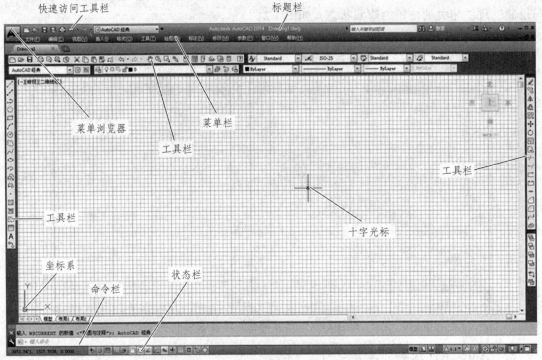

图 1.23　经典工作空间界面组成

1. 菜单浏览器按钮

AutoCAD 2014 中文版为用户提供了"菜单浏览器"按钮，该按钮位于界面左上角。单击该按钮，会弹出如图 1.24 所示的 AutoCAD 菜单，可利用该菜单执行相应的命令。

图 1.24　菜单浏览器

2. 快速访问工具栏

快速访问工具栏位于应用程序窗口顶部（如图 1.25 所示，当然也可以自己定义它的位置），默认状态下包括了图 1.25 所示的几个工具。

图 1.25　快速访问工具栏

使用快速访问工具栏，可以快速地对工具进行使用，如新建文件、打开文件、保存文件等。同样也可以根据工作需要自己添加命令：在快速访问工具栏右侧有一个下拉式按钮，点击按钮会出现下拉列表，就会展开自定义快速访问工具栏。列表中有的选项前有钩，有的选项前没有，仔细观察会发现打钩的选项是在工具栏内的工具，没有打钩的则没有在快速访问工具栏内显示，如图 1.26 所示，需要添加的按钮只需给它打钩就可以在快速访问工具栏显示出来。

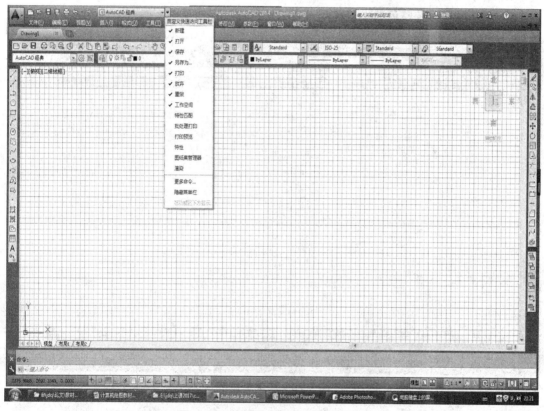

图 1.26　快速访问工具栏添加按钮

3. 标题栏

AutoCAD 2014 标题栏在用户界面的最上面，用于显示 AutoCAD 2014 的当前图形文件的名称等信息，如图 1.27 所示。标题行最右面的各按钮 **━ ❏ ✖**，可用来实现窗口的最小化、最大化、还原和关闭，操作方法与 Windows 其他办公软件操作方式相同。

图 1.27　标题栏

4. 菜单栏

菜单栏位于标题栏下方，是 AutoCAD 2014 的主菜单，如图 1.28 所示，集中了全部的功能和命令，单击主菜单的某一项，会显示出相应的下拉菜单。

| 文件(F) | 编辑(E) | 视图(V) | 插入(I) | 格式(O) | 工具(T) | 绘图(D) | 标注(N) | 修改(M) | 参数(P) | 窗口(W) | 帮助(H) |

图 1.28　菜单栏

下拉菜单有如下特点：

（1）菜单项后面有"…"时，表示单击该选项后，会打开一个对话框。

（2）菜单项后面有黑色的小三角时，表示该选项还有子菜单，如图 1.29 所示。

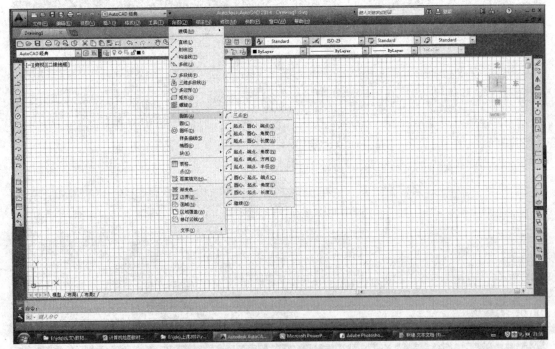

图 1.29　子菜单显示

（3）有时菜单项为浅灰色时，表示在当前条件下，这些命令不能使用。

（4）菜单后标有快捷键（菜单项后面括号中的大写字母组合），表明使用相应快捷键也可以执行该菜单命令。

5. 工具栏

工具栏一般放置于菜单栏下方及绘图区两边，如图 1.30 所示，也可以根据绘图习惯自行调整。AutoCAD 2014 一共提供了 20 多个工具栏，通过这些工具栏可以实现大部分操作。

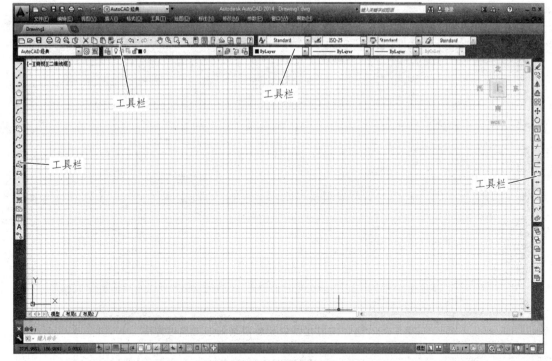

图 1.30　工具栏位置

其中，常用的默认工具为"标准"工具栏、"绘图"工具栏、"修改"工具栏、"图层"工具栏、"对象特性"工具栏、"样式"工具栏，如图 1.31 所示。如果把光标指向某个工具按钮上并停顿一下，屏幕上就会显示出该工具按钮的名称，并在状态栏中给出该按钮的简要说明。

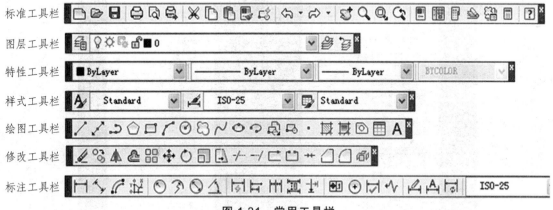

图 1.31　常用工具栏

如果现有工具栏中没有所需要的命令，可在工具栏上任意位置右击鼠标，系统将弹出工具栏的快捷菜单目录，如图 1.32 所示。或者通过选择"工具"→"工具栏"→"AutoCAD"，打开工具栏菜单目录，用户可以在弹出的选项列表中勾选所需的工具栏，如图 1.33 所示。

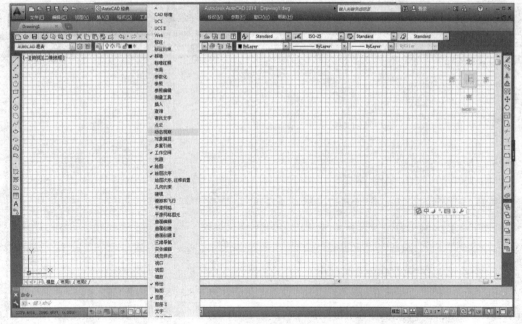

图 1.32　通过工具栏快捷菜单目录新增工具栏方法

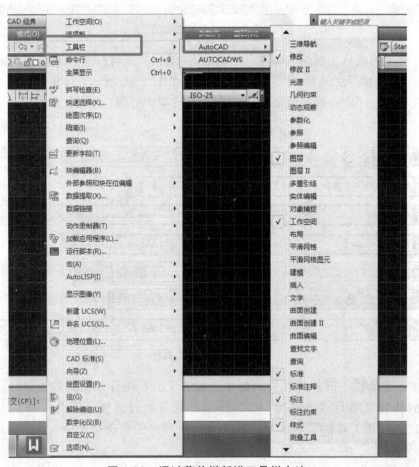

图 1.33　通过菜单栏新增工具栏方法

6. 绘图区

绘图区是用户进行图形绘制的区域，如图 1.34 所示。图形的设计与修改都在这个区域内进行，所有的绘图结果也都反映在这个区域中，用户可以通过滚动鼠标中键放大或者缩小绘图区。把鼠标移动到绘图区时，鼠标变成了十字形状，可用鼠标直接在绘图区中定位。在绘图区的左下角有一个用户坐标系的图标，它表明当前坐标系的类型，图标左下角为坐标的原点。

图 1.34　绘图区

7. 命令行

命令行在绘图区下方，是用户使用键盘输入各种命令的直接显示，也可以显示出操作过程中的各种信息和提示，如图 1.35 所示。默认状态下，命令行保留显示所执行的最后三行命令或提示信息。

图 1.35　命令行

AutoCAD 文本窗口是记录 AutoCAD 命令的窗口，是命令行的放大窗口。它用于记录已执行的命令和输出新命令。在 AutoCAD 2014 中文版中，可以选择"视图"→"显示"→"文本窗口"命令，直接执行 TEXTSCR 命令，或者按 F2 快捷键来打开 AutoCAD 文本窗口。这里记录了对文档进行的所有操作，如图 1.36 所示。

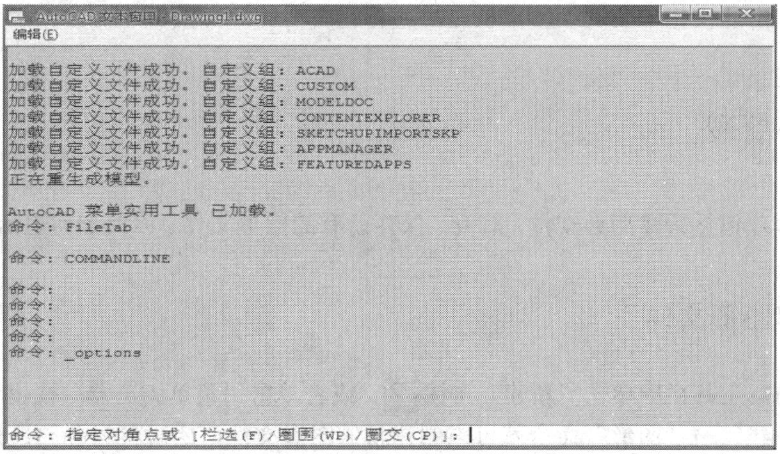

图 1.36　文本窗口

8. 状态栏

状态栏多用于精确绘图，是用于显示坐标值、绘图工具、导航工具、快速访问工具和注释工具等的地方，也叫应用程序状态栏，高版本一般用图标显示，如图 1.37 所示。通过捕捉工具、极轴工具、对象捕捉工具和对象追踪工具的快捷菜单，可以轻松地更改这些绘图工具的设置。

图 1.37 状态栏

如果习惯低版本（2007 版及以前版本）的文字显示，可以通过如图 1.38 所示的方式进行切换。

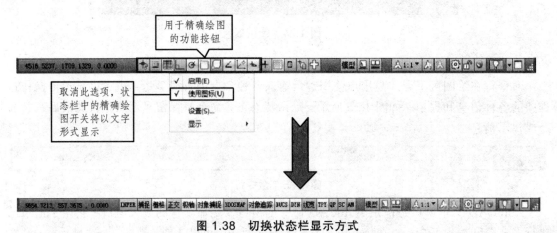

图 1.38 切换状态栏显示方式

状态栏右侧的"锁"图标可以指示工具栏和窗口是否被锁定；状态栏右侧的小箭头可以打开一个菜单，可以通过该菜单来删减状态栏上显示的内容；"全屏显示"按钮位于状态栏最右端，可以单击此按钮来实现绘图面板全屏或者退出全屏。

1.3 文件管理

文件的管理包括新建图形文件，打开、保存已有的图形文件，以及如何退出打开的文件。

1.3.1 新建图形文件

在快速访问工具栏中单击"新建"按钮，或者单击"菜单浏览器"按钮，在弹出的菜单中单击"新建"→"图形"命令就可以创建新的图形文件，此时将打开"选择样板"对话框，如图 1.39 所示。

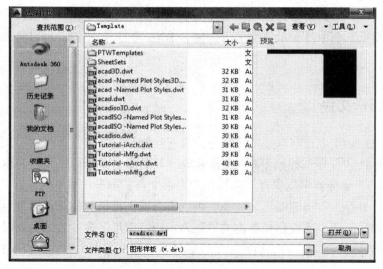

图 1.39 "选择样板"对话框

在"选择样板"对话框中，可以在样板列表框中选中某一样板文件（默认为"acadiso"
文件），这时在右侧的"预览"框中将显示该样板的预览，单击"打开"按钮，可以将选中的
样板文件作为样板来创建新图形。

样板文件中通常包含与绘图相关的一些通用设置，如图层设置、线型设置、文字样式设
置等，使用样板创建新图形不仅提升了绘图效率，还保证了图形的一致性。图形样板文件的
后缀名为".dwt"。

1.3.2 打开图形文件

在快速访问工具栏中单击"打开"按钮 ![打开按钮]，或者单击"菜单浏览器"按钮，在弹出的
菜单中单击"打开"→"图形"命令就可以打开已有的图形文件，此时将打开"选择文件"
对话框，如图 1.40 所示。

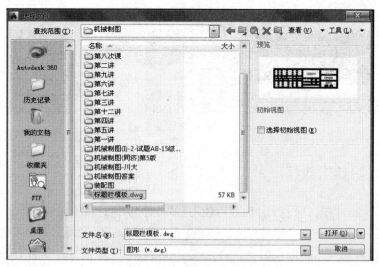

图 1.40 "打开文件"对话框

在"选择文件"对话框中，可以在文件夹中选中某一图形文件（后缀名为".dwg"），这时在右侧的"预览"框中将显示该文件的预览，单击"打开"按钮，可以将选中的图形文件打开。

1.3.3　保存图形文件

在 AutoCAD 2014 中，可以使用多种方式将所绘制的图形以文件形式写入磁盘。在快速访问工具栏中单击"保存"按钮 ![按钮]，或者单击"菜单浏览器"按钮，在弹出的菜单中单击"保存"→"图形"命令就可以保存当前操作的图形文件；单击"菜单浏览器"按钮，在弹出的菜单中单击"另存为"→"图形"命令，可以将当前图形以新的文件名进行保存。

首次保存创建的图形或者选择单击"另存为"→"图形"命令方式保存时，系统将打开"图形另存为"对话框，如图 1.41 所示。可以通过在"文件名"中输入所需要保存的文件名，在"文件类型"下拉菜单选择保存格式。

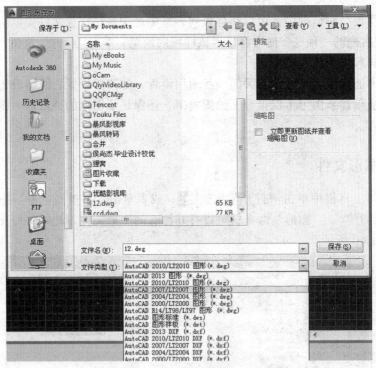

图 1.41　"文件另存为"对话框

1.3.4　加密保护绘图数据

在 AutoCAD 2014 中，保存文件时可以使用密码保护功能，可实现对图形文件的加密保存。

在快速访问工具栏中单击"另存为"按钮 ![按钮]，或单击"菜单浏览器"按钮，在弹出的菜单中单击"另存为"→"图形"命令，打开"图形另存为"对话框，单击右上角的"工具"按钮，打开下拉菜单，选择"安全选项"，如图 1.42 所示。

图 1.42　打开"安全选项"对话框

　　系统打开"安全选项"对话框，如图 1.43 所示。在"密码"选项中，可以在"用于打开此图形的密码或短语"文本框中输入密码，单击"确定"按钮打开"确认密码"对话框，在"再次输入用于打开此图形的密码"文本框中输入设置的密码并单击"确定"即可，如图 1.44 所示。

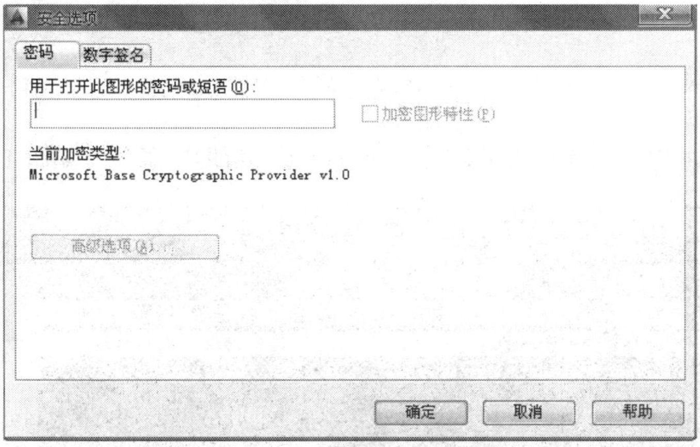

图 1.43　"安全选项"对话框

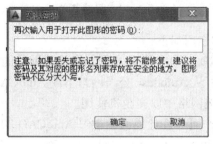

图 1.44　确认密码

1.3.5 关闭图形文件

单击"菜单浏览器"按钮，在弹出的菜单中单击"关闭"→"当前图形"命令，或者在绘图界面右上角单击"关闭"按钮 **X**，可以关闭当前图形文件。

执行关闭命令后，如果当前图形没有保存，系统将弹出警告对话框，询问是否保存文件，如图 1.45 所示。此时如果选择"是（Y）"按钮或者直接按下回车键，将保存当前文件并将其关闭；单击"否（N）"按钮，将不保存当前图形文件并将其关闭；单击"取消"按钮，将取消关闭当前图形文件操作。

图 1.45　警告对话框

1.4　获取帮助

AutoCAD 2014 中文版提供了强大的帮助功能，用户可以从中获取各种命令的使用帮助信息，这对初学者有极大的帮助。

1.4.1　帮助菜单

AutoCAD 2014 中文版在主菜单最后一项提供了"帮助"菜单，如图 1.46 所示。

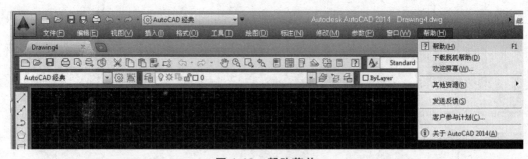

图 1.46　帮助菜单

"帮助"菜单中各命令的作用如下：

（1）帮助（H）：AutoCAD 2014 的帮助主题，激活帮助功能。

（2）下载脱机帮助（D）：从 Autodesk 公司网站下载 AutoCAD 2014 的脱机帮助文件，并安装到用户的计算机或者本地网络中以便脱机使用。

（3）欢迎屏幕（W）：用户可以在此界面中学习 AutoCAD 2014 的新增功能和特性，通过视频快速入门。

（4）其他资源（R）：此界面中包括支持知识库、联机培训资源、联机开发人员中心、开发人员帮助和 AutoCAD 国际用户组五项帮助资源。

（5）发送反馈（S）：通过网络为 Autodesk 公司提供关于软件的反馈信息。

（6）客户参与计划（C）：用户可选择是否参与为 Autodesk 公司提供关于软件的开发新功能及改变现有功能的信息计划。

（7）关于（A）：提供 AutoCAD 2014 的产品名称、产品版本、产品序列号、许可类型、许可 ID 等方面的简要介绍。

1.4.2　实时帮助

在 AutoCAD 2014 中文版使用过程中，如需实时得到系统帮助，可以选择以下几种方式。

1. 在线帮助系统

点击"F1"按键，会弹出一个名为"Autodesk Exchange"的在线帮助系统，在这个界面中，用户可以根据需要选择"命令参考"或者"用户手册"，这样就可以获取所需的命令定义，或者详细的操作方法等解释。在搜索框中，用户根据需要输入所要查询的命令或者相关词语，那么即可快速检索到相应的说明。找到"主页"选项卡，即可快速查看该软件包括的视频和使用方法等新功能，非常方便。

2. 命令帮助提示

在工具面板中，可以看到每一个按钮都有相应的说明，这些说明非常形象，简单易懂，当用户把鼠标的指针停留在这些按钮上时，就会弹出与之对应的命令的帮助提示。

3. 定位帮助

使用"F1"快捷键启动的是帮助界面，但是并不能真正实行定位操作。对于一个具体的命令而言，需要手动定位到与该命令对应的解释部分，此时需要借助"目录"或者"搜索"按钮。

1.5　退出 AutoCAD

当用户退出 AutoCAD 2014 时，为了避免文件的丢失，应按下述方法之一操作，正确退出 AutoCAD 2014。

（1）单击"菜单浏览器"按钮，在弹出的菜单中单击"退出 Autodesk AutoCAD 2014"按钮 退出 Autodesk AutoCAD 2014 。

（2）命令行：输入 QUIT 命令。

（3）标题栏：单击"关闭"按钮 X 。

在上述退出 AutoCAD 2014 的过程中，如果当前图形没有保存，系统会显示"询问"对话框，可以给予相应的操作。

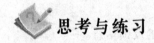 **思考与练习**

1. 思考题

（1）AutoCAD 的发展历程怎么样？AutoCAD 2014 中文版具有哪些特点？

（2）如何正确安装 AutoCAD 2014 中文版？

（3）如何启动 AutoCAD 2014 中文版？

（4）AutoCAD 2014 中文版提供了几种工作空间，各有何用途？

（5）AutoCAD 2014"AutoCAD 经典"工作空间界面主要包含哪些部分？

（6）如何在 AutoCAD 2014 中创建一个新的文件？

（7）AutoCAD 2014 中如何对文件加密？

（8）如何使用 AutoCAD 2014 帮助系统？

2. 上机操作

（1）熟悉 AutoCAD 2014 的启动与退出。

（2）熟悉"AutoCAD 经典"模式界面组成。

（3）熟悉菜单栏，每个菜单栏体验一次。

（4）练习关闭"图层"工具栏，打开"标注"工具栏，并排列整齐。

（5）熟悉状态栏。

（6）新建图形文件"练习图形 1.dwg"并保存。

（7）新建图形文件"练习图形 2.dwg"加密并保存。

（8）调出 AutoCAD 2014 中"矩形"命令的帮助文件。

第 2 章　绘图基础

【本章导读】

在用 AutoCAD 2014 中文版绘制二维图形之前，必须对软件进行必要的设置，才能使得绘图事半功倍。本章主要介绍绘图环境的设置、精确绘图的设置、图层的设置与使用、非连续性线型的设置、命令的输入与终止等内容。

【本章要点】

（1）绘图环境的设置。

（2）精确绘图。

（3）图层设置与使用。

（4）线型比例因子的设定。

（5）命令的输入与终止。

2.1　设置绘图环境

在绘图之前，必须设置一个最适合专业和自己使用习惯的绘图环境，再进行绘图。设置适合的绘图环境，不仅可以减少后期大量的调整、修改工作，而且有利于图形文件的格式统一，便于图形文件的管理和使用，大大加快整个绘图过程。

2.1.1　AutoCAD 2014 坐标系与坐标

在使用 AutoCAD 2014 中文版进行绘图时，如果直接使用光标定位来绘制，绘制出来的图形将无法准确地定位对象位置，导致绘制出的图形定位不准确，容易出现误差，这时就需要使用坐标系精确定位。AutoCAD 2014 提供了多种坐标系，它们都可以通过坐标值来精确定位。

1. 坐标系的分类及名称

（1）笛卡儿坐标系。

笛卡儿坐标系又称为直角坐标系，由一个原点[坐标为（0，0）]和两个通过原点的相互垂直的坐标轴构成（见图 2.1）。其中，水平方向的坐标轴为 X 轴，以向右为其正方向；垂直方向的坐标轴为 Y 轴，以向上为其正方向。平面上任何一点 P 都可以由 X 轴和 Y 轴的坐标所定义，即用一对坐标值（x，y）来定义一个点。

例如，某点的直角坐标为（2，3），则其笛卡儿坐标系的显示如图2.2所示。

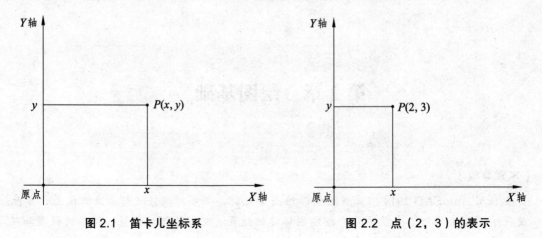

图2.1 笛卡儿坐标系　　　　　　　图2.2 点（2，3）的表示

（2）极坐标系。

极坐标系是由一个极点和一条极轴构成的（见图2.3），极轴的方向为水平向右。平面上任何一点 P 都可以由该点到极点的连线长度 L（>0）和连线与极轴的夹角 α（极角，逆时针方向为正）所定义，即用一对坐标值（$L<\alpha$）来定义一个点，其中"<"表示角度。

例如，某点的极坐标为（5<30），则其极坐标系的显示如图2.4所示。

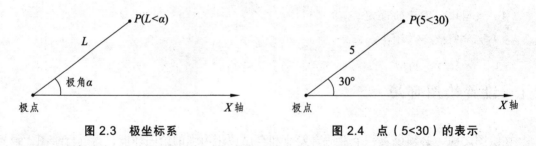

图2.3 极坐标系　　　　　　　图2.4 点（5<30）的表示

（3）世界坐标系（WCS）。

AutoCAD 系统为用户提供了一个绝对的坐标系，即世界坐标系（World Coordinate System，WCS）。通常，AutoCAD 构造新图形时将自动使用 WCS。虽然 WCS 不可更改，但可以从任意角度、任意方向来观察或旋转。

（4）用户坐标系（UCS）。

相对于世界坐标系 WCS，用户可根据需要创建无限多的坐标系，这些坐标系称为用户坐标系（User Coordinate System，UCS）。用户使用如图2.5所示的"UCS"工具栏来对 UCS 进行定义、保存、恢复和移动等一系列操作。如果在用户坐标系（UCS）下想要参照世界坐标系（WCS）指定点，应在坐标值前加"*"。

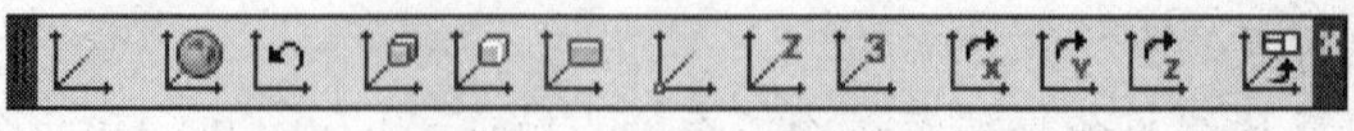

图2.5 "UCS"工具栏

2. 坐标的显示与切换

（1）显示。

在屏幕底部状态栏中显示当前光标所处位置的坐标值,该坐标值有三种显示状态,如图 2.6 所示。

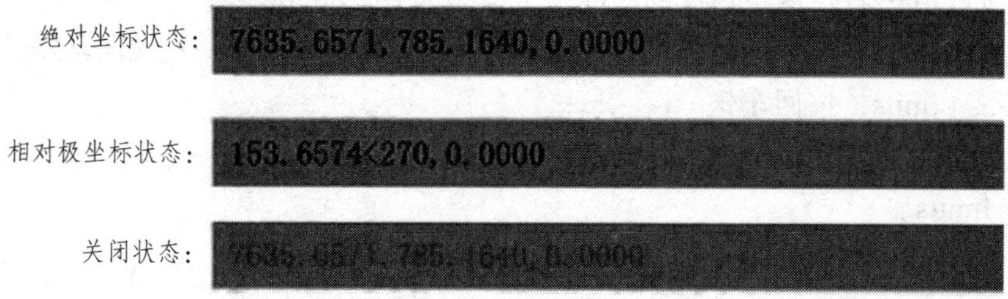

绝对坐标状态: **7635. 6571, 785. 1640, 0. 0000**

相对极坐标状态: **153. 6574<270, 0. 0000**

关闭状态: 7635. 6571, 785. 1640, 0. 0000

图 2.6 坐标的三种显示状态

绝对坐标状态:显示光标所在位置的坐标。

相对极坐标状态:在相对于前一点来指定第二点时可使用此状态。

关闭状态:颜色变为灰色,并"冻结"关闭时所显示的坐标值。

(2)切换。

用户可根据需要在这三种状态之间进行切换,方法有以下三种:

① 连续按"F6"键可在这三种状态之间相互切换。

② 在状态栏中显示坐标值的区域,双击也可以进行切换。

③ 在状态栏中显示坐标值的区域,单击右键可弹出快捷菜单,可在菜单中选择所需状态。

3. 坐标的表示方法

在用 AutoCAD 2014 中文版绘图时,经常需要指定点的位置,点的坐标可以使用绝对坐标、相对坐标来表示。

(1)绝对坐标。

绝对坐标系统是所有坐标全部基于一个固定的坐标系原点的位置而描述的坐标系统。绝对坐标是一个固定的坐标位置,使用它输入的点坐标不会因参照物的不同而不同。

(2)相对坐标。

某些情况下,用户需要直接通过点与点之间的相对位移来绘制图形,而不想指定每个点的绝对坐标。为此,AutoCAD 提供了使用相对坐标的办法。所谓相对坐标,就是某点与相对点的相对位移值,在 AutoCAD 中相对坐标用"@"标识。使用相对坐标时可以使用笛卡儿坐标,也可以使用极坐标,可根据具体情况而定。

例如,某一直线的起点坐标为(5,5)、终点坐标为(10,5),则终点相对于起点的相对坐标为(@5,0),用相对极坐标表示应为(@5<0)。

2.1.2 设置图形界限

图形界限是指在绘图作业中设定的有效区域,相当于手工绘图时图纸的大小。设定合适的绘图界限,有利于确定图形绘制的大小、比例、图形之间的距离,有利于检查图形是否超出"图框"。在 AutoCAD 2014 中,设置图形界限主要是为图形确定一个图纸的边界。

机械工程图样一般采用 5 种比较固定的图纸规格,需要设定的图纸区域有 A0（1 189 mm ×

841 mm）、A1（841 mm×594 mm）、A2（594 mm×420 mm）、A3（420 mm×297 mm）、A4（297 mm×210 mm）。利用 AutoCAD 2014 绘制机械工程图形时，通常是按照 1∶1 的比例进行绘图的，所以用户需要参照物体的实际尺寸来设置图形的界限。

启用设置"图形界限"命令有两种方法：① 选择菜单"格式"→"图形界限"菜单命令；② 输入命令：Limits，按回车键。

启用设置"图形界限"命令后，命令行提示如下：

命令：_limits

重新设置模型空间界限如下：

指定左下角点或[开（ON）/关（OFF）] <0.0000,0.0000>：

指定右上角点<XXX，XXX>：

【例 2.1】设置绘图界限为宽 594，高 420，并通过栅格显示该界限。

命令：_limits

重新设置模型空间界限：

指定左下角点或 [开（ON）/关（OFF）]<0.0000,0.0000>：　　　//直接按"Enter"键

指定右上角点<420.0000，297.0000>：594,420　　　　　　　//输入新的图形界限，特别注意的是逗号必须是英文半角符号

单击绘图窗口内缩放工具栏上全部缩放按钮，使整个图形界限显示在屏幕上。

单击状态栏中的栅格按钮栅格，栅格显示所设置的绘图区域，如图 2.7 所示。

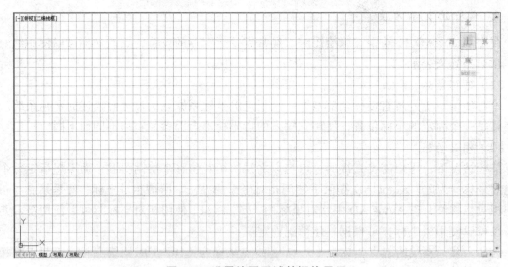

图 2.7　设置绘图区域并栅格显示

经验之谈：绘制工程图样时，首先要根据图形尺寸，确定图形的总长、总宽。设置图形界限一定要略大于图形的总体尺寸，要给插入标题栏、标注尺寸、技术要求等留有空间，实际绘图时一定是按 1∶1 比例绘制。

2.1.3　设置图形单位

对任何图形而言，总有其大小、精度以及采用的单位。AutoCAD 2014 中，在屏幕上显

示的只是屏幕单位，但屏幕单位应该对应一个真实的单位。不同的单位其显示格式是不同的。同样也可以设定或选择角度类型、精度和方向。

启用"图形单位"命令有两种方法：① 可以选择主菜单"格式"→"单位"菜单命令；② 在命令行输入命令"UNITS"按回车键。

启用"图形单位"命令后，弹出如图 2.8 所示的"图形单位"对话框。

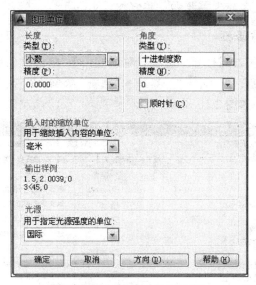

图 2.8 "图形单位"对话框

在"图形单位"对话框中包含长度、角度、插入比例和输出样例四个区，另外还有"确定""取消""方向""帮助"四个按钮。

各选项组的意义如下：

（1）在"长度"选项组中，设定长度的单位类型及精度。

① 类型：通过下拉列表框，可以选择长度单位类型。

② 精度：通过下拉列表框，可以选择长度精度，也可以直接键入长度精度。

（2）在"角度"选项组中，设定角度单位类型和精度。

① 类型：通过下拉列表框，可以选择角度单位类型。

② 精度：通过下拉列表框，可以选择角度精度，也可以直接键入角度精度。

③ 顺时针：控制角度方向的正负。选中该复选框时，顺时针为正；否则，逆时针为正。

（3）在"插入比例"选项组中，设置缩放插入内容的单位。

（4）在"输出样例"选项组中，示意了以上设置后的长度和角度单位格式。

（5）方向按钮：单击 方向(D)... 按钮，系统弹出"方向控制"对话框，从中可以设置基准角度，如图 2.9 所示。单击 确定 按钮，返回"图形单位"对话框。

以上所有项目设置完成后单击 确定 按钮，确定文件的单位设置。

图 2.9 方向控制

2.1.4 设置选项卡

通常情况下，安装好 AutoCAD 后就可以在其默认状态下绘制图形，但因为用户习惯，需更改背景颜色，以提高绘图效率，用户需要在绘制图形前先对系统参数进行必要的设置。AutoCAD 中"选项"就相当于其他软件中的"设置"，里面可以更改很多系统参数，由于个人习惯和不同绘图环境或多或少需要做一些修改。

1. 打开"选项"对话框

AutoCAD 可以有多种方式打开"选项"对话框：① 单击"菜单浏览器"按钮，在弹出的菜单中单击"选项"按钮；② 执行"工具"→"选项"命令；③ 在命令行输入"OPTIONS"，打开的"选项"对话框，如图 2.10 所示。

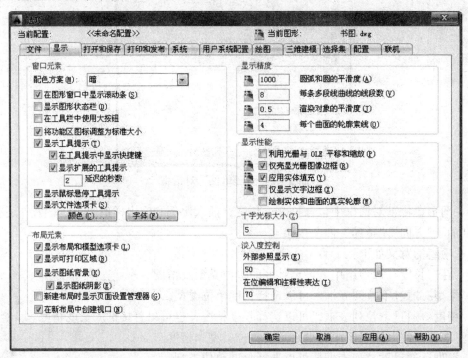

图 2.10 "选项"对话框

2."选项"对话框包含内容

"选项"对话框中共有"文件""显示""打开和保存""打印和发布""系统""用户系统配置""绘图""三维建模""选择集""配置"和"联机"11 个选项卡。下面简要介绍这些选项卡的功能。

（1）"文件"选项卡。

"文件"选项卡列出了 AutoCAD 2014 的搜索支持文件、驱动程序文件、菜单文件以及其他文件的文件夹，还列出了用户定义的可选设置，如用于进行拼写检查的目录等。用户可以通过此选项卡指定 AutoCAD 搜索支持文件、驱动程序、菜单文件以及其他文件的文件夹，同时还可以通过其指定一些可选的用户定义设置。

（2）"显示"选项卡。

"显示"选项用于设置 AutoCAD 2014 的显示，下面介绍其主要项的功能。

① "窗口元素"选项组。

该选项组用于控制绘图环境特有的显示设置。

◇ "配色方案"下拉列表用于确定工作界面中工具栏、状态栏等元素的配色，有"明"和"暗"两种选择。

◇ "在图形窗口中显示滚动条"复选框确定是否在绘图区域的底部和右侧显示滚动条。

◇ "显示图形状态栏"复选框确定是否在绘图区域的底部显示图形状态栏。

◇ "在工具栏中使用大按钮"复选框确定是否以 32 ppi×30 ppi 的格式来显示图标（默认显示尺寸为 16 ppi×15 ppi）。

◇ "显示工具提示"复选框确定当光标放在工具栏按钮或菜单浏览器中的菜单项之上时，是否显示工具提示，还可以设置在工具提示中是否显示快捷键以及是否显示扩展的工具提示等；"显示鼠标悬停工具提示"复选框确定是否启用鼠标悬停工具提示功能。

◇ "颜色"按钮用于确定 AutoCAD 2014 工作界面中各部分的颜色，单击该按钮，AutoCAD 2014 弹出"图形窗口颜色"对话框，如图 2.11 所示。用户可以通过对话框中的"上下文"列表框选择要设置颜色的项；通过"界面元素"列表框选择要设置颜色的对应元素；通过"颜色"下拉列表框设置对应的颜色。

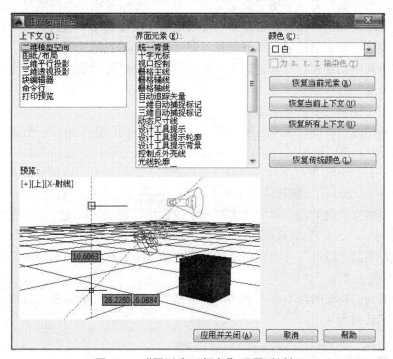

图 2.11 "图形窗口颜色"设置对话框

在"窗口元素"选项组中，"字体"按钮用于设置 AutoCAD 2014 工作界面中命令窗口内的字体。单击该按钮，AutoCAD 2014 弹出"命令行窗口字体"对话框，如图 2.12 所示，用户从中选择即可。

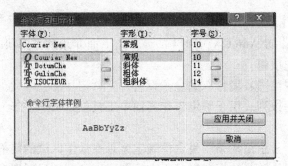

图 2.12 "命令行窗口字体"设置

② "布局元素"选项组。

此选项组用于控制现有布局和新布局。布局是一个图纸的空间环境，用户可以在其中设置图形并进行打印。

◇ "显示布局和模型选项卡"复选框用于设置是否在绘图区域的底部显示"布局"和"模型"选项卡。

◇ "显示可打印区域"复选框用于设置是否显示布局中的可打印区域（可打印区域指布局中位于虚线内的区域，其大小由选择的输出设备来决定。打印图形时，绘制在可打印区域外的对象将被剪裁或忽略掉）。

◇ "显示图纸背景"复选框用于确定是否在布局中显示所指定的图纸尺寸的背景。

◇ "新建布局时显示页面设置管理器"复选框用于设置当第一次选择布局选项卡时，是否显示页面设置管理器，通过此对话框设置与图纸和打印相关的选项。

◇ "在新布局中创建视口"复选框用于设置当创建新布局时是否自动创建单个视口。

③ "显示精度"选项组。

此选项组用于控制对象的显示质量。

◇ "圆弧和圆的平滑度"文本框用于控制圆、圆弧和椭圆的平滑度。值越高，对象越平滑，AutoCAD 2014 也因此需要更多的时间来执行重生成等操作。在绘图时可以将该选项设置成较低的值（如 100），当渲染时再增加该选项的值，以提高显示质量。圆弧和圆的平滑度的有效值范围是 1~20 000，默认值为 1 000。

◇ "每条多段线曲线的线段数"文本框用于设置每条多段线曲线生成的线段数目，有效值范围为 -32 767~32 767，默认值为 8。

◇ "渲染对象的平滑度"文本框用于控制着色和渲染曲面实体的平滑度，有效值范围为 0.01~10，默认值为 0.5。

◇ "每个曲面的轮廓素线"文本框用于设置对象上每个曲面的轮廓线数目，有效值范围为 0~2 047，默认值为 4。

④ "显示性能"选项组。

此选项组控制影响 AutoCAD 2014 性能的显示设置。

◇ "利用光栅和 OLE 进行平移与缩放"复选框用于控制当实时平移（PAN）和实时缩放（ZOOM）时光栅图像和 OLE 对象的显示方式。

◇ "仅亮显光栅图像边框"复选框用于控制选择光栅图像时的显示方式，如果选中该复选框，当选中光栅图像时只会亮显图像边框。

◇ "应用实体填充"复选框用于确定是否显示对象中的实体填充（与 FILL 命令的功能相同）。

◇ "仅显示文字边框"复选框用于确定是否只显示文字对象的边框而不显示文字对象。

◇ "绘制实体和曲面的真实轮廓"复选框用于控制是否将三维实体和曲面对象的轮廓曲线显示为线框。

⑤ "十字光标大小"选项组。

此选项组用于控制十字光标的尺寸，其有效值范围是 1% ~ 100%，默认值为 5%。当将该值设置为 100% 时，十字光标的两条线会充满整个绘图窗口。

（3）"打开和保存"选项卡。

此选项卡用于控制 AutoCAD 2014 中与打开和保存文件相关的选项，如图 2.13 所示。

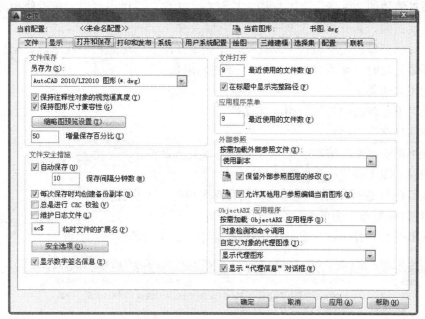

图 2.13 "打开和保存"选项卡

① "文件保存"选项组。

该选项组用于控制 AutoCAD 2014 中与保存文件相关的设置。其中，"另存为"下拉列表框设置当用 SAVE、SAVEAS 和 QSAVE 命令保存文件时所采用的有效文件格式；"缩略图预览设置"按钮用于设置保存图形时是否更新缩微预览；"增量保存百分比"文本框用于设置保存图形时的增量保存百分比。

② "文件安全措施"选项组。

该选项组可以避免数据丢失并进行错误检测。

◇ "自动保存"复选框用于确定是否按指定的时间间隔自动保存图形，如果选中该复选框，可以通过"保存间隔分钟数"文本框设置自动保存图形的时间间隔。

◇ "每次保存时均创建备份副本"复选框用于确定保存图形时是否创建图形的备份（创建的备份和图形位于相同的位置）。

◇ "总是进行 CRC 校验"复选框用于确定每次将对象读入图形时是否执行循环冗余校验

（CRC）。CRC 是一种错误检查机制。如果图形遭到破坏，且怀疑是由于硬件问题或是 AutoCAD 2014 错误造成的，则应选用此选项。

◇ "维护日志文件"复选框用于确定是否将文本窗口的内容写入日志文件。

◇ "临时文件的扩展名"文本框用于为当前用户指定扩展名来标识临时文件，其默认扩展名为 ac$。

◇ "安全选项"按钮用于提供数字签名和密码选项，保存文件时会调用这些选项。

◇ "显示数字签名信息"复选框用于确定当打开带有有效数字签名的文件时是否显示数字签名信息。

③ "文件打开"选项组。

此选项组控制与最近使用过的文件以及所打开文件相关的设置。

◇ "最近使用的文件数"文本框用于控制在"文件"菜单中列出的最近使用过的文件数目，以便快速访问，其有效值为 0～9。

◇ "在标题中显示完整路径"复选框用于确定在图形的标题栏中或 AutoCAD 2014 标题栏中（图形最大化时）是否显示活动图形的完整路径。

④ "应用程序菜单"选项。

确定在菜单中列出的最近使用的文件数。

⑤ "外部参照"选项组。

此选项组用于控制与编辑、加载外部参照有关的设置。

⑥ "ObjectARX 应用程序"选项组。

此选项组控制 ObjectARX 应用程序及代理图形的有关设置。

（4）"打印和发布"选项卡。

此选项卡控制与打印和发布相关的选项，如图 2.14 所示。

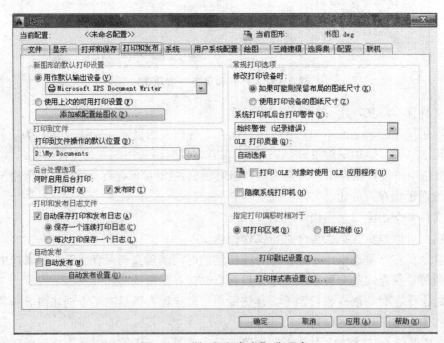

图 2.14 "打印和发布"选项卡

①"新图形的默认打印设置"选项组。

此选项组控制新图形或在 AutoCAD 2014 或更早版本中创建的没有用 AutoCAD 2000 或更高版本格式保存的图形的默认打印设置。

②"打印到文件"选项组。

将图形打印到文件时指定其默认保存位置。用户可以直接输入位置，或单击位于右侧的按钮，从弹出的对话框指定保存位置。

③"后台处理选项"选项组。

指定与后台打印和发布相关的选项，可以使用后台打印启动正在打印或发布的作业，然后返回到绘图工作，这样可以使用户在绘图的同时打印或发布作业。

④"打印和发布日志文件"选项组。

可以设置是否自动保存打印并发布日志文件，以及使用电子表格软件查看。当选中"自动保存打印并发布日志"复选框时，可以自动保存日志文件，并能够设置是保存为一个连续打印日志文件，还是每次打印时保存一个日志文件。

⑤"自动发布"选项组。

指定是否进行自动发布并控制发布的设置，可以通过"自动发布"复选框确定是否进行自动发布；通过"自动发布设置"按钮进行发布设置。

⑥"常规打印选项"选项组。

控制与基本打印环境（包括图纸尺寸设置、系统打印机警告方式和 AutoCAD 2014 图形中的 OLE 对象）相关的选项。

⑦"指定打印偏移时相对于"选项组。

指定打印区域的偏移是从可打印区域的左下角开始，还是从图纸的边缘开始。

⑧"打印戳记设置"按钮。

通过弹出的"打印戳记"对话框设置打印戳记信息。

⑨"打印样式表设置"按钮。

通过弹出的"打印样式表设置"对话框设置与打印和发布相关的选项。

（5）"系统"选项卡。

该选项卡用于控制 AutoCAD 2014 的系统设置，如图 2.15 所示。

①"三维性能"选项。

此选项用于控制与三维图形显示系统的系统特性和配置相关的设置。用户可以单击"性能设置"按钮，在弹出的对话框中进行相关的设置。

②"当前定点设备"选项组。

此选项组用于控制与定点设备相关的选项。

③"布局重生成选项"选项组。

此选项组用于指定如何更新在"模型"选项卡和"布局"选项卡上显示的列表。对于每一个选项卡，更新显示列表的方法可以是切换到该选项卡时重生成图形，也可以是切换到该选项卡时将显示列表保存到内存并只重生成修改的对象等。

④"数据库连接选项"选项组。

此选项组用于控制与数据库连接信息相关的选项。

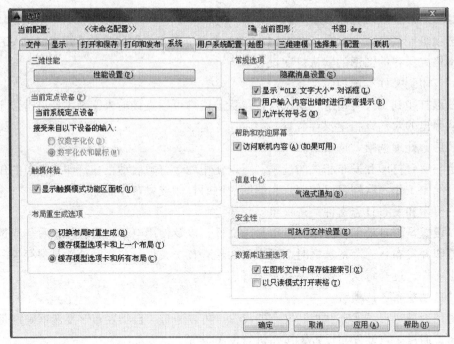

图 2.15 "系统"选项卡

⑤"常规选项"选项组。

此选项组用于控制与系统设置相关的基本选项。

⑥"帮助和欢迎屏幕"选项。

此选项中的"访问联机内容（A）（如果可用）"复选框用于确定从 Autodesk 网站还是从本地安装的文件中访问相关信息。当联机时，可以访问最新的帮助信息和其他联机资源。

⑦"信息中心"选项。

此选项中的"气泡式通知（B）"按钮用于控制系统是否启用气泡式通知以及如何显示气泡式通知。

（6）"用户系统配置"选项组。

此选项卡用于控制优化工作方式的各个选项，如图 2.16 所示。

①"Windows 标准操作"选项组。

此选项组控制是否允许双击操作以及右击定点设备（如鼠标）时的对应操作。其中，"双击进行编辑"复选框用于确定当在绘图窗口中双击图形对象时，是否进入编辑模式以便用户编辑。"绘图区域中使用快捷菜单"复选框用于确定当右击定点设备时，是否在绘图区域显示快捷菜单，如果不选中此复选框，AutoCAD 2014 会将右击解释为按 Enter 键。"自定义右键单击"按钮用于通过弹出的"自定义右键单击"对话框来进一步定义如何在绘图区域中使用快捷菜单。

②"插入比例"选项组。

控制在图形中插入块和图形时使用的默认比例。

③"超链接"选项。

此选项控制与超链接显示特性相关的设置。

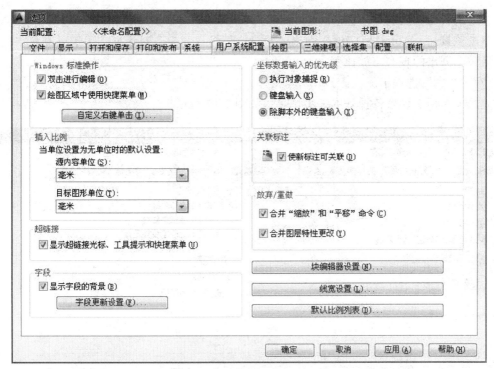

图 2.16 "用户系统配置"选项组

④ "字段"选项组。

设置与字段相关的系统配置。其中，"显示字段的背景"复选框用于确定是否用浅灰色背景显示字段（但打印时不会打印背景色）。"字段更新设置"按钮通过"字段更新设置"对话框来进行相应的设置。

⑤ "坐标数据输入的优化级"选项组。

此选项组用于控制 AutoCAD 2014 如何优先响应坐标数据的输入，从中选择即可。

⑥ "关联标注"选项。

此选项用于控制标注尺寸时是创建关联尺寸标注还是创建传统的非关联尺寸标注。对于关联尺寸标注，当所标注尺寸的几何对象被修改时，关联标注会自动调整其位置、方向和测量值。

⑦ "放弃/重做"选项组。

"合并"缩放"和"平移"命令"复选框用于控制如何对"缩放"和"平移"命令执行"放弃"和"重做"。如果选中此复选框，AutoCAD 2014 把多个连续的缩放和平移命令合并为单个动作来执行放弃和重做操作。"合并图层特性更改"复选框用于控制如何对图层特性更改来执行"放弃"和"重做"。如果选中"合并图层特性更改"复选框，AutoCAD 2014 把多个连续的图层特性更改合并为单个动作来进行放弃和重做操作。

⑧ "块编辑器设置"按钮。

单击该按钮，AutoCAD 弹出"块编辑器设置"对话框，用户可利用它设置块编辑器。

⑨ "线宽设置"按钮。

单击该按钮，AutoCAD 2014 弹出"线宽设置"对话框，用户可以利用其设置线宽。

⑩ "编辑比例列表"按钮。

单击该按钮，AutoCAD 2014 弹出"编辑比例缩放列表"对话框，用于更改在"比例列表"区域中列出的现有缩放比例。

（7）"绘图"选项卡。

此选项卡用于设置各种基本编辑选项，如图 2.17 所示。

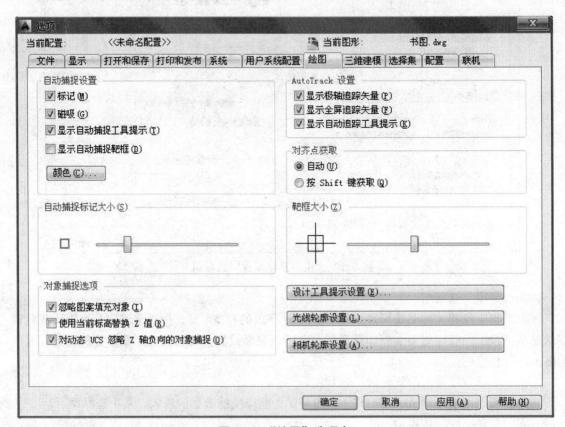

图 2.17 "绘图"选项卡

① "自动捕捉设置"选项组。

此选项组用于控制使用对象捕捉功能时所显示的形象化辅助工具的相关设置。其中，"标记"复选框用于控制是否显示自动捕捉标记，该标记是当十字光标移到捕捉点附近时显示出的说明捕捉到对应点的几何符号。"磁吸"复选框用于打开或关闭自动捕捉磁吸。磁吸是指十字光标自动移动并锁定到最近的捕捉点上。"显示自动捕捉工具提示"复选框用于控制当 AutoCAD 2014 捕捉到对应的点时，是否通过浮出的小标签给出对应提示。"显示自动捕捉靶框"复选框用于控制是否显示自动捕捉靶框。靶框是捕捉对象时出现在十字光标内部的方框。"颜色"按钮用于设置自动捕捉标记的颜色。

② "自动捕捉标记大小"选项。

通过水平滑块设置自动捕捉标记的大小。

③ "对象捕捉选项"选项组。

该选项组确定对象捕捉时是否忽略填充的图案等设置。

④ "AutoTrack 设置"选项组。

此选项组控制极轴追踪和对象捕捉追踪时的相关设置。如果选中"显示极轴追踪矢量"复选框，则当启用极轴追踪时，AutoCAD 2014 会沿指定的角度显示出追踪矢量。利用极轴追踪，可以使用户方便地沿追踪方向绘出直线。"显示全屏追踪矢量"复选框用于控制全屏追踪矢量的显示。如果选择此选项，AutoCAD 2014 将以无限长直线显示追踪矢量。"显示自动追踪工具提示"复选框用于控制是否显示自动追踪工具提示。工具提示是一个提示标签，可用其显示沿追踪矢量方向的光标极坐标。

⑤ "对齐点获取"选项组。

此选项组控制在图形中显示对齐矢量的方法。其中，"自动"单选按钮表示当靶框移到对象捕捉点时，AutoCAD 2014 会自动显示出追踪矢量；"按 Shift 键获取"单选按钮表示当按住 Shift 键并将靶框移到对象捕捉点上时，AutoCAD 2014 会显示出追踪矢量。

⑥ "靶框大小"选项。

通过水平滑块设置自动捕捉靶框的显示尺寸。

⑦ "设计工具提示设置"按钮。

此按钮用于设置当采用动态输入时，工具提示的颜色、大小以及透明性。单击此按钮，AutoCAD 2014 弹出如图 2.18 所示的"工具提示外观"对话框，通过其设置即可。

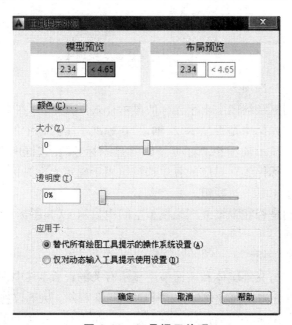

图 2.18　工具提示外观

⑧ "光线轮廓设置"按钮。

"光线轮廓设置"按钮用于设置光线的轮廓外观，用于三维绘图。

⑨ "相机轮廓设置"按钮。

"相机轮廓设置"按钮用于设置相机的轮廓外观，用于三维绘图。

（8）"三维建模"选项卡。

此选项卡用于三维建模方面的设置，如图 2.19 所示。

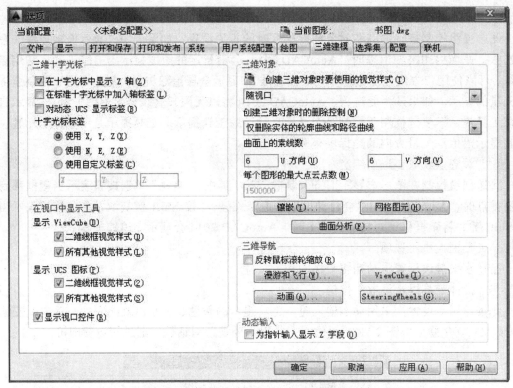

图 2.19 "三维建模"选项卡

① "三维十字光标"选项组。

此选项组用于控制三维绘图中十字光标的显示样式。其中，"在十字光标中显示 Z 轴"复选框用于控制在十字光标中是否显示 Z 轴；"在标准十字光标中加入轴标签"复选框用于控制是否在十字光标中显示轴标签；"对动态 UCS 显示标签"复选框用于确定是否对动态 UCS显示标签；与"十字光标标签"对应的各单选按钮用于确定十字光标的标签内容。

② "在视口中显示工具"选项组。

此选项组用于控制是否在二维或三维模型空间中显示 UCS 图标以及 ViewCube 等，用户根据需要从中选择即可。

③ "三维对象"选项组。

此选项组用于控制与三维实体和表面模型显示有关的设置。其中，"创建三维对象时要使用的视觉样式"用于设置将以何种视觉样式来创建三维对象，从下拉列表选择即可；"创建三维对象时的删除控制"用于指定当创建三维对象后，是否自动删除创建实体或表面模型时定义的对象，或提示用户删除这些对象；与"曲面上的素线数"对应的"U 方向"和"V 方向"两个文本框分别用于设置曲面沿 U 方向和 V 方向的素线数，它们的默认值均为 6。"镶嵌""网格图元"和"曲面分析"三个按钮分别用于相应的三维绘图设置。

④ "三维导航"选项组。

此选项组用于控制漫游和飞行、动画等方面的设置。

⑤ "动态输入"选项。

该选项用于控制当采用动态输入时，在指针输入中是否显示 Z 字段。

（9）"选择集"选项卡。

此选项卡用于设置选择对象时的选项，如图 2.20 所示。

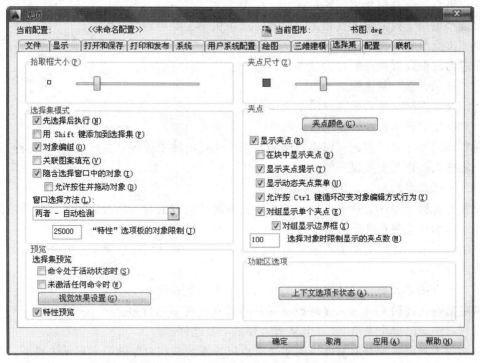

图 2.20 "选择集"选项卡

① "拾取框大小"选项。

通过水平滑块控制 AutoCAD 2014 拾取框的大小，此拾取框用于选择对象。

② "选择集模式"选项组。

此选项组用于控制与对象选择方法相关的设置。其中，"先选择后执行"复选框允许在启动命令之前先选择对象，然后再执行对应的命令进行操作。"用 Shift 键添加到选择集"复选框表示当选择对象时，是否采用按下 Shift 键再选择对象时才可以向选择集添加对象或从选择集中删除对象。"对象编组"复选框表示如果设置了对象编组（用 GROUP 命令创建编组），当选择编组中的一个对象时是否要选择编组中的所有对象。"关联图案填充"复选框用于确定所填充的图案是否与其边界建立关联。"隐含选择窗口中的对象"复选框用于确定是否允许采用隐含窗口（即默认矩形窗口）选择对象。"允许按住并拖动对象"复选框用于确定是否允许通过指定选择窗口的一点后，仍按住鼠标左键，并将鼠标拖至第二点的方式来确定选择窗口。如果未选中此复选框，表示应通过拾取点的方式单独确定选择窗口的两点。"窗口选择方法"下拉列表用于确定选择窗口的选择方法。

③ "预览"选项组。

此选项组用于确定当拾取框在对象上移动时，是否亮显对象。其中，"命令处于活动状态时"复选框表示仅当对应的命令处于活动状态并显示"选择对象："提示时，才会显示选择预览。"未激活任何命令时"复选框表示即使未激活任何命令，也可以显示选择预览。"视觉效果设置"按钮会弹出"视觉效果设置"对话框，用于进行相关的设置。

④"夹点尺寸"滑块。

此滑块用于设置夹点操作时的夹点方框的大小。

⑤"夹点"选项组。

此选项组用于控制与夹点相关的设置，选项组中主要项的含义如下：

◇"夹点颜色"按钮。

通过对话框设置夹点的对应颜色。

◇"显示夹点"复选框。

确定直接选择对象后是否显示出对应的夹点。

◇"在块中显示夹点"复选框。

设置块的夹点显示方式。启用该功能，用户选择的块中的各对象均显示其本身的夹点，否则只将插入点作为夹点显示。

◇"显示夹点提示"复选框。

设置当光标悬停在支持夹点提示的自定义对象的夹点上时，是否显示夹点的特定提示。

◇"显示动态夹点菜单"复选框。

控制当光标在显示出的多功能夹点上悬停时，是否显示出动态菜单。样条曲线的夹点就属于多功能夹点。

◇"允许按 Ctrl 键循环改变对象编辑方式行为"复选框。

确定是否允许用 Ctrl 键来循环改变对多功能夹点的编辑行为。

◇"对组显示单个夹点""对组显示边界框"复选框。

分别用于确定是否显示对象组的单个夹点以及围绕编组对象的范围显示边界框。

◇"选择对象时限制显示的夹点数"文本框。

使用夹点功能时，当选择了多个对象时，设置所显示的最大夹点数，有效值为 1 ~ 32 767，默认值为 100。

⑥"功能区选项"选项。

此选项中的"上下文选项卡状态"按钮用于通过对话框设置功能区上下文选项卡的状态。

（10）"配置"选项卡。

此选项卡用于控制配置的使用，如图 2.21 所示。

①"可用配置"列表框。

此列表框用于显示可用配置的列表。

②"置为当前"按钮。

将指定的配置置为当前配置。在"可用配置"列表框中选中对应的配置，单击该按钮即可。

③"添加到列表"按钮。

利用弹出的"添加配置"对话框，用其他名称保存选定的配置。

④"重命名"按钮。

利用弹出的"修改配置"对话框，修改选定配置的名称和说明。当希望重命名一个配置但又希望保留其当前设置时，应利用"重命名"按钮实现。

⑤"删除"按钮。

删除在"可用配置"列表框中选定的配置。

⑥"输出"按钮。

将配置输出为扩展名为.arg 的文件，以便其他用户可以共享该文件。

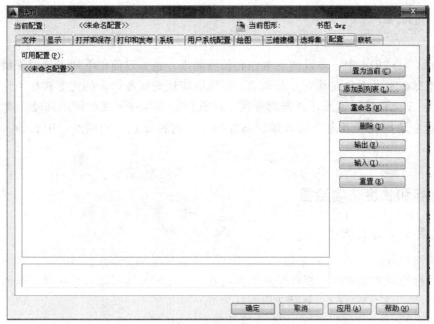

图 2.21 "配置"选项卡

⑦"输入"按钮。

输入用"输出"选项创建的配置（扩展名为.arg 的文件）。

⑧"重置"按钮。

将在"可用配置"中的选定配置的值重置为系统默认的设置。

（11）"联机"选项卡

此选项卡用于登录与 Autodesk 360 账户同步图形与设置，如图 2.22 所示。

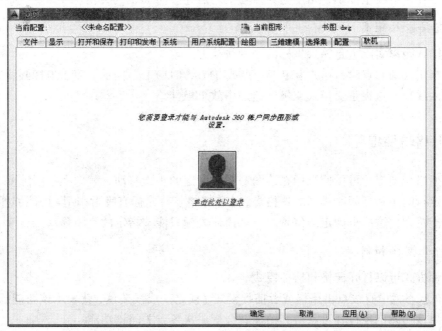

图 2.22 "联机"选项卡

2.2 精确绘图

在 AutoCAD 2014 中，可以使用坐标和长度输入，也可以使用下列工具用于精确绘图：正交约束光标在水平方向或垂直方向移动，极轴追踪让光标按指定的角度移动（包括水平和垂直方向），正交和极轴追踪不能同时使用。捕捉限制光标按定义的间距移动；对象捕捉可以通过设置自动捕捉或者命令输入强制捕捉物体上的特征点，如端点、中点等。具体功能介绍如下：

2.2.1 坐标和长度精确绘图

1. 使用坐标选取点

（1）绝对坐标。

如果坐标原点固定，各点相对原点坐标也确定，此时可选用输入绝对坐标精确定位点。

直角坐标：（X，Y，Z），平面 Z 值默认为 0；

极坐标：4 < 45（距离<角度），角度默认的是以逆时针为正。

（2）相对坐标

绝对坐标有其局限性，更多情况下使用相对坐标。相对坐标指明 X 和 Y 与前一点的距离。即相对坐标仅相对于前一点有意义。

在 AutoCAD 2014 中用@符号，告诉软件所输入的坐标是相对的。

直角坐标：@2，6；

极坐标：@4 < 45　　（@距离<角度）。

注意：在相对极坐标中，角度为新点与上一点连线与 X 轴的夹角。

2. 直接输入距离

直接输入距离实际上是输入坐标的一种快捷方式。

当已指定线的起点时，在"指定下一点或 [放弃（U）]："提示下简单地像画线方向移动鼠标并输入线长。这在正交模式或极轴追踪中效果极佳。

2.2.2 栅格与捕捉

利用栅格与捕捉，可以使光标在绘图窗口按指定的步距移动，就像在绘图屏幕上隐含分布着按指定行间距和列间距排列的栅格点，这些栅格点对光标有吸附作用，即能够捕捉光标，使光标只能落在由这些点确定的位置上，从而使光标只能按指定的步距移动。

1. 打开栅格和捕捉

有多种方式可以打开栅格和捕捉模式。

（1）在状态栏中直接点击栅格或者捕捉模式，使之变成浅蓝色，就表示该功能已经打开；反之，如果该功能已经打开再点击其图标就会变成灰色，关闭该功能。

（2）选择"工具"→"绘图设置"命令会弹出"草图设置"对话框，选择"捕捉和栅格"

选项卡，在状态栏上的"捕捉"或"栅格"按钮上右击，从快捷菜单中选择"设置"命令，也可以打开"草图设置"对话框。如图 2.23 所示，其中"启用捕捉"、"启用栅格"复选框，分别用于启用捕捉和栅格功能。

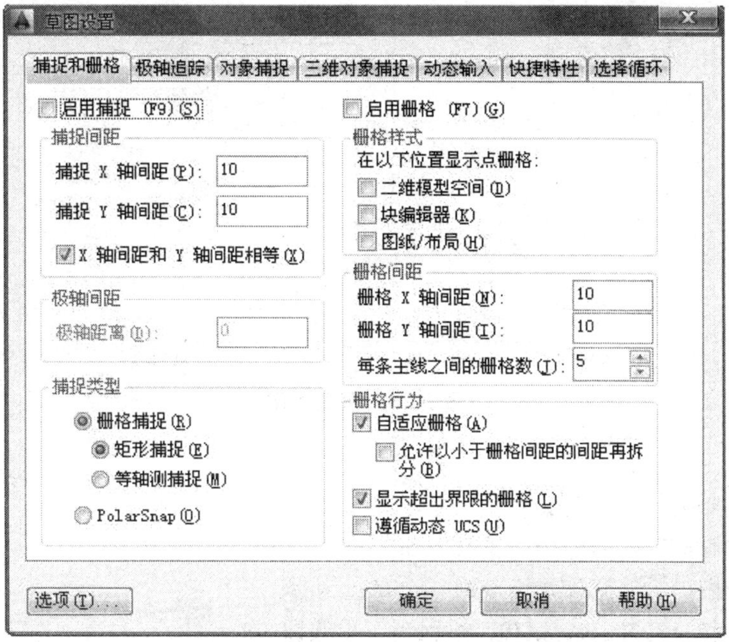

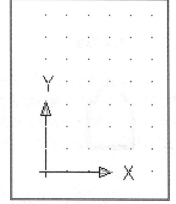

图 2.23 "捕捉和栅格"选项卡

（3）快捷键方式：按键盘中的快捷键"F7"，可以显示或隐藏栅格。按快捷键"F9"，可以启用或关闭捕捉。

2. 使用和设置

在图 2.23 所示的"捕捉和栅格"选项卡中，可以对栅格间距、栅格行为、栅格样式、捕捉间距、捕捉类型等根据用户的绘图精度自行调整，具体内容比较简明，在此不再特别说明。

当栅格和捕捉功能都启用时，移动十字光标，十字光标会自动捕捉并移至最近距离的栅格点上，每个栅格点都像有磁性一样，将十字光标吸附在栅格点上。此时就可以从该点位置绘制图形了，如图 2.24 所示，图中多边形的端点位置都与栅格点位置重合。

图 2.24 栅格和捕捉模式画图

2.2.3 正 交

利用正交功能，用户可以方便地绘制与当前坐标系统的 X 轴或 Y 轴平行的线段（对于二维绘图而言，就是水平线或垂直线）。

单击状态栏上的"正交"按钮 ，实现正交功能启用，再单击，正交功能关闭。

在正交功能开启之后再执行直线绘制命令，可绘制与当前坐标系统的 X 轴或 Y 轴平行的线段或是垂直线。因此，对于与 X 轴或 Y 轴平行或是垂直的线段，开启正交状态会给绘图带来很大的方便。

【例 2.1】绘制一个梯形，要求如图 2.25 所示。

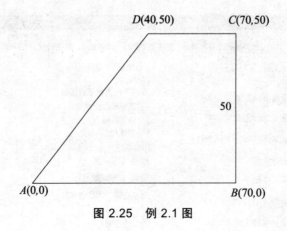

图 2.25　例 2.1 图

操作如下：

（1）按本节介绍打开"正交功能"；

（2）选择"绘图"工具栏→"直线"命令；

（3）按命令栏提示随意用鼠标点取一个基点为 A；

（4）把鼠标移向右方，输入 70，按回车，得线段 AB；

（5）把鼠标移向上方，输入 50，按回车，得线段 BC；

（6）把鼠标移向左方，输入 30，按回车，得线段 CD；

（7）连接 AB 两点完成作图。

2.2.4　对象捕捉

对象捕捉命令在绘图过程中扮演着很重要的角色，尤其是绘制精度要求较高的机械工程图样时，对象捕捉是精确定位的最佳命令工具。Autodesk 公司对此也是非常重视，每次版本升级，对象捕捉的功能都有很大的提高。切忌用光标直接定点，这样的定点很难保证精确度。所以对象捕捉命令在整个绘图过程中用途非常大，针对它的功能做以下介绍。

1. 调用方法

（1）使用捕捉工具栏命令按钮来进行对象捕捉。

打开"对象捕捉"工具栏的操作步骤是：如果在系统的工具栏区没有显示如图 2.26 所示的"对象捕捉"工具栏，可在系统的工具栏区右击鼠标，从弹出的快捷菜单中选择"对象捕捉"命令。

图 2.26　"对象捕捉"工具栏

在绘图过程中，当系统要求用户指定一个点时（例如选择直线命令后，系统要求指定一点作为直线的起点），可单击该工具栏中相应的特征点按钮，再把光标移到要捕捉对象上的特征点附近，系统即可捕捉到该特征点。

（2）使用捕捉快捷菜单命令来进行对象捕捉。

在绘图时，当系统要求用户指定一个点时，可按 Shift 键（或 Ctrl 键）并同时在绘图区右击鼠标，系统弹出如图 2.27 所示的对象捕捉快捷菜单。在该菜单上选择需要的捕捉命令，再把光标移到要捕捉对象的特征点附近，即可在现有对象上选择所需特征点。

图 2.27　对象捕捉快捷菜单

在对象捕捉快捷菜单中，除"点过滤器（T）"子命令外，其余各项都与"对象捕捉"工具栏中的各种捕捉按钮相对应。

（3）使用捕捉字符命令来进行对象捕捉。

在绘图时，当系统要求用户指定一个点时，可输入所需的捕捉命令的字符，再把光标移到要捕捉对象的特征点附近，即可旋转现有对象上的所需特征点。各种捕捉命令参见表 2.1。

表 2.1　捕捉字符命令

捕捉类型	对应命令	捕捉类型	对应命令
临时追踪点	TT	捕捉自	FROM
端点捕捉	END	中点捕捉	MID
交点捕捉	INT	外观交点捕捉	APPINT
延长线捕捉	EXT	圆心捕捉	CEN
象限点捕捉	QUA	切点捕捉	TAN
垂足捕捉	PER	捕捉平行线	PAR
插入点捕捉	INS	捕捉最近点	NEA

（4）使用自动捕捉功能来进行对象捕捉。

在绘图过程中，如果每当需要在对象上选取特征点时，都要先选择该特征点的捕捉命令，这会使工作效率大大降低。为此，AutoCAD 2014 系统提供了对象捕捉的自动模式，这种方式也是运用最多的一种方式。

要设置对象自动捕捉模式，就需要利用状态栏中的"对象捕捉"按钮来控制。如果要退出对象捕捉的自动模式，可单击屏幕下部状态栏中的"对象捕捉"按钮（或者按"F3"键）使其凸起，或者按 Ctrl+F 键也能使"对象捕捉"按钮凸起。

注意："对象捕捉"按钮的特点是单击凹下，再单击则凸起，凹下为开状态（即自动捕捉功能为有效状态），凸起为关状态（即自动捕捉功能为无效状态）。另外，状态栏中的其他按钮，"捕捉、栅格、正交、极轴、对象捕捉、对象追踪、DUCS、DYN、线宽"也都具有这样的特点。

如需设置需要捕捉的点，可右键点击状态栏中的"对象捕捉"按钮，在弹出的菜单中选择设置，将会弹出如图 2.28 所示的"草图设置"对话框的"对象捕捉"选项卡，选中所需要的捕捉类型复选框，选中捕捉类型，再右键点击状态栏中的"对象捕捉"按钮，在弹出的菜单中会显示框选。

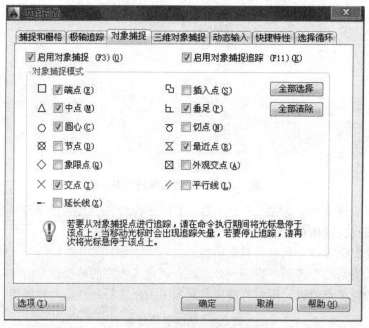

图 2.28 "对象捕捉"选项卡

设置自动捕捉模式后，当系统要求用户指定一个点时，把光标放在某对象上，系统便会自动捕捉到该对象上符合条件的特征点，并显示出相应的标记，如果光标在特征点处多停留一会，还会显示该特征点的提示，这样用户在选点之前，只需先预览一下特征点的提示，然后再确认就可以捕捉到准确的点。

2. 特定捕捉对象的含义

AutoCAD 2014 提供了十几种捕捉对象，其特征符号及表示的含义在熟练绘图前必须熟悉，现做以下简要介绍。

（1）捕捉端点□：可捕捉对象的端点，包括圆弧、椭圆弧、多段线段、直线线段、多段线线段、射线的端点，以及实体及三维面边线的端点。

（2）捕捉中点△：可捕捉对象的中点，包括圆弧、椭圆弧、多线线段、直线线段、多段线线段、样条曲线、构造线的中点，以及三维实体和面域对象任意一条边线的中点。

（3）捕捉交点×：可捕捉两个对象的交点，包括圆弧、圆、椭圆、椭圆弧、多线、直线、多段线、射线、样条曲线、参照线彼此间的交点，还能捕捉面域和曲面边线的交点，但却不能捕捉三维实体的边线的角点。如果是按相同的 X、Y 方向的比例缩放图块，则可以捕捉图块中圆弧和圆的交点。另外，还能捕捉两个对象延伸后的交点（称之为"延伸交点"），但是必须保证这两个对象沿着其路径延伸肯定会相交。若要使用延伸交点模式，必须明确地选择一次交点对象捕捉方式，然后单击其中的一个对象，之后系统提示选择第二个对象，单击第二个对象后，系统将立即捕捉到这两个对象延伸所得到的虚构交点。

（4）捕捉外观交点⊠：捕捉两个对象的外观交点，这两个对象实际上在三维空间中并不相交，但在屏幕上显得相交。可以捕捉由圆弧、圆、椭圆、椭圆弧、多线、直线、多段线、射线、样条曲线或参照线构成的两个对象的外观交点。延伸的外观交点意义和操作方法与上面介绍的"延伸交点"基本相同。

（5）捕捉延长线（也叫"延伸对象捕捉"）━‥：可捕捉到沿着直线或圆弧的自然延伸线上的点。若要使用这种捕捉，须将光标展示在某条直线或圆弧的端点片刻，系统将在光标位置添加一个小小的加号（＋），以指出该直线或圆弧已被选为延伸线，然后当沿着直线或圆弧的自然延伸路径移动光标时，系统将显示延伸路径。

（6）捕捉圆心○：捕捉弧对象的圆心，包括圆弧、圆、椭圆、椭圆弧或多段线弧段的圆心。

（7）捕捉象限点◇：可捕捉圆弧、圆、椭圆、椭圆弧或多段线弧段的象限点，象限点可以想象为将当前坐标系平移至对象圆心处时，对象与坐标系正 X 轴、负 X 轴、正 Y 轴、负 Y 轴等四个轴的交点。

（8）捕捉切点♂：捕捉对象上的切点。在绘制一个图元时，利用此功能，可使要绘制的图元与另一个图元相切。当选择圆弧、圆或多段线弧段作为相切直线的起点时，系统将自动启用延伸相切捕捉模式。

注意：延伸相切捕捉模式不可用于椭圆或样条曲线。

（9）捕捉垂足┗：捕捉两个相互垂直对象的交点。当将圆弧、圆、多线、直线、多段线、参照线或三维实体边线作为绘制垂线的第一个捕捉点的参照时，系统将自动启用延伸垂足捕捉模式。

（10）捕捉平行线∥：用于创建与现有直线段平行的直线段（包括直线或多段线线段）。使用该功能时，可先绘制一条直线 A，在绘制与直线 A 平行的另一直线 B 时，先指定直线 B 的第一个点，然后单击该捕捉按钮，接着将鼠标光标暂停在现有的直线段 A 上片刻，系统便在直线 A 上显示平行线符号，在光标处显示"平行"提示，绕着直线 B 的第一个点转动皮筋线，当转到与直线 A 平行方向时，系统显示临时的平行线路径，在平行线路径上某点处单击指定直线 B 的第二个点。

（11）捕捉插入点┗：捕捉属性、形、块或文本对象的插入点。

（12）捕捉节点⊠：可捕捉点对象，此功能对于捕捉用 DIVIDE 和 MEASURE 命令插入的点对象特别有用。

（13）捕捉最近点⊠：捕捉在一个对象上离光标最近的点。

（14）临时追踪点：通常与其他对象捕捉功能结合使用，用于创建一个临时追踪参考点，然后绕该点移动光标，即可看到追踪路径，可在某条路径上拾取一点。

（15）捕捉自：通常与其他对象捕捉功能结合使用，用于拾取一个与捕捉点有一定偏移量的点。例如，在系统提示输入一点时，单击此按钮及"捕捉端点"按钮后，在图形中拾取一个端点作为参考点，然后在命令行"-from 基点：-endp 于<偏移>："的提示下，输入以相对极坐标表示的相对于该端点的偏移值（如@8<45），即可获得所需点。

2.2.5 自动追踪

在 AutoCAD 2014 中，使用"极轴追踪"和"对象捕捉追踪"两个功能，可以给精确绘图带来便利，下面就自动追踪的两个方面进行介绍。

1. 极轴追踪

如果图形都是横平竖直的话，只需如前面介绍的打开正交就好了，但是有一些倾斜的线的话，要输入极坐标就比较麻烦了。由于一些图纸中的角度都是一些比较固定的或有规律的角度，例如 30°、45°、60°等，为了免去用户输入这些角度的烦恼，CAD 就添加了一个极轴追踪的功能。用户可以根据需要设置一个极轴增量角，当用户将光标移动到靠近满足条件的角度时，CAD 就会显示一条虚线，也就是极轴，光标被锁定到极轴上，此时用户可以直接输入距离值，利用锁定极轴来确定角度的方式就是极轴追踪。

单击底部状态栏的"极轴追踪"按钮 或按"F10"可以快速开关极轴。

极轴非常简单，使用的关键就是合理地设置极轴增量角，软件提供了一系列常用的增量角设置，可以直接在下拉列表中选取，如果有特殊需要，也可以自己添加增量角。在状态栏中"极轴追踪"按钮上单击鼠标右键，在弹出的菜单栏中选择"设置"命令，系统就会打开"草图设置"对话框中的"极轴追踪"选项卡，可以对具体的角度进行设置，如图 2.29 所示。

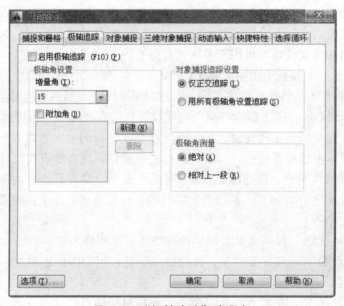

图 2.29 "极轴追踪"选项卡

栅格捕捉、正交和极轴都会限制光标的角度，极轴不能跟正交和栅格捕捉同时打开，打开极轴，就会自动关闭正交。

2. 对象捕捉追踪

启用对象捕捉时只能捕捉对象上的点。AutoCAD 还提供了对象追踪捕捉工具，捕捉对象以外空间的一个点，可以沿指定方向（称为对齐路径）按指定角度或与其他对象的指定关系捕捉一个点。捕捉工具栏中的"临时追踪点""捕捉自"按钮是对象追踪的按钮。当点击其中一个时，只用于对水平线或垂足线进行捕捉。

（1）点击状态栏中的"对象捕捉"和"对象追踪"按钮 ∠ ，启用这两项功能。

（2）执行一个绘图命令，例如点击直线按钮，将十字光标移动到一个对象捕捉点处作为临时获取点，但此时不要点击它，当显示出捕捉点标识之后，暂时停顿片刻即可获取该点，已获取的点将显示一个小加号"＋"，一次最多可以获取 7 个追踪点。获取点之后，当移动十字光标时，将显示相对于获取点的水平、垂直或极轴对齐的路径虚线。

特别值得注意的是，"对象捕捉追踪"必须与"对象捕捉"命令同时作用才会生效。

如图 2.30 所示，在获取了一个端点和一个中点之后，显示出中点的水平虚线和端点的垂虚线，此时点击鼠标左键，即可在这个虚线相交的位置确定一个点的位置。

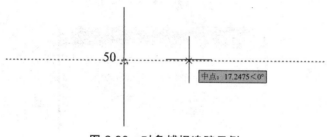

图 2.30　对象捕捉追踪示例

2.2.6　动态输入

在绘制图形时，使用动态输入功能可以在指针位置显示标注输入和命令提示，同时还可以显示输入信息，这样可以极大地方便绘图。启用动态输入功能后，用户在绘图时可以根据显示的提示信息直接输入数据。

1. 设置动态输入选项

在启用动态输入功能前，应对动态输入选项进行必要的设置。其设置方法为：在状态栏的"动态输入"按钮 上右击鼠标，从弹出的快捷菜单中选择"设置"选项，系统将打开"草图设置"对话框的"动态输入"选项卡，用户可从中设置动态输入的选项或参数，如图 2.31 所示。

（1）"启用指针输入"复选框：选中该复选框，将启用动态指针显示功能；若单击"指针输入"栏中的"设置"按钮，将弹出"指针输入设置"对话框，从中可设置显示信息的格式和可见性，如图 2.32 所示。

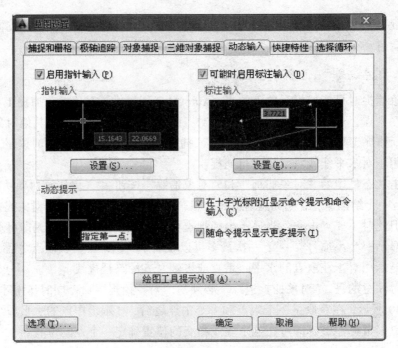

图 2.31 "动态输入"选项卡

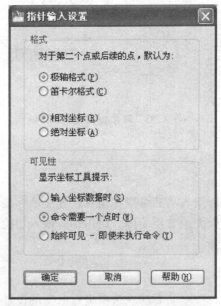

图 2.32 "指针输入设置"对话框

（2）"可能时启用标注输入"复选框：选中该复选框，将启用输入标注数值显示功能；若单击"标注输入"栏中的"设置"按钮，将弹出"标注输入的设置"对话框，从中可设置显示标注输入的字段数和内容，如图 2.33 所示。

（3）"动态提示"区域：用于显示动态提示的样例及设置提示信息的显示位置。

（4）"绘图工具提示外观"按钮：单击该按钮，在弹出的"工具提示外观"对话框中可以设置工具栏提示的外观，如工具栏提示的颜色、大小等，如图 2.34 所示。

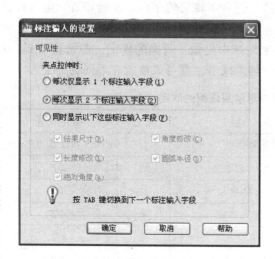

图 2.33 "标注输入的设置"对话框

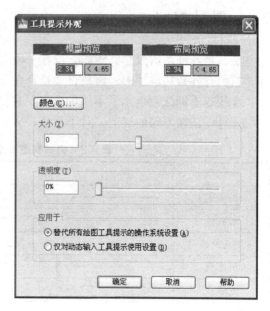

图 2.34 "工具提示外观"对话框

2. 启用动态输入功能

启用动态输入功能主要有以下几种方法：

（1）单击状态栏中的"动态输入"按钮 ；

（2）按下"F12"功能键；

（3）在状态栏的"动态输入"按钮 上单击鼠标右键，在弹出的快捷菜单中选择"启用"选项。

3. 动态输入使用过程的注意事项

（1）在"启用指针输入"的情况下，当执行一个命令时，会在十字光标附近的工具提示框中动态显示光标位置的坐标值。此时，用户也可直接在工具提示框中输入坐标值，其效果与在命令行中输入相同。在输入第二个点和后续点时，默认输入格式设置为相对极坐标（对于 RECTANG 命令为相对笛卡儿坐标），此时不需要输入@符号；如果需要使用绝对坐标，则应使用"#"号为前缀，例如要将对象移到原点，可在提示输入第二个点时，输入"#0，0"坐标值。

（2）在选择了"可能时启用标注输入"的情况下，当命令提示输入第二个点时，工具提示框中将显示距离和角度值，并随着光标移动而改变。按"TAB"键可以在要更改的坐标框中切换。启用"标注输入"后，坐标输入字段会与正在创建或编辑的几何图形上的标注绑定。对于标注输入来说，它的启动会影响指针输入。

（3）在选择"在十字光标附近显示命令提示和命令输入"复选框后，用户可以在工具框提示中（而不是命令行中）输入操作命令以及对提示信息做出响应；且按向下箭头键可以查看和选择选项，按向上箭头键可以显示最近的输入。该动态提示功能可以与指针输入和标注输入一起使用。

2.3 图层控制

层，是一种逻辑概念。例如，设计一幢大楼，包含了楼房的结构、水暖布置、电气布置等，它们有各自的设计图，而最终又是合在一起的。在机械制图中，粗实线、细实线、点画线、虚线等不同线型表示了不同的含义，在国家标准中也做了明确的规定，参见表 2.2。此外层还可以是在不同的层上。对于尺寸、文字、辅助线等，都可以放置在不同的层上。

表 2.2　机械制图标准中对常用线型的规定

线　型	图　样	用　途	颜色	推荐线宽
粗实线	——————	可见轮廓线	白	d=0.5 mm 或 0.7 mm
细实线	——————	尺寸线、剖面等	绿	$d/2$
细点画线	— · — · —	轴线、对称中心线	红	$d/2$
细虚线	— — — — —	不可见轮廓线	黄	$d/2$
波浪线	～～～	分界线	绿	$d/2$
双点画线	— · · — · · —	假象轮廓线	粉红	$d/2$

2.3.1　图层概述

在 AutoCAD 中，每个层可以看成是一张透明的纸，可以在不同的"纸"上绘图。不同的层叠加在一起，形成最后的图形，表示图层与图形之间的关系，如图 2.35 所示。

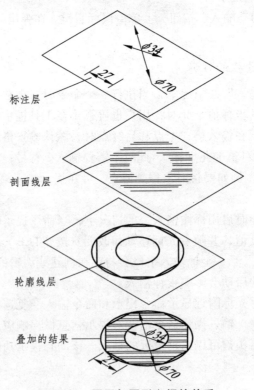

图 2.35　图层与图形之间的关系

图层，有一些特殊的性质。例如，可以设定该图层是否显示、是否允许编辑、是否输出等。比如要改变粗实线的颜色，可以将其他图层关闭，仅打开粗实线层，一次选定所有的图线进行修改。这样做显然比在大量的图线中去将粗实线挑选出来轻松得多。在图层中可以设定每层的颜色、线型、线宽。只要图线的相关特性设定成"随层"（Bylayer），图线都将具有所属层的特性。

对图层的管理、设置工作大部分是在"图层特性管理器"对话框中完成的，如图 2.36 所示。

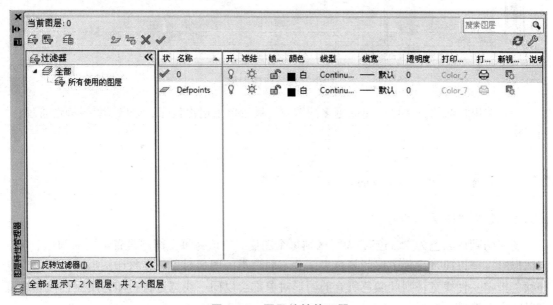

图 2.36　图层特性管理器

该对话框可以显示图层的列表及其特性设置，也可以添加、删除重命名图层，修改图层特性或添加说明。图层过滤器用于控制在列表中显示哪些图层，还可以对多个图层进行修改。

打开"图层特性管理器"对话框有三种方法：

（1）选择"菜单"→"格式"→"图层"菜单命令；

（2）单击"对象特性"工具栏中的"图层特性管理器"按钮；

（3）在命令行输入命令"LAYER"后按回车键。

2.3.2　创建图层

用户在使用"图层"功能时，首先要创建图层，然后再进行应用。在同一工程图样中，用户可以建立多个图层。创建"图层"的步骤如下：

（1）单击"对象特性"工具栏中的"图层特性管理器"按钮，打开"图层特性管理器"对话框。

（2）单击图 2.36 所示图层特性管理器对话框中的"新建图层"按钮。

（3）系统将在新建图层列表中添加新图层，其默认名称为"图层 1"，并且高亮显示，如图 2.37 所示，此时直接在名称栏中输入"图层"的名称，按 Enter 键，即可确定新图层的名称。

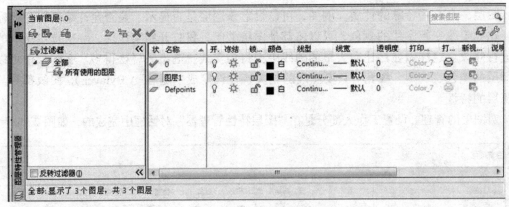

图 2.37 新建图层

（4）使用相同的方法可以建立更多的图层。最后单击退出按钮，退出"图层特性管理器"对话框。

2.3.3 设置"图层"的颜色、线型和线宽

1. 设置"图层"颜色

图层的默认颜色为"白色"，为了区别每个图层，应该为每个图层设置不同的颜色。在绘制图形时，可以通过设置图层的颜色来区分不同种类的图形对象；在打印图形时，可以对某种颜色指定一种线宽，则此颜色所有的图形对象都会以同一线宽进行打印，用颜色代表线宽可以减少存储量、提高显示效率。

AutoCAD 2014 系统中提供了 256 种颜色，通常在设置图层的颜色时，都会采用 7 种标准颜色：红色、黄色、绿色、青色、蓝色、紫色以及白色。这 7 种颜色区别较大又有名称，便于识别和调用。设置图层颜色的操作步骤如下：

（1）打开"图层特性管理器"对话框，单击列表中需要改变颜色的图层上"颜色"栏的图标，弹出"选择颜色"对话框，如图 2.38 所示。

图 2.38 "选择颜色"对话框

（2）从颜色列表中选择适合的颜色，此时"颜色"选项的文本框将显示颜色的名称，如图 2.38 所示。

（3）单击"确定"按钮，返回"图层特性管理器"对话框，在图层列表中会显示新设置的颜色，可以使用相同的方法设置其他图层的颜色。单击退出按钮，所有在这个"图层"上绘制的图形都会以设置的颜色来显示。

2. 设置"图层线型"

"图层线型"用来表示图层中图形线条的特性，通过设置图层的线型可以区分不同对象所代表的含义和作用，默认的线型方式为"Continuous"。

单击所选图层关联的线型设置图标"Continuous"，系统弹出"选择线型"对话框，如图 2.39 所示。

图 2.39　"选择线型"对话框

单击"加载"按钮打开"加载或重载线型"对话框，如图 2.40 所示，根据规定选择好所需线型后，单击"确定"按钮。成功加载过一次的线型就可以在"选择线型"对话框中显示出来，无须重复加载。

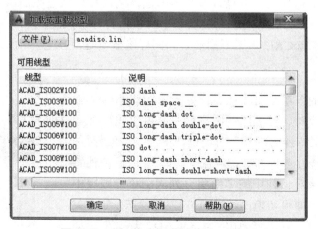

图 2.40　"加载或重载线型"对话框

3. 设置"图层线宽"

"图层线宽"设置会应用到此图层的所有图形对象，并且用户可以在绘图窗口中选择显示或不显示线宽。设置"图层线宽"可以直接用于打印图纸。

（1）设置"图层线宽"。打开"图层特性管理器"对话框，在列表中单击"线宽"栏的图标█——默认，弹出"线宽"对话框，在线宽列表中选择需要的线宽，如图 2.41 所示。单击"确定"按钮，返回"图层管理器"对话框。图层列表将显示新设置的线宽，单击退出按钮，确认图层设置。

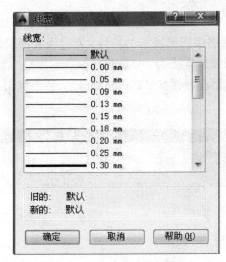

图 2.41 "线宽"对话框

（2）显示图层的线宽。单击状态栏中的线宽按钮 线宽，可以切换屏幕中线宽显示。当按钮处于凸起状态时，则不显示线宽；当处于凹下状态时，则显示线宽。

2.3.4 控制图层显示状态

如果工程图样中包含大量信息且有很多图层，则用户可通过控制图层状态，使编辑、绘制、观察等工作变得更方便一些。图层状态主要包括打开与关闭、冻结与解冻、锁定与解锁、打印与不打印等，AutoCAD 采用不同形式的图标来表示这些状态。

1. 打开/关闭

处于打开状态的图层是可见的，而处于关闭状态的图层是不可见的，也不能被编辑或打印。当图形重新生成时，被关闭的图层将一起被生成。打开/关闭图层，有以下两种方法：

（1）利用"图层特性管理器"对话框。单击"对象特征"工具栏中的"图层特性管理器"按钮 ，打开"图层特性管理器"对话框，在该对话框中的"图层"列表中单击图层中的灯泡图标 或 ，即可切换图层的打开/关闭状态。如果关闭的图层是当前图层，系统将弹出"AutoCAD"提示框，如图 2.42 所示。

图 2.42 "关闭图层"提示框

（2）利用图层工具栏打开/关闭图层。单击"图层"工具栏中的图层列表，当列表中弹出图层信息时，单击灯泡图标 或 ，就可以实现图层的打开/关闭，如图 2.43 所示。

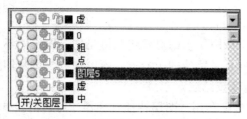

图 2.43　图层打开/关闭状态

2. 冻结/解冻

冻结图层可以减少复杂图形重新生成时的显示时间，并且可以加快绘图、缩放、编辑等命令的执行速度。处于冻结状态的图层上的图形对象将不能被显示、打印或重生成。解冻图层将重生成并显示该图层上的图形对象。冻结/解冻图层，有以下两种方法：

（1）利用"图层特性管理器"对话框。单击"对象特征"工具栏中的"图层特性管理器"按钮 ，打开"图层特性管理器"对话框，在该对话框中的"图层"列表中单击图标 ⊙ 或 ⊛，即可切换图层的冻结/解冻状态。但是当前图层是不能被冻结的。

（2）利用"图层"工具栏。单击"图层"工具栏中的图层列表，当列表中弹出图层信息时，单击图标 ⊙ 或 ⊛ 即可，如图 2.44 所示。

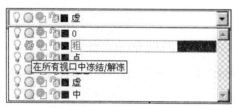

图 2.44　冻结/解冻状态

3. 锁定/解锁

通过锁定图层，使图层中的对象不能被编辑和选择。但被锁定的图层是可见的，并且可以查看、捕捉此图层上的对象，还可在此图层上绘制新的图形对象。解锁图层是将图层恢复为可编辑和选择的状态。

锁定/解锁图层有以下两种方法：

（1）利用"图层特性管理器"对话框。单击"对象特征"工具栏中的"图层特性管理器"按钮 ，打开"图层特性管理器"对话框，在该对话框中的"图层"列表中，单击图标 或 ，即可切换图层的锁定/解锁状态。

（2）利用"图层"工具栏。单击"图层"工具栏中的图层列表，当列表中弹出图层信息时，单击图标 或 即可，如图 2.45 所示。

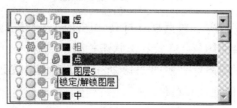

图 2.45　图层锁定/解锁状态

4. 打印/不打印

当指定某层不打印后，该图层上的对象仍是可见的。图层的不打印设置只对图形中可见的图层（即图层是打开的并且是解冻的）有效。若图层设为可打印但该层是冻结的或是关闭的，此时 AutoCAD 将不打印该图层。

打印/不打印图层的方法是利用"图层特性管理器"对话框。单击"对象特征"工具栏中的"图层特性管理器"按钮 ，打开"图层特性管理器"对话框，在该对话框中的"图层"列表中，单击图标 或 ，即可切换图层的打印/不打印状态，如图 2.46 所示。

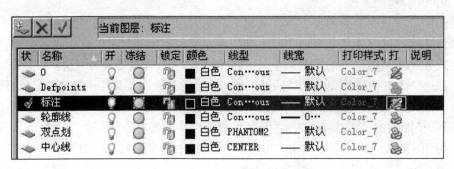

图 2.46　打印/不打印状态

2.3.5　设置当前图层

当需要在某个图层上绘制图形时，必须先使该图层成为当前层。系统默认的当前层为"0"图层。

1. 设置现有图层为当前图层

设置现有图层为当前图层有两种方法：

（1）利用图层工具栏。在绘图窗口中不选择任何图形对象，在图层工具栏中的下拉列表中直接选择要设置为当前图层的图层即可，如图 2.47 所示，把"点层"设为当前图层。

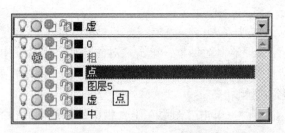

图 2.47　设置当前图层

（2）利用"图层特性管理器"对话框。打开"图层特性管理器"对话框，在图层列表中单击选择要设置为当前图层的图层，然后双击状态栏中的图标，或单击"置为当前"按钮 ，使状态栏的图标变为当前图层图标，如图 2.48 所示。单击退出按钮，退出对话框，在图层工具栏下拉列表中会显示当前图层的设置。

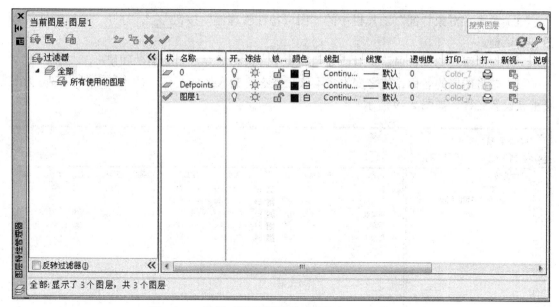

图 2.48 利用"图层特性管理器"设置当前图层

2. 设置对象图层为当前图层

在绘图窗口中，选择已经设置图层的对象，然后在"图层"工具栏中单击"将对象的图层置为当前"按钮 ，则该对象所在图层即可成为当前图层。

3. 返回上一个图层

在"图层"工具栏中，单击"上一个图层"按钮 ，系统会按照设置的顺序，自动重置上一次设置为当前的图层。

2.3.6 删除指定的图层

在 AutoCAD 中，为了减少图形所占空间，可以删除不使用的图层。其具体操作步骤如下：

（1）单击"对象特征"工具栏中的"图层特性管理器"按钮 ，打开"图层特性管理器"对话框。

（2）在"图层特性管理器"对话框中的图层列表中选择要删除的图层，单击"删除图层"按钮 ，或按键盘上的 Delete 键，图层即可删除。

特别注意：系统默认的图层"0"、包含图形对象的层、当前图层以及使用外部参照的图层是不能被删除的。在"图层特性管理器"对话框中的图层列表中，图层名称前的状态图标：" （蓝色）"表示图层中包含有图形对象；" （灰色）"表示图层中不包含有图形对象。

2.3.7 重新设置图层的名称

设置图层的名称，将有助于用户对图层的管理。系统提供的图层名称缺省为"图层 1""图层 2""图层 3"等，用户可以对这些图层进行重新命名，其具体操作步骤如下：

（1）单击"对象特征"工具栏中的"图层特性管理器"按钮 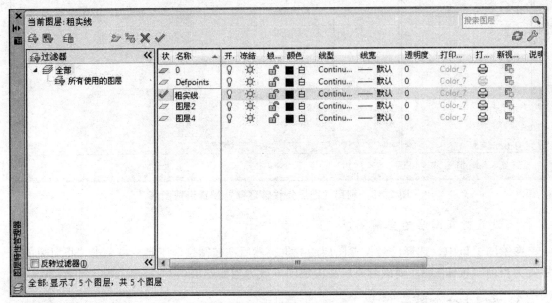，打开"图层特性管理器"对话框。

（2）在"图层特性管理器"对话框的列表中，选择需要重新命名的图层。

（3）单击图层的名称，使之变为文本编辑状态，输入新的名称，按 Enter 键，即可为图层重新设置名称，如图 2.49 所示。

图 2.49 重新命名的图层

2.4 设置非连续线型的外观

非连续线是由短横线、空格等重复构成的，如前面遇到的点画线、虚线等。这种非连续线的外观，如短横线的长短、空格的大小等，是可以由其线型的比例因子来控制的。当用户绘制的点画线、虚线等非连续线看上去与连续线一样时，即可调节其线型的比例因子。

2.4.1 设置全局线型的比例因子

改变全局线型的比例因子，AutoCAD 将重生成图形，它将影响图形文件中所有非连续线型的外观。

改变全局线型的比例因子有以下两种方法：

1. 利用菜单命令

利用菜单命令改变全局线型的比例因子的具体步骤如下：

（1）选择"格式"→"线型"菜单命令，弹出"线型管理器"对话框。

（2）在"线型管理器"对话框中，单击"显示/隐藏细节"按钮，在对话框的底部会出现"详细信息"选项组，如图 2.50 所示。

（3）在"全局比例因子"数值框内输入新的比例因子，单击"确定"按钮即可。

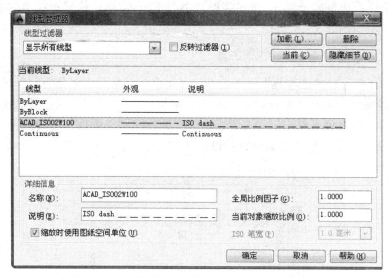

图 2.50　设置非连续线型的全局比例因子外观

2. 使用对象特性工具栏

使用"对象特性"工具栏改变全局线型的比例因子的具体步骤如下：

（1）在"对象特性"工具栏中，单击线型控制列表框右侧的 ▼ 按钮，并在其下拉列表中选择"其他"选项，如图 2.51 所示，弹出"线型管理器"对话框。

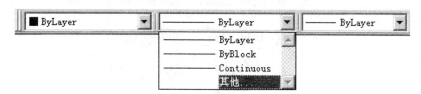

图 2.51　线型特性管理器

（2）在线型管理器对话框中，单击"显示/隐藏细节"按钮，在对话框的底部会出现"详细信息"选项组，在"全局比例因子"数值框内输入新的比例因子，单击"确定"按钮即可。

2.4.2　改变当前对象的线型比例因子

改变当前对象的线型比例因子，将改变当前选中的对象中所有非连续线型的外观。

改变当前对象的线型比例因子有以下两种方法：

1. 利用"线型管理器"对话框

（1）选择"格式"→"线型"菜单命令，系统弹出"线型管理器"对话框。

（2）在"线型管理器"对话框中，单击"显示/隐藏细节"按钮，在对话框的底部会出现"详细信息"选项组，如图 2.50 所示。

（3）在"当前对象缩放比例"数值框内输入新的比例因子，单击"确定"按钮即可。

特别注意：非连续线型外观的显示比例=当前对象线型比例因子×全局线型比例因子。
例如：当前对象线型比例因子为 3，全局线型比例因子为 2，则最终显示线型时采用的比例因子为 6。

2. 利用"对象特性管理器"对话框

（1）选择"工具"→"选项板"→"特性"菜单命令，打开"对象特性管理器"对话框。

（2）选择需要改变线型比例的对象，此时"对象特性管理器"对话框将显示选中对象的特性设置，或者选中对象后点击鼠标右键，在弹出的快捷菜单中选择"特性"工具，也可以打开如图 2.52 所示的显示选中对象的特性设置的"对象特性管理器"。

图 2.52　对象特性管理器

2.5　命令的输入与终止

在 AutoCAD 2014 中文版中进行交互式绘图时，必须输入必要的命令和参数。AutoCAD 2014 提供了多种命令输入方式，它们通过菜单命令、工具按钮、命令和系统变量来实现，且这些菜单命令、工具按钮、命令和系统变量都是相互对应的。可以选择某一菜单命令，或单击某个工具图标按钮，或在命令行中输入命令和系统变量来执行或结束相应的命令，完成相应的绘图操作。

2.5.1 鼠标操作执行命令

使用鼠标执行命令是 AutoCAD 操作的最常用方法。启动 AutoCAD 后，在绘图区内鼠标为"十"字光标形式；在绘制窗口中，将光标移至菜单选项、工具栏或对话框上时，它就会变成箭头形式；当光标移到命令行中时，它会变成"I"形式。无论光标呈"十"字形式、箭头形式还是"I"形式，当单击鼠标左键或右键时，都会执行相应的命令或动作，具体意义如下。

1. 鼠标左键

相当于拾取键，主要功能是选择对象和定位，即用来选择 Windows 对象、AutoCAD 对象、工具按钮和菜单命令等，或用于指定屏幕上的坐标点位置。常用的操作是单击或双击。

2. 鼠标右键

相当于按"Enter"键，用于结束当前操作命令或打开快捷菜单。当用户分别在绘图区中、在选中的图形对象上、在文本框窗口内、在工具栏上和状态栏等处的不同对象上或在不同的系统状态下单击鼠标右键时，所弹出的快捷菜单的形式和内容都是各不相同的。如结束当前的绘图操作或在输入参数后加以确认，则可单击鼠标右键后并从弹出的快捷菜单中选择"确认"即可。

3. 组合键

当使用"Shift+鼠标右键"组合键时，系统将弹出用于设置捕捉点的快捷菜单。

4. 滚轮的使用

在绘图区内，向前驱动滚轮，则放大图形；向后驱动滚轮，则缩小图形；用食指压住滚轮，则鼠标在绘图区中将变成小手状，此时拖动鼠标可平移绘图区和图形，相当于"pan"命令功能。

2.5.2 使用键盘输入命令

在 AutoCAD 2014 中文版中进行绘图、编辑等操作时，都需要通过键盘输入完成。通过键盘可以输入命令和系统变量，另外键盘还是输入文本对象、数值参数、点的坐标以及进行参数选择的方法。

2.5.3 使用"命令行"

在 AutoCAD 2014 中文版中，默认情况下"命令行"是一个可固定的窗口，可以在当前命令行提示下输入命令、对象参数等内容，如图 2.53 所示。对于大多数命令，"命令行"可以显示执行完的两条命令（命令历史），而对于部分特殊命令，例如 LIST 等命令，要在放大的"命令行"或在"AutoCAD 文本窗口"中才能显示。

图 2.53 命令行提示

在"命令行"窗口中单击鼠标右键，AutoCAD 将显示一个快捷菜单，如图 2.54 所示。通过该快捷菜单可以选择最近使用的 6 个命令、复制选定的文字或全部历史、粘贴文字，以及打开"选项"对话框。

图 2.54 "命令行"快捷菜单

在命令行中，还可以使用 BackSpace 键和 Delete 键来删除命令行中的文字，也可以选中命令历史，执行"粘贴到命令行"命令，将其粘贴到命令行中。

2.5.4 使用"AutoCAD 文本窗口"

AutoCAD 采取"实时交互"的命令执行方式，在绘图或图形编辑操作过程中，用户应特别注意命令行窗口中显示的文字，这些信息记录了 AutoCAD 与用户的交流过程。如果要详细了解这些信息，可以打开如图 2.55 所示的"文本窗口"来阅读。

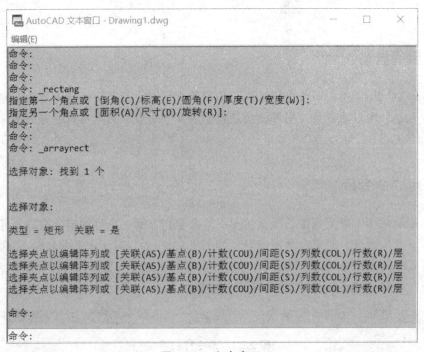

图 2.55 文本窗口

默认情况下，AutoCAD"文本窗口"处于关闭状态，用户可以利用 F2 功能键打开或关闭它。

"文本窗口"中的内容是只读的，因此用户不能对文本窗口中的内容进行修改，但可以将它们复制并粘贴到命令行窗口或其他应用程序中（如 Word）。

2.5.5 终止命令的方法

AutoCAD 绘图时，难免会因为一些选择的起点错误，或是绘图的错误导致想重新做或撤销动作，还有一些在绘图过程中，需要重新确定所画的图形，要结束正在执行的动作，这时就需要用到终止命令。

终止命令是比较简单的，主要有以下几种方式：

（1）按"Esc"键终止命令；

（2）按"Enter"键终止命令；

（3）单击鼠标右键，从快捷菜单中选择"取消"命令；

（4）在执行过程中切换其他命令，则当前命令自动终止。

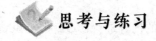 **思考与练习**

1. 思考题

（1）设置图形界限有什么作用？

（2）图层当中设置颜色、线型、线宽的方法有几种？应如何管理这些图线特性？

（3）AutoCAD 绘图前，为什么要首先设置图层？图层中包括哪些特性设置？

（4）冻结和关闭图层的区别是什么？如果希望某图线显示又不希望该线条被修改，应如何操作？

（5）在绘制图形时，如果发现某一图形没有绘制在预先设置的图层上，应怎样进行纠正？

（6）系统默认的图层是什么？它能否被删除？

（7）怎样改变默认线宽的宽度？

（8）怎样快速改变非连续线型的比例？

（9）如何开始一个命令？

（10）如何快速终止一个命令？

2. 练习题

（1）建立新文件，运行 AutoCAD 软件，设置图形范围为 1 189 mm×841 mm，打开栅格与捕捉，建立新图层：中心线层，线型为 Center，线型比例为 0.5，颜色为红色。

（2）设置对象捕捉点：体验"中点、垂足、端点、交点、最近点、象限点"的符号以及点的含义，并体验设置与未设置的区别。

（3）打开正交，体验画直线。

（4）打开极轴追踪，体验画 45°线条。

（5）设置 4 个图层：

① 细实线、实线、绿、线宽 0.25；

② 粗实线、实线、白、线宽 0.5；

③ 中心线、点画线、红、线宽 0.25；

④ 虚线、虚线、黄、线宽 0.25。

第 3 章　二维绘图命令

【本章导读】

AutoCAD 2014 提供了多种二维绘图命令，各种命令都有一定的操作方式和参数要求以及使用的注意事项，本章就 AutoCAD 2014 中文版的二维绘图命令做详细介绍。

【本章要点】

（1）点和线的绘制。

（2）矩形和正多边形的绘制。

（3）圆、圆弧、椭圆、椭圆弧的绘制。

（4）样条曲线的绘制。

（5）修订云线的绘制。

（6）其他图形的绘制。

3.1　点的绘制

点是绘图时最小也是最常用的元素。在 AutoCAD 2014 中，有些情况需要绘制一些点来定位或者标记，因此，在 AutoCAD 2014 中有比较方便的绘制点的方法，用户可以根据自己的需要将点的样式进行更改。

3.1.1　点样式的设置

绘制点命令的默认样式基本上是一个点，绘制时很难看到，所以在绘制点之前必须对点样式进行设置。

在菜单栏内选择"格式"→"点样式"命令，系统将弹出"点样式"对话框，如图 3.1 所示。

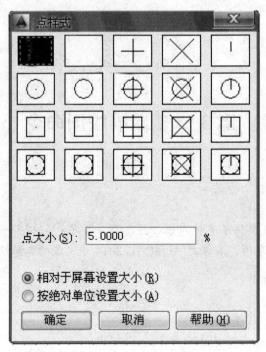

图 3.1 "点样式"对话框

"点样式"对话框可以对以下内容进行设置。

1. 设置点的形状

在点样式对话框里，给出了 20 种点的外观形状，用户可以点击选择任何一种（默认的形状是第一个）。一般常选择如图 3.1 所示的第二行的第四个图案。

2. 设置点的大小

点的大小除了数值显示外，还设定了"相对于屏幕设置大小"和"按绝对单位设置大小"。两者的区别在于：

（1）相对于屏幕设置大小。

如果选择了"相对屏幕设置大小"，那么点的大小都是相对于当前屏幕而言，是当前屏幕大小的设定百分比。如在"点样式"设置对话框中选中"相对屏幕设置大小"，并在点大小文本框中输入百分比为 5，点击确定后执行单点命令，在图中绘制一个单点。向上滚动鼠标滚轮（或用其他方式放大视图），再次执行单点命令，绘制一个单点，可以看到两个单点的大小不同。第一个点随视图放大了，第二个点的大小与第一个点被放大之前的大小相同，如图 3.2所示。这是因为，在点样式对话框中选择了"相对于屏幕设置大小"，文本框里的 5 是一个相对值。每次绘制点，点的大小都是相对于当前屏幕而言，是当前屏幕大小的 5%。

（2）按绝对单位设置大小。

如果选择了"按绝对单位设置大小"，每次绘制点的大小就是设定的绝对值，每次绘制点的大小不会根据屏幕的缩放而不同。如在"点样式"设置对话框中选中"按绝对单位设置大小"，并在点大小文本框中输入 5 单位，点击确定后，执行上述操作，得到的结果如图3.3 所示。

图 3.2 按相对屏幕设置点大小　　　　　　**图 3.3 按绝对单位设置点大小**

3.1.2 绘制单点和多点

1. 单　点

绘制单点就是执行一次命令，只能指定一个点。

调用单点命令的方法如下：

菜单栏：选择"绘图"→"点"→"单点"命令；

命令行：在命令行中输入"point/po"，按回车键。

执行以上任一命令后，命令栏有如图 3.4 所示的提示，根据提示可以在绘图区任一位置单击鼠标，或者在命令栏输入点坐标，即可创建单点。

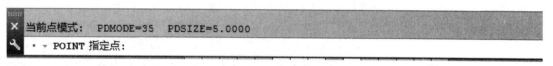

图 3.4 绘制单点提示

2. 多　点

绘制多点就是执行一次命令后可以连续指定多个点，直到按 Esc 键结束命令为止。调用多点命令的方法如下：

菜单栏：选择"绘图"→"点"→"多点"命令；

工具栏：单击绘图工具栏中的多点按钮，如图 3.5 所示。

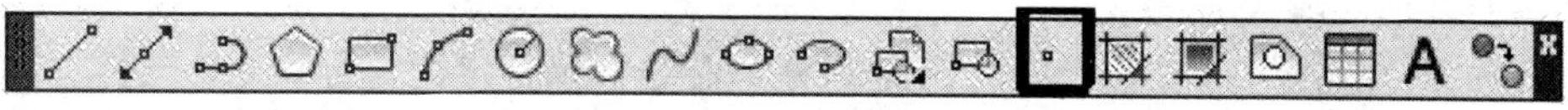

图 3.5 绘图工具栏多点按钮

执行上述任一命令后，命令栏和单点一致，根据提示可以在绘图区任一位置单击鼠标，或者在命令栏输入点坐标，即可在绘图区创建多点，直至按 Esc 键结束命令。

3.1.3 定数等分对象

在 AutoCAD 2014 的菜单中选择"绘图"→"点"→"定数等分"命令，可以在指定对象上绘制等分点。使用该命令应该注意以下几点：

（1）因为输入的是等分数，而不是放置点的个数，所以如果要将所选择的对象分成 N 份，则实际上只生成 $N-1$ 个点。

（2）每次只能对一个对象进行操作。

（3）如果对圆进行等分，第一个点放置于右象限点。

【例 3.1】在图 3.6 中，将梯形顶边等分为 10 段。

分析：要完成等分，就要用到"定数等分"的命令。为了节省篇幅，假定绘图之前点样式已经按照之前步骤设置完成。

（1）选择"绘图"→"点"→"定数等分"命令，执行定数等分命令。

（2）当命令行显示"选择要定数等分的对象："时，拾取梯形顶边作为要等分的对象。

（3）当命令行显示"输入线段数目或[块（B）]："时，输入等分线段数目 10，然后按下回车键，等分结果如图 3.7 所示。

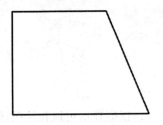 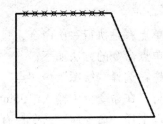

图 3.6　原始图像　　　　　　　　　　图 3.7　定数等分

3.1.4　定距等分对象

在 AutoCAD 2014 的菜单中选择"绘图"→"点"→"定距等分"命令，可以在指定对象上按指定的长度绘制点或者插入块。使用该命令应该注意以下几点：

（1）从离对象选取点近的端点开始放置点的起始位置。

（2）如果对象总长不能被所选长度整除，则最后放置点到对象端点的距离将不等于设定长度。

（3）如果对圆进行等分，第一个点放置于右象限点。

【例 3.2】在图 3.6 中，将梯形底边按长度 10 进行等分。

分析：要完成等分，就要用到"定距等分"的命令。为了节省篇幅，假定绘图之前点样式已经按照之前步骤设置完成。

（1）选择"绘图"→"点"→"定距等分"命令，执行定距等分命令。

（2）当命令行显示"选择要定距等分的对象："时，拾取梯形底边作为要等分的对象。

（3）当命令行显示"指定线段长度或[块（B）]："时，输入线段长度 10，按后按下回车键，等分结果如图 3.8 所示。

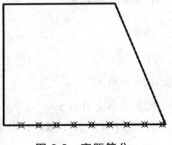

图 3.8　定距等分

3.2 线的绘制

在机械工程制图中，直线是组成图形的基本对象，绘制直线的命令是 AutoCAD 2014 中使用较高的命令之一。绘制直线的命令包括绘制直线、射线、构造线。

3.2.1 直线的绘制

在 AutoCAD 中，直线的概念相当于数学中的线段，即两点之间的连线。当在绘制一条直线之后，可以继续以该线段的终点为起点指定另一个终点，绘制另外一条直线。

调用"直线"命令的方法如下：

菜单栏：选择"绘图"→"直线"命令；

工具栏：单击绘图工具栏中的"直线"按钮；

命令行：在命令行中输入"line/li"，按回车键。

【例3.3】使用"直线"命令把 A，B，C，D 点按照顺序连接起来，绘制效果如图3.9所示。

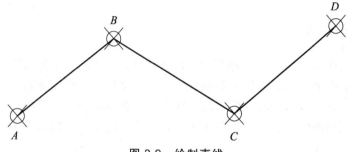

图 3.9　绘制直线

分析：使用直线命令把 A，B，C，D 点按照顺序连接起来。为了方便操作，设定系统已经打开对象捕捉，拾取"节点"。

（1）命令：_line。

（2）当命令行显示"指定第一个点："提示时，利用对象捕捉拾取 A 点。

（3）当命令行显示"指定下一点或 [放弃（U）]:"提示时，利用对象捕捉拾取 B 点。

（4）当命令行显示"指定下一点或 [放弃（U）]:"提示时，利用对象捕捉拾取 C 点。

（5）当命令行显示"指定下一点或 [放弃（U）]:"提示时，利用对象捕捉拾取 D 点。

（6）按 Esc 键退出"直线"命令，完成绘图。

【例3.4】绘制一个长度为 500 的水平直线，直线的左端的绝对坐标为（600，400），如图3.10所示。

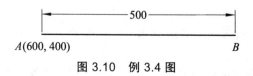

图 3.10　例 3.4 图

分析：给定了具体坐标和长度，就必须按照坐标输入来精确绘图，具体操作如下。

（1）在命令行输入："line"→回车。

（2）在"指定点"的提示下，输入："600，400"→回车。

（3）在"指定下一点或[放弃（U）]"的提示下，输入："1100，400"，回车。

（4）在"指定下一点或 [放弃（U）]:"的提示下，按"Esc"键（退出键）或按"Enter"键（回车键）退出。

3.2.2 射线的绘制

射线，为一端固定、另一端无限延伸的直线。

调用"射线"命令的方法如下：

菜单栏：选择"绘图"→"射线"命令；

命令行：在命令行中输入"ray"，按回车键。

在 AutoCAD 中，射线主要用于绘制辅助线，其点的拾取或者输入与直线无异。特别值得注意的是，指定射线的起点后，可在"指定通过点:"的提示下指定多个通过点。绘制以起点为端点的多条射线，直到按 Esc 键或者 Enter 键退出命令。

3.2.3 构造线的绘制

构造线命令名叫 XLINE，可以理解为无限长的线，中文翻译成构造线说明了它在实际绘图时的作用，很多时候可以用来作为辅助线，比如绘制机械三视图的时候可以利用构造线将各向视图的图形对齐。构造线除了作为辅助线以外，有时也会用于绘图，当知道线的方向和位置，但长度不明确的时候，也可以用构造线来代替，比如建筑的轴网或图中一些需要其他图形来确定长度的直线段等。

调用"构造线"命令的方法如下：

菜单栏：选择"绘图"→"构造线"命令；

工具栏：单击绘图工具栏中的"构造线"按钮；

命令行：在命令行中输入"xline"，按回车键。

执行了"构造线"命令，命令栏提示栏信息如下：

指定点或[水平（H）/垂直（V）/角度（A）/二等分（B）/偏移（O）]:

其中各项含义如下：

（1）水平（H）：选择该选项后绘制的构造线都会与当前坐标轴中的 X 轴平行，用户在选择此选项后，只需指定一点即可绘制出所需的构造线。

（2）垂直（V）：与水平相似，选择该选项后绘制的构造线与坐标轴的 Y 轴平行。

（3）角度（A）：选择该选项后可指定一个角度，之后所绘制的构造线都将与 X 轴正方向成该角度。

（4）二等分（B）：该选项下，可绘制出一个角度的二等分线，操作方式为选择该角度的起点及两个端点。

（5）偏移（O）：选择该选项，可以以指定距离复制所选择的对象，使之平行。该选项与今后要介绍的一个编辑命令 OFFSET 有相同之处，用户可进行对比学习。

3.3 多段线的绘制

3.3.1 多段线与直线的区别

多段线是 AutoCAD 里特有的一个概念。所谓多段线，就是由多条直线或圆弧连接成的一条线。多段线将多段连续的直线和弧作为一个整体进行绘制和编辑，更加方便。因此，多段线在 AutoCAD 图纸中被大量使用。

二维多段线具有单独直线、圆弧所不具备的优点：

（1）多段线可直可曲，可宽可窄；

（2）多段线很容易编辑。

如果不设置选项，多段线绘制看上去跟直线绘制没什么区别，都可以连续绘制多段直线。如果用相同的方法绘制三段连续直线和多段线，绘制后我们分别点选直线和多段线，比较结果就会发现，三条直线虽然是连续的，但是三个独立的图形，而多段线则是一个整体，如图 3.11 所示。

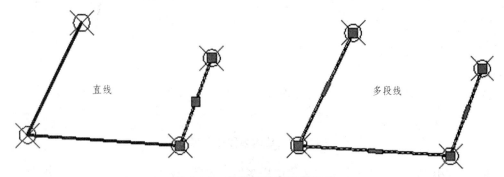

图 3.11　多段线和直线的区别

3.3.2 绘制多段线

调用"多段线"命令的方法如下：

菜单栏：选择"绘图"→"多段线"命令；

工具栏：单击绘图工具栏中的"多段线"按钮；

命令行：在命令行中输入"pline"，按回车键。

执行了"多段线"命令，命令栏提示栏信息如下：

直线

指定下一个点或 [圆弧（A）/半宽（H）/长度（L）/放弃（U）/宽度（W）]：

指定圆弧的端点或

[角度（A）/圆心（CE）/方向（D）/半宽（H）/直线（L）/半径（R）/第二个点（S）/放弃（U）/宽度（W）]：

其中各项含义如下：

（1）弧（A）：指定弧的起点和终点绘制圆弧段。

（2）角度（A）：指定圆弧从起点开始所包含的角度。

（3）中心（CE）：指定圆弧所在圆的圆心。

（4）方向（D）：从起点指定圆弧的方向。

（5）半宽（H）：指从宽度方向多段线线段的中心到其一边的宽度。

（6）线段（L）：退出"弧"模式，返回绘制多段线的主命令行，继续绘制线段。

（7）半径（R）：指定弧所在圆的半径。

（8）第二点（S）：指定圆弧上的点和圆弧的终点，以三个点来绘制圆弧。

（9）宽度（W）：带有宽度的多段线。

（10）闭合（C）：通过在上一条线段的终点和多段线的起点之间绘制一条线段来封闭多段线。

（11）距离（D）：指定分段距离。

【例3.5】用多段线命令绘制如图3.12所示的图形。

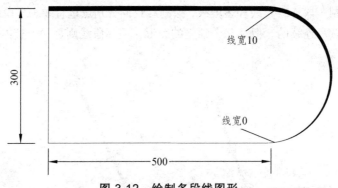

图 3.12　绘制多段线图形

分析：该例题要求线宽有变化，必须使用多段线绘制，在绘制过程中要求一次命令完成全部图形，具体操作如下：

（1）命令：pline

（2）指定起点：400，600

（3）指定下一个点或 [圆弧（A）/半宽（H）/长度（L）/放弃（U）/宽度（W）]：h

（4）指定起点半宽 <0.0000>：5

（5）指定端点半宽 <5.0000>：5（或按"Enter"键）

（6）指定下一个点或 [圆弧（A）/半宽（H）/长度（L）/放弃（U）/宽度（W）]：@500，0

（7）指定下一点或 [圆弧（A）/闭合（C）/半宽（H）/长度（L）/放弃（U）/宽度（W）]：a

（8）指定圆弧的端点或 [角度（A）/圆心（CE）/闭合（CL）/方向（D）/半宽（H）/直线（L）/半径（R）/第二个点（S）/放弃（U）/宽度（W）]：w

（9）指定起点宽度 <10.0000>：10（或按"Enter"键）

（10）指定端点宽度 <10.0000>：0

（11）指定圆弧的端点或 [角度（A）/圆心（CE）/闭合（CL）/方向（D）/半宽（H）/直线（L）/半径（R）/第二个点（S）/放弃（U）/宽度（W）]：@0，-300

（12）指定圆弧的端点或 [角度（A）/圆心（CE）/闭合（CL）/方向（D）/半宽（H）/直线（L）/半径（R）/第二个点（S）/放弃（U）/宽度（W）]：l

指定下一点或 [圆弧（A）/闭合（C）/半宽（H）/长度（L）/放弃（U）/宽度（W）]：
@-500, 0

（13）指定下一点或 [圆弧（A）/闭合（C）/半宽（H）/长度（L）/放弃（U）/宽度（W）]：c

注意：命令行输入的宽度值将作为此后绘制图形的默认宽度，直到下一次修改为止。

3.4 矩形和正多边形的绘制

矩形和正多边形都是由线段组成的，在机械工程制图的使用频率非常高，如果用直线命令来绘制，步骤会十分繁杂，而且比较容易出错。因此，掌握好其准确快速的绘制方法十分有必要。

3.4.1 矩形的绘制

有一个角是直角的平行四边形是矩形，也叫长方形。

调用"矩形"命令的方法如下：

菜单栏：选择"绘图"→"矩形"命令；

工具栏：单击绘图工具栏中的"矩形"按钮；

命令行：在命令行中输入"rectang"，按回车键。

执行了"矩形"命令，命令栏提示栏信息如下：

指定第一个角点或 [倒角（C）/标高（E）/圆角（F）/厚度（T）/宽度（W）]：

其中各项含义如下：

（1）指定第一个角点：指定矩形的一角点位置，为默认项。执行该默认项，即指定矩形的一角点位置后，AutoCAD 2014 提示"指定另一个角点或[面积（A）/尺寸（D）/旋转（R）]："，指定另一个角点。指定矩形的另一个角点位置，即指定矩形中与第一角点成对角关系的另一角点的位置。面积（A）：根据矩形的面积绘制矩形。尺寸（D）：根据矩形的长和宽绘制矩形。旋转（R）：绘制按指定倾斜角度放置的矩形。

（2）倒角（C）：设置矩形的倒角尺寸，使所绘矩形在各角点处按指定的尺寸倒角。执行该选项，AutoCAD 2014 提示"指定矩形的第一个倒角距离："（输入矩形的第一倒角距离值后按空格键），如输入 50 后按空格键。"指定矩形的第二个倒角距离："（输入矩形的第二倒角距离值后按空格键），如输入 100 后按空格键。

（3）标高（E）：设置矩形的绘图高度，即所绘矩形的平面与当前坐标系的 XY 面之间的距离。此功能一般用于三维绘图。执行该选项，AutoCAD 2014 提示"指定矩形的标高："，输入高度值（指定第一个角点）或[倒角（C）/标高（E）/圆角（F）/厚度（T）/宽度（W）]：指定矩形的角点位置来绘制矩形或进行其他设置。

（4）圆角（F）：设置矩形在角点处的圆角半径，使所绘矩形在各角点处均按此半径绘制圆角。执行该选项，AutoCAD 2014 提示："指定矩形的圆角半径："，输入圆角的半径值后按空格键（如输入 100 后按空格键）。

（5）厚度（T）：设置矩形的绘图厚度，即矩形沿 Z 轴方向的厚度尺寸，使所绘矩形沿当前坐标系的 Z 方向具有一定的厚度，此功能一般用于三维绘图。执行该选项，AutoCAD 2014 提示"指定矩形的厚度："，输入厚度值后按空格键。

（6）宽度（W）：设置矩形的线宽，使所绘矩形的各边具有宽度。执行该选项，AutoCAD 2014 提示"指定矩形的线宽"，输入宽度值（如输入 100）后按空格键。

【例 3.6】画一个长为 500、宽为 300 的矩形，如图 3.13 所示。

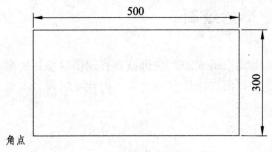

图 3.13　所需绘制矩形尺寸图

分析：按照之前的说明，该长方形可用多种方式来绘制，下面介绍两种比较常见的方法。

（1）按角点画。

命令：rectang

指定第一个角点：键盘输入或鼠标单击某一点

指定另一个角点：@500，300

按回车键，完成绘图。

（2）按长宽画。

命令：rectang

指定第一个角点：键盘输入或鼠标单击某一点

指定另一个角点或 [尺寸（D）]：d

指定矩形的长度 <0.0000>：500

指定矩形的宽度 <0.0000>：300

【例 3.7】绘制如图 3.14 所示的带直角倒角的矩形。

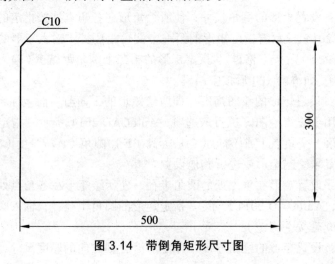

图 3.14　带倒角矩形尺寸图

分析：该例题不同于例 3.6 的是矩形图四个角都有倒角，所以在绘制的时候必须要使用倒角（C）选项，具体操作如下。

（1）调用命令：_rectang

（2）指定第一个角点或 [倒角（C）/标高（E）/圆角（F）/厚度（T）/宽度（W）]：C

（3）指定矩形的第一个倒角距离 <10.0000>：10

（4）指定矩形的第二个倒角距离 <10.0000>：10

（5）指定第一个角点或 [倒角（C）/标高（E）/圆角（F）/厚度（T）/宽度（W）]：（鼠标随意点取一个点）

（6）指定另一个角点或 [面积（A）/尺寸（D）/旋转（R）]：@500，300

3.4.2　正多边形的绘制

几何上规定各边（边数大于等于 3）相等、各角也相等的多边形叫作正多边形。在 AutoCAD 2014 中，"正多边形"功能可以绘制 3~1 024 边的正多边形，为了避免繁杂的计算及保证绘图的准确，AutoCAD 2014 中文版为用户提供了 3 种绘制正多边形的方法：

（1）内接于圆（I）：假想有一个圆，要绘制的正多边形内接于其中，即正多边形的每一个顶点都落在这个圆周上。操作完毕后，圆本身不画出来，如图 3.15（a）所示。这种方法需提供三个参数：边数、正多边形中心点和外接圆半径。

（2）外切于圆（C）：假想圆与正多边形各边相切，如图 3.15（b）所示。此方法需提供的三个参数为：正多边形边数、内切圆圆心和内切圆半径。

（3）边长方式（Edge）：直接给出边长大小，边长两个端点的先后顺序决定了正多边形的位置，如图 3.15（c）所示。此方法提供的两个参数：正多边形边数、边长的两个端点。

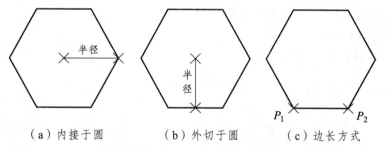

（a）内接于圆　　　（b）外切于圆　　　（c）边长方式

图 3.15　3 种绘制多边形的方法

调用"正多边形"命令的方法如下：

菜单栏：选择"绘图"→"正多边形"命令；

工具栏：单击绘图工具栏中的"正多边形"按钮；

命令行：在命令行中输入"polygon"，按回车键。

【例 3.8】设圆心在（100，500），圆半径为 300，分别绘制内接和外切这个圆的正六边形。

分析：本题所述的两个多边形按照要求绘制出来如图 3.16 所示，在 AutoCAD 2014 绘制多边形之前要特别注意理解和分清内接于圆和外切于圆的概念。下面具体介绍两个多边形的绘制方法。

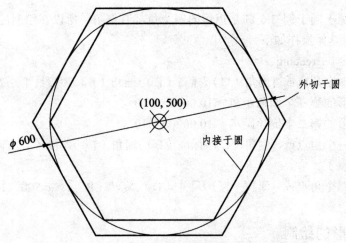

图 3.16　内接于圆与外切于圆的方式绘制正六边形

（1）内接于圆。

选择命令：polygon

输入边的数目：6

指定正多边形的中心点或 [边（E）]：100，500

输入选项 [内接于圆（I）/外切于圆（C）]：i

指定圆的半径：300

（2）外切于圆。

选择命令：polygon

输入边的数目：6

指定正多边形的中心点或 [边（E）]：100，500

输入选项 [内接于圆（I）/外切于圆（C）]：c

指定圆的半径：300

【例 3.9】绘制如图 3.17 所示的正六边形。

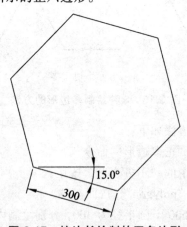

图 3.17　按边长绘制的正多边形

分析：该图所示正六边形只提供了边长及方向，所以如果不用计算的方式，在 AutoCAD 2014 中，只能用边长的方式来绘制。具体方法如下：

命令：polygon

输入边的数目：6

指定正多边形的中心点或 [边（E）]：e

指定边的第一个端点：键盘输入或鼠标单击某一点

指定边的第二个端点：@300<-15

3.5 圆和圆弧的绘制

圆和圆弧作为一个基本绘图元素，在机械制图中也有非常广泛的运用，且其变化比绘制直线要多，在运用 AutoCAD 2014 软件绘图时需要特别注意多练习多领会。

3.5.1 圆的绘制

圆是一个经常使用和绘制的图形，在利用图板进行手工绘图时代，人们深刻体会到"不以规矩，无以成方圆"的道理，在 AutoCAD 2014 中提供了 6 种绘制圆的方式，大大地提高了绘制圆的效率。

AutoCAD 2014 中提供了 6 种不同的绘制圆的方式，这 6 种方式是：① 指定圆心和半径；② 指定圆心和直径；③ 指定圆上的三点（三点不得共线）；④ 指定通过圆的任一直径上的两个端点；⑤ 相切，相切，半径；⑥ 相切，相切，相切，如图 3.18 所示。

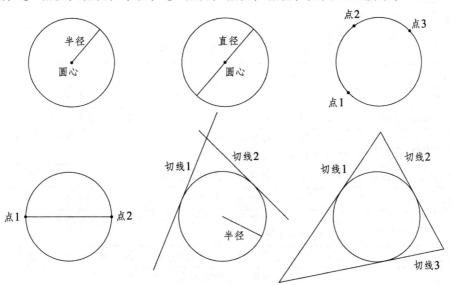

图 3.18 绘制圆的 6 种不同的方法

调用"圆"命令的方法如下：

菜单栏：选择"绘图"→"圆"命令；

工具栏：单击绘图工具栏中的"圆"按钮；

命令行：在命令行中输入"circle"，按回车键。

【例 3.10】画一个圆，圆心位置在（200，1 000），半径为 200。

分析：给定圆心和半径，这正是系统默认的绘图方式，因此直接输入参数即可。具体操作步骤如下：

命令：circle

指定圆的圆心或 [三点（3P）/两点（2P）/相切、相切、半径（T）]：200，1000

指定圆的半径或 [直径（D）]：200

按回车键完成绘制。

【例 3.11】通过（1 500，1 200）、（1 800，1 000）、（1 600，700）三点画一个圆。

分析：此题应该按照三点绘制圆来完成，可以直接输入点坐标，也可以把这三个点绘制出来直接打开捕捉模式捕捉节点。下面介绍直接输入坐标的方法。

命令：circle

指定圆的圆心或 [三点（3P）/两点（2P）/相切、相切、半径（T）]：3p

指定圆上的第一个点：1500，1200

指定圆上的第二个点：1800，1000

指定圆上的第三个点：1600，700

按回车键完成绘制。

3.5.2 圆弧的绘制

圆弧是圆的一部分，但它的绘制与圆有较大的区别，AutoCAD 2014 提供了十几种绘制圆弧的方式，如表 3.1 所示。

表 3.1 圆弧的绘制方法

方 式	说 明
3 Points	三点法，依次指定起点、圆弧上一点和端点来绘制圆弧
Start、Center、End	起点、圆心、端点法，依次指定起点、圆心和端点来绘制圆弧
Start、Center、Angle	起点、圆心、角度法，依次指定起点、圆心和圆心角来绘制圆弧，其中圆心角逆时针方向为正（缺省）
Start、Center、Length	起点、圆心、长度法，依次指定起点、圆心和弦长来绘制圆弧
Center、Start、End	圆心、起点、端点法，依次指定起点、圆心和端点来绘制圆弧
Center、Start、Angle	圆心、起点、角度法，依次指定圆心、起点和圆心角来绘制圆弧，其中圆心角逆时针方向为正（缺省）
Center、Start、Length	圆心、起点、长度法，依次指定圆心、起点和弦长来绘制圆弧
Start、End、Angle	起点、端点、角度法，依次指定起点、端点和圆心角来绘制圆弧，其中圆心角逆时针方向为正（缺省）
Start、End、Direction	起点、端点、方向法，依次指定起点、端点和切线方向来绘制圆弧。向起点和端点的上方移动光标将绘制上凸的圆弧，向下方移动光标将绘制下凸的圆弧
Start、End、Radius	起点、端点、半径法，依次指定起点、端点和圆弧半径来绘制圆弧
Continue	把最后绘制的直线或圆弧的端点作为起点，指定圆弧的端点，由此创建一条与最后绘制的直线或圆弧相切的圆弧

要熟练运用这些绘制圆弧的方法，必须先弄清楚相关的概念，圆弧的构成如图 3.19 所示。

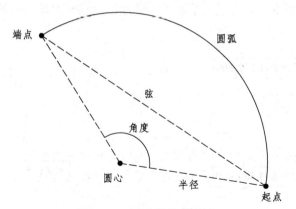

图 3.19　圆弧的几何构成

下面通过几个例题来介绍绘制圆弧的方法，因为方法比较多，无法依次介绍，用户可根据圆弧的构成和方法的陈述来进行摸索。

【例 3.12】绘制如图 3.20 所示的圆弧，起点和端点的坐标分别为（1000，400）、（800，540），圆弧通过点（950，540）。

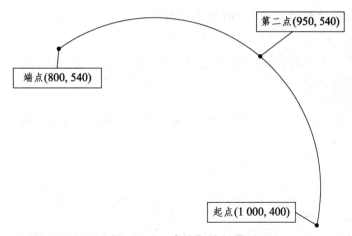

图 3.20　"三点法"绘制圆弧

分析：给定圆弧上的三个点，必须用"三点法"完成，该方法是绘制圆弧默认的方法。特别注意的是三点法第一个输入或拾取的点必须是起点，最后一个输入或者拾取的点一定是端点。具体的完成步骤如下所示：

命令：arc

指定圆弧的起点或 [圆心（C）]：1000，400

指定圆弧的第二个点或 [圆心（C）/端点（E）]：950，540

指定圆弧的端点：800，540

按回车键完成绘制。

【例 3.13】绘制如图 3.21 所示的圆弧，起点和端点的坐标分别为（1 510，500）、（1 170，600），圆心的坐标为（1 300，430）。

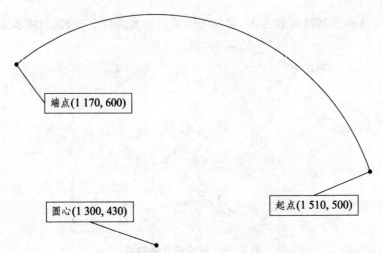

图 3.21　起点、圆心、端点法绘制圆弧

分析：根据给定的信息，应该用"起点、圆心、端点法"来完成绘制，特别应该注意的是点的绘制顺序必须严格按照提示先输入或拾取起点，下一个是圆心，最后输入和拾取的是端点，顺序错误，绘制的圆弧会截然不同。具体操作方式如下：

命令：选择菜单栏"绘图"→"圆弧"→"起点、圆心、端点"。

圆弧创建方向：逆时针（按住 Ctrl 键可切换方向）。

指定圆弧的起点或 [圆心（C）]：1510，500

指定圆弧的第二个点或 [圆心（C）/端点（E）]：_c 指定圆弧的圆心：1300，430

指定圆弧的端点或 [角度（A）/弦长（L）]：1170，600

按回车键完成绘制。

【例 3.14】绘制如图 3.22 所示的圆弧，起点坐标为（590，570），圆心坐标（380，470），圆心角为 60°。

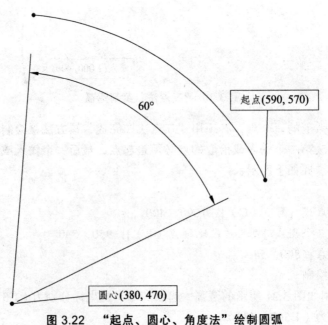

图 3.22　"起点、圆心、角度法"绘制圆弧

分析：题干给定了起点和圆心，以及角度，因此可选择"起点、圆心、角度法"。这种方法可以直接在菜单栏选择，也可以根据命令栏提示来逐步设置。具体两种方式如下所示：

方法一：

命令：arc

指定圆弧的起点或 [圆心（C）]：c

指定圆弧的圆心：380，470

指定圆弧的起点：590，570

指定圆弧的端点或 [角度（A）/弦长（L）]：a

指定包含角：60

回车完成绘制。

方法二：

选择菜单栏"绘图"→"圆弧"→"起点、圆心、角度"。

圆弧创建方向：逆时针（按住 Ctrl 键可切换方向）。

指定圆弧的起点或 [圆心（C）]：590，570

指定圆弧的第二个点或 [圆心（C）/端点（E）]：_c 指定圆弧的圆心：380，470

指定圆弧的端点或 [角度（A）/弦长（L）]：_a 指定包含角：60

通过上面三个例子可以看出，绘制圆弧的方法虽然很多，但只要熟悉圆弧的几何构造并严格根据命令栏提示操作，就能够顺利完成圆弧的绘制。

3.6 椭圆和椭圆弧的绘制

椭圆和椭圆弧在机械工程制图中也有较多应用，因为有长轴和短轴，因此绘制方式比圆和圆弧绘制稍微要复杂一些，用户应在使用过程中多加体会。

3.6.1 椭圆的绘制

调用"椭圆"命令的方法如下：

菜单栏：选择"绘图"→"椭圆"命令；

工具栏：单击绘图工具栏中的"椭圆"按钮；

命令行：在命令行中输入"ellipse"，按回车键。

在 AutoCAD 2014 中提供了两种椭圆的画法：一种是指定椭圆轴的两个端点和另一轴的一个端点；另一种是指定椭圆的中心和长短轴的各一个端点。

第一种的步骤是，点击"绘图"工具栏里的"椭圆"工具，命令行窗口提示"指定椭圆的轴端点或 [圆弧（A）/中心点（C）]："，点击椭圆轴的一个端点，命令行窗口接着提示"指定轴的另一个端点："，点击这条椭圆轴的另一个端点，命令行窗口又提示"指定另一条半轴长度或 [旋转（R）]："，点击另一条椭圆轴的一个端点，椭圆就绘制好了。

第二种的步骤是，点击"绘图"工具栏里的"椭圆"工具，命令行窗口提示"指定椭圆的轴端点或 [圆弧（A）/中心点（C）]："，键入"c"并回车，命令行窗口接着提示"指定椭圆的中心点:"，点击这个椭圆的中心点，命令行窗口再接着提示"指定轴的端点:"，点击椭圆轴的一个端点，命令行窗口最后提示"指定另一条半轴长度或 [旋转（R）]:"，点击另一条椭圆轴的一个端点，椭圆绘制成功。

至于"指定另一条半轴长度或 [旋转（R）]:"中的选项"旋转"很少用到，它的意思是用已经指定的轴为直径画一个圆，再以此直径为旋转轴在三维空间旋转一个指定角度，将旋转后的圆投影在 XY 平面上得到椭圆。

以上讲述中为了精简叙述语言，没有涉及对象捕捉，实际上在起点、终点、圆心、圆弧中间点以及椭圆中心、椭圆轴端点上点击前，都应该使用对象捕捉工具捕捉，才能精确绘图，这在前面章节有所涉及。

【例 3.15】椭圆的一个轴长为 300，其中一个轴端点坐标为（700，500），另一个轴长度为 200，试用两种方法来绘制该椭圆。

分析：在绘制椭圆的过程中应该特别注意什么时候用轴的全长，什么时候用轴的半长，为了方便用户理解，请参见图 3.23。需要特别说明的是，在该例题绘制之前，已经开启正交命令。

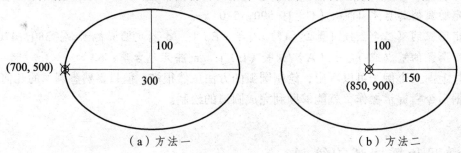

（a）方法一　　　　　　　　　（b）方法二

图 3.23　椭圆的绘制方法

方法一：

命令：_ellipse

指定椭圆的轴端点或 [圆弧（A）/中心点（C）]：700，500

指定轴的另一个端点：300

指定另一条半轴长度或 [旋转（R）]：100

按回车键完成绘制。

方法二：

命令：_ellipse

指定椭圆的轴端点或 [圆弧（A）/中心点（C）]：C

指定椭圆的中心点：850，500

指定轴的端点：150

指定另一条半轴长度或 [旋转（R）]：100

按回车键完成绘制。

3.6.2　椭圆弧的绘制

调用"椭圆弧"命令的方法如下：

菜单栏：选择"绘图"→"椭圆弧"命令；

工具栏：单击绘图工具栏中的"椭圆弧"按钮；

命令行：在绘制椭圆的过程中，当命令行窗口提示"指定椭圆的轴端点或 [圆弧（A）/中心点（C）]："的时候键入"a"并回车。

绘制椭圆弧过程同绘制椭圆一样，当椭圆绘制完成后指定弧开始和结束的角度就可以了。特别值得注意的是，在指定角度的时候起点到终点逆时针方向的椭圆弧将被保留。

【**例 3.16**】绘制一个椭圆弧，一个轴长为 600，它的一个端点坐标为（1 000，500），另一个轴端点在它的右方，另一条半轴长度为 200，起始角度为 0°，终止角度为270°。

分析：首先按照提示绘制出椭圆再来指定椭圆弧的角度，具体分析如图 3.24 所示。

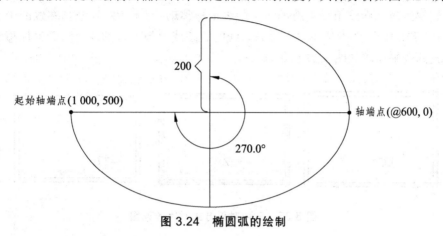

图 3.24 椭圆弧的绘制

具体绘制过程如下：

命令：ellipse

指定椭圆的轴端点或 [圆弧（A）/中心点（C）]：a

指定椭圆弧的轴端点或 [中心点（C）]：1000，500

指定轴的另一个端点：@600，0

指定另一条半轴长度或 [旋转（R）]：200

指定起始角度或 [参数（P）]：0

指定终止角度或 [参数（P）/包含角度（I）]：270

按回车键结束绘制。

3.7 多线的绘制

3.7.1 多线的绘制方法

"多线"是一种组合图形，由许多条平行线组合而成，各条平行线之间的距离和数目是可以随意调整的。多线的用途很广，而且能够极大地提高绘图效率。多线一般用于电子线路图、建筑墙体的绘制等。

"多线"命令可以绘制任意多条平行线的组合图形，启用"多线"命令的执行方式如下：

命令行：在命令行中输入或动态输入"MLINE"命令，其快捷键命令为"ML"。

菜单栏：执行"绘图"→"多线"菜单命令。

启动该命令后，根据如下提示进行操作：

命令：MLINE　　// 调用多线命令

当前设置：对正 = 上，比例 = 20.00，样式 = STANDARD　　// 显示当前的多线的设置情况

指定起点或 [对正（J）/比例（S）/样式（ST）]：　　// 绘制多线并进行设置

在多线命令提示行中，各选项的具体说明如下：

（1）对正（J）：用于指定绘制多线时的对正方式，共有三种对正方式："上（T）"是指从左向右绘制多线时，多线上最上端的线会随着鼠标移动；"无（Z）"是指多线的中心将随着鼠标移动；"下（B）"是指从左向右绘制多线时，多线上最下端的线会随着鼠标移动。其三种对正方式的效果比较如图 3.25 所示。

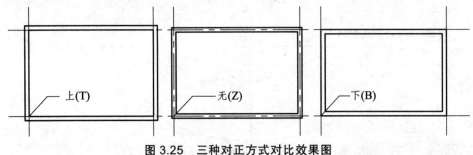

图 3.25　三种对正方式对比效果图

（2）比例（S）：此选项用于设置多线的平行线之间的距离。可输入 0、正值或负值，输入 0 时各平行线就重合，输入负值时平行线的排列将倒置。其不同比例的多线效果比较如图 3.26 所示。

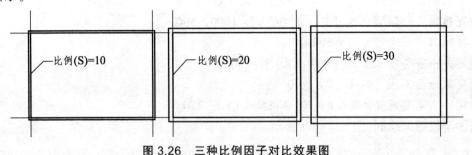

图 3.26　三种比例因子对比效果图

（3）样式（ST）：此选项用于设置多线的绘制样式。默认的样式为标准型（STANDARD），用户可根据提示输入所需多线样式名。

设置好样式比例等，绘制多线的方式就和绘制直线没有多大的区别。

3.7.2　多线样式的更改

在 AutoCAD 2014 中可以更改多线的样式。打开"格式"菜单，选择"多线样式"命令，会弹出"多线样式"对话框，如图 3.27 所示，"当前"下拉列表中是当前的多线样式，缺省

的当前样式为标准型（STANDARD）。

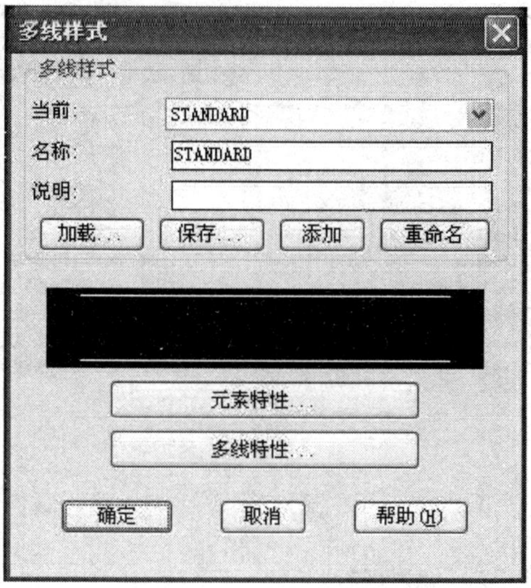

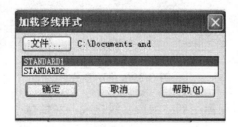

图 3.27 "多线样式"对话框

各选项功能说明如下：

1."当前"下拉列表

可以显示出已装载的所有多线样式,从该下拉列表中选择其他的样式可以改变当前样式。

2."名称"框

显示了当前多线的样式名,用户可以在这里给当前多线样式重命名或者为新建多线样式命名。单击"重命名"按钮,"名称"框会以高亮度显示,输入新名称如"ABC"再单击"添加"按钮,就可以添加新的多线样式。

3."说明"框

为多线样式添加描述性文字,但不可以超过 255 个字符。

4."加载"按钮

单击该按钮,弹出"加载多线样式"对话框,如图 3.28 所示。

图 3.28 "加载多线样式"对话框

可以在"加载多线样式"对话框中加载新的多线样式,已定义的多线样式一般都存放在 AutoCAD 2004 的 Support 子目录中后缀为.mln 的文件中。单击对话框上方的"文件"按钮,会弹出"从文件加载多线样式"对话框，如图 3.29 所示。

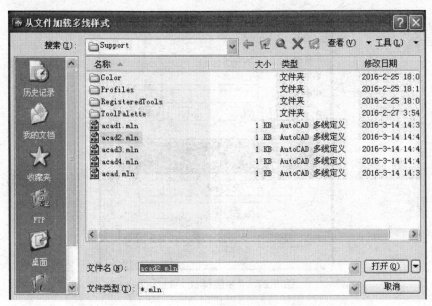

图 3.29 "从文件加载多线样式"对话框

系统提示用户选择 Support 子目录下后缀为.mln 的库文件，用户也可以单击"工具"菜单下拉栏中的"查找文件"按钮进行手动查找，如图 3.30 所示。

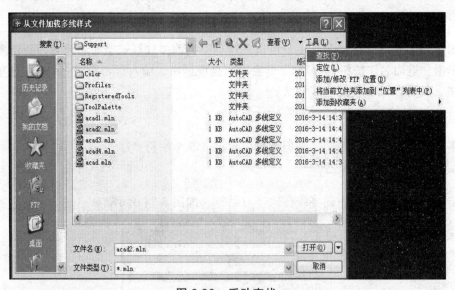

图 3.30 手动查找

在这里单击"取消"按钮返回到"加载多线样式"对话框中，再单击"取消"按钮，回到"多线样式"对话框中。

5."元素特性"按钮

单击此按钮，会弹出"元素特性"对话框，如图 3.31 所示。

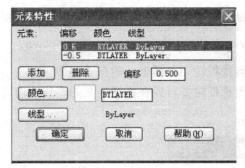

图 3.31　"元素特性"对话框

该对话框可以向多线中添加新的直线、删除直线，可以设置直线相对于多线中心的偏移量及直线的颜色等。

在"元素特性"对话框中，单击"添加"按钮，将向多线中添加一个偏移量为 0 的新线，在"偏移"文本框中输入偏移量，如 2；单击"颜色"按钮，设置该新线的颜色，如蓝色；单击"线型"按钮，将弹出"选择线型"对话框，如图 3.32 所示。

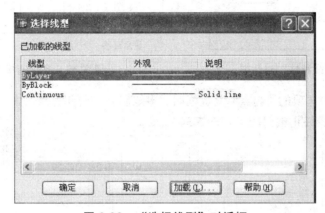

图 3.32　"选择线型"对话框

在该对话框中选择所需的线型后单击"确定"按钮，如果"选择线型"对话框中没有所需线型，则在该对话框中单击"加载"按钮。在弹出的"加载或重载线型"对话框中，选择线型后，单击"确定"，再单击"确定"按钮，回到"元素特性"对话框，新线的线型设置完毕。单击"确定"按钮，回到"多线样式"对话框中，在"名称"框中输入名字，单击"添加"按钮，再单击"确定"按钮，回到绘图区。启用多线命令，在绘图区绘制多线，此时绘制出的多线如图 3.33 所示。

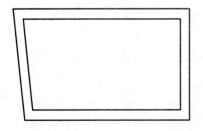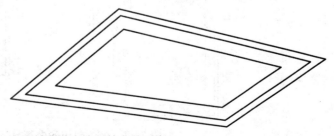

图 3.33　使用多线样式绘制的多线对象

在"元素特性"对话框中，单击"删除"按钮可以从多线中删除直线。

6."多线特性"按钮

单击此按钮，弹出"多线特性"对话框，如图 3.34 所示。

当选中"显示连接"复选框时，可以在连续绘制的多线线段之间的拐角处显示交叉线，如图 3.35 所示。

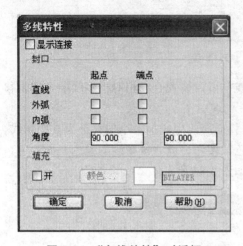

图 3.34 "多线特性"对话框

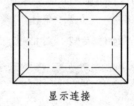
显示连接

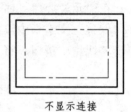
不显示连接

图 3.35 显示连接图样

当选中"直线"选项的"起点"复选框时，多线起始端封闭；当选中"直线"选项的"端点"复选框时，多线终止端封闭，如图 3.36 所示。

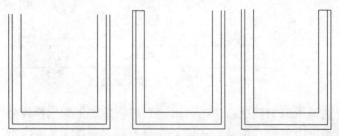

图 3.36 端封闭的设置效果图

选中"外弧"的两个复选框时，多线的最外侧两条直线的起始端和终止端都会封闭，且封闭端都变成了弧线；选中"内弧"的两个复选框时，从外到内数的相应的偶数条直线两端会封闭，如图 3.37 所示。

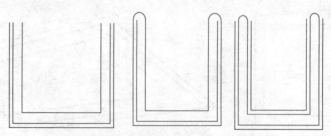

图 3.37 外弧封闭和内弧封闭效果图

在"角度"框中，用于指定多线两端的封闭直线与多线中轴所成的角度，其缺省值为90°，输入新的数值如45°，绘制的多线封口如图3.38所示。

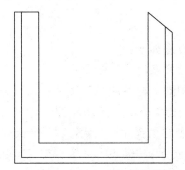

图 3.38　不同角度封闭多线效果图

注意：起点和端点的封口可以不同，角度也可以不同。

"填充"区域中的"开"复选框用于决定绘制多线时是否进行填充，其颜色值可以通过"颜色"按钮来改变，单击"确定"按钮关闭"多线特性"对话框。

7. "保存"按钮

单击该按钮可以将当前多线样式保存为扩展名为.mln的库文件。在弹出的"保存多线样式"对话框，如图3.39所示，单击"保存"按钮即可保存多线样式，最后单击"确定"按钮回到绘图区。

图 3.39　"保存多线样式"对话框

3.8　样条曲线

样条曲线是经过一系列给定点的光滑曲线，样条曲线适用于创建形状不规则的曲线，比如地形外貌轮廓线等。在机械工程制图当中，样条曲线作为"波浪线"来使用，因此在机械制图中，零件图或者装配图中的局部剖视图的边界常用样条曲线来表示。

3.8.1 样条曲线的绘制

调用"样条曲线"命令的方法如下：

菜单栏：选择"绘图"→"样条曲线"命令；

工具栏：单击绘图工具栏中的"样条曲线"按钮；

命令行：在命令行中输入"SPLINE"，按回车键。

调用样条曲线命令后，命令栏会提示："指定第一个点或 [方式（M）/节点（K）/对象（O）]:"，输入第一个点后又会提示："输入下一个点或 [起点切向（T）/公差（L）]"。其中各选项的含义如下：

（1）方式（M）：控制是使用拟合点还是使用控制点来创建样条曲线（SPLMETHOD 系统变量）。方式主要有两个选项：

① 拟合：通过指定样条曲线必须经过的拟合点来创建 3 阶（三次）B 样条曲线。在公差值大于 0 时，样条曲线必须在各个点的指定公差距离内。

② 控制点（CV）：通过指定控制点来创建样条曲线。使用此方法创建 1 阶（线性）、2 阶（二次）、3 阶（三次）直到最高为 10 阶的样条曲线。通过移动控制点调整样条曲线的形状通常可以提供比移动拟合点更好的效果。

（2）节点（K）：指定节点参数化，它是一种计算方法，用来确定样条曲线中连续拟合点之间的零部件曲线如何过渡（SPLKNOTS 系统变量）。节点的设置有三个选项：

① 弦（弦长方法）：均匀隔开连接每个部件曲线的节点，使每个关联的拟合点对之间的距离成正比。

② 平方根（向心方法）：均匀隔开连接每个部件曲线的节点，使每个关联的拟合点对之间的距离的平方根成正比。此方法通常会产生更"柔和"的曲线。

③ 统一（等间距分布方法）：均匀隔开每个零部件曲线的节点，使其相等，而不管拟合点的间距如何。此方法通常可生成泛光化拟合点的曲线。

（3）对象（O）：将二维或三维的二次或三次样条曲线拟合多段线转换成等效的样条曲线。根据 DELOBJ 系统变量的设置，保留或放弃原多段线。

（4）起点相切（T）：指定在样条曲线起点的相切条件。

（5）公差（L）：指定样条曲线可以偏离指定拟合点的距离。公差值为 0 要求生成的样条曲线直接通过拟合点。公差值适用于所有拟合点（拟合点的起点和终点除外，始终具有为 0 的公差）。

若样条曲线上的关键点已经设置完成，那么此时绘制样条曲线只需要设置对象捕捉的相关捕捉点，此时绘制样条曲线就直接拾取各点直至绘制完成。

3.8.2 样条曲线的修改

选择"修改"→"对象"→"样条曲线"命令，就可以编辑选中的样条曲线。

样条曲线编辑命令是一个单对象编辑命令，一次只能编辑一条样条曲线对象。执行该命令并选择需要编辑的样条曲线后，在曲线周围将显示控制点，并出现样条曲线编辑快捷菜单，同时命令行显示如下："输入选项 [闭合（C）/合并（J）/拟合数据（F）/编辑顶点（E）/转换为多段线（P）/反转（R）/放弃（U）/退出（X）] <退出>："各项命令含义如下：

（1）闭合（C）：将开放的样条曲线闭合，并使其切线在端点处连续；对于已闭合的样条曲线，则该项被"Open（打开）"所代替。

（2）合并（J）：将两条及两条以上的样条曲线合并成一条。

（3）拟合数据（F）：拟合数据由所有的拟合点、拟合公差和与样条曲线相关联的切线组成。

（4）编辑顶点（E）：重新定位样条曲线的控制顶点并且清理拟合点。

（5）转换为多段线（P）：将选中的样条曲线转化为多段线。

（6）反转（R）：反转样条曲线的方向，该选项主要由应用程序使用。

（7）放弃（U）：取消上一编辑操作而不退出命令。

（8）退出（X）：退出编辑命令。

3.9 修订云线的绘制

修订云线是由连续圆弧组成的多段线，其作用顾名思义一般是用于修订，即审图看图的时候，可以把有问题的地方用这种线圈起来，便于识别。当然也可以用作他用，比如画云彩，或是像云彩的东西。调用"修订云线"命令的方法如下：

菜单栏：选择"绘图"→"修订云线"命令；

工具栏：单击绘图工具栏中的"修订云线"按钮；

命令行：在命令行中输入"reccloud"，按回车键。

执行"修订云线"命令，命令行提示如下所示：

命令：_revcloud

最小弧长：5 最大弧长：10 样式：普通

指定起点或 [弧长（A）/对象（O）/样式（S）] <对象>：

沿云线路径引导十字光标...

修订云线完成。

绘制的图形如图3.40所示。

图 3.40 修订云线

在"沿云线路径引导十字光标... "提示下，移动鼠标即可绘制修订云线，当光标移动到起点位置时，系统会自动将终点与起点重合，形成一个闭合的云线对象。

在绘制过程中，各项提示的含义介绍如下：

（1）弧长（A）：用于设定最小弧长和最大弧长，默认情况下系统使用当前的弧长绘制云线对象。

执行下列操作：

命令：_revcloud

最小弧长：5 最大弧长：10 样式：普通

指定起点或 [弧长（A）/对象（O）/样式（S）] <对象>：A

指定最小弧长 <5>：15

指定最大弧长 <15>：25

指定起点或 [弧长（A）/对象（O）/样式（S）]<对象>：

沿云线路径引导十字光标...

修订云线完成。

绘制的图形如图 3.41 所示，试比较修改圆弧前图 3.40
的图示。

（2）样式（S）：用于选择绘制云线的圆弧样式，分普通
和手绘两种，默认情况下系统使用普通样式。

图 3.41　修改弧长后的修订云线

命令：_revcloud

最小弧长：15　最大弧长：25　样式：普通

指定起点或 [弧长（A）/对象（O）/样式（S）]<对象>：S

选择圆弧样式 [普通（N）/手绘（C）]<普通>：C

手绘。

指定起点或 [弧长（A）/对象（O）/样式（S）]<对象>：

沿云线路径引导十字光标...

修订云线完成。

绘制的图形如图 3.42 所示，试比较手绘和普通绘制的区别。

图 3.42　手绘模式下的修订云线

（3）对象（O）：将指定的封闭的图形转换为云线。"是（Y）"表示圆弧方向向内。"否（N）"
表示圆弧方向向外。下面演示将一个六边形变成等圆弧的修订云线的过程。

命令：_revcloud

最小弧长：15　最大弧长：25　样式：普通

指定起点或 [弧长（A）/对象（O）/样式（S）]<对象>：A

指定最小弧长 <15>：15

指定最大弧长 <25>：15

指定起点或 [弧长（A）/对象（O）/样式（S）]<对象>：O

选择对象：

反转方向 [是（Y）/否（N）]<否>：N

修订云线完成。

完成的修订云线如图 3.43 所示。

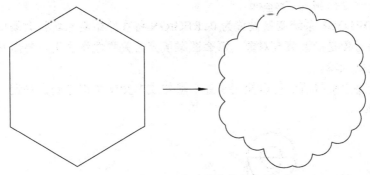

图 3.43　将六边形变成修订云线

3.10　其他图形的绘制

在 AutoCAD 2014 中还提供了一些不常用的特殊图形的绘制方法，在这里做一下简要的介绍。

3.10.1　圆环的绘制

（1）功能：圆环是由相同圆心、不相等直径的两个圆组成的。控制圆环的主要参数是圆心、内直径和外直径。

（2）调用"圆环"命令的方法如下：

菜单栏：选择"绘图"→"圆环"命令；

命令行：在命令行中输入"Donut（DO）"。

（3）操作步骤：

绘制圆环分别指定内径和外径的数值，如图 3.44 所示。

命令：do　　　　　　　　　　//执行绘制圆环命令
指定圆环的内径 <50.0000>：100 //指定圆环的内径为 100
指定圆环的外径 <1.0000>：120 //指定圆环的外径为 120
指定圆环的中心点或 <退出>：　//鼠标指定圆环的中心点
指定圆环的中心点或 <退出>：　//"空格键"结束操作

图 3.44　圆环

3.10.2　面　域

面域是指用户从对象的闭合平面环创建的二维区域。有效对象包括多段线、直线、圆弧、圆、椭圆弧、椭圆和样条曲线。每个闭合的环将转换为独立的面域。拒绝所有交叉交点和自交曲线。

调用"面域"命令的方法如下：

菜单栏：选择"绘图"→"面域"命令；

命令行：在命令行输入"region"。

如果未将 DELOBJ 系统变量设置为 0，REGION 将在原始对象转换为面域之后删除这些对象。如果原始对象是图案填充对象，那么图案填充的关联性将丢失。要恢复图案填充关联性，请重新填充此面域。

在将对象转换至面域后，可以使用求并、求差或求交操作将它们合并到一个复杂的面域中，如图 3.45 所示。

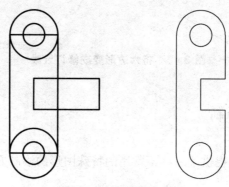

图 3.45　面域的使用

用户也可以使用 BOUNDARY 命令创建面域。

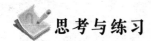 **思考与练习**

1. 思考题

（1）在 AutoCAD 2014 中，点的创建有哪几种方法，各有什么特点？

（2）直线、射线、构造线有什么异同？

（3）绘制圆的方式有几种？

（4）绘制圆弧的方法有哪些？

（5）多段线有什么作用，绘制时提示各选项的含义是什么？

（6）如何创建样条曲线？

（7）如何把一个多边形变成修订云线？

（8）如何创建面域？

2. 上机操作

（1）绘制如图 3.46 所示的图形。

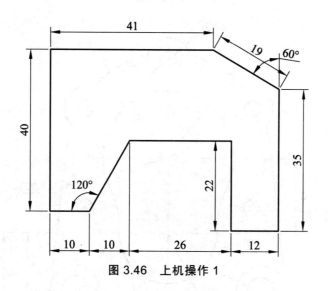

图 3.46　上机操作 1

（2）使用多段线绘制如图 3.47 所示的图形。

（3）绘制如图 3.48 所示的图形。

（4）绘制如图 3.49 所示的图形。

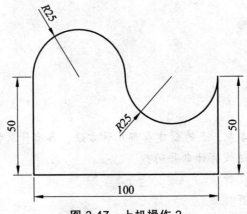

图 3.47 上机操作 2

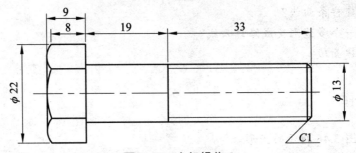

图 3.48 上机操作 3

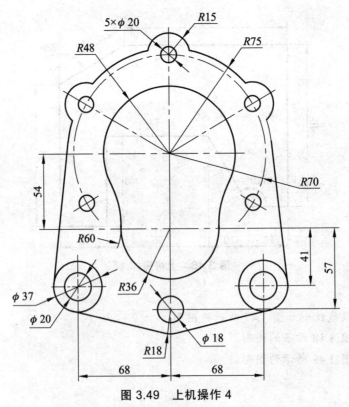

图 3.49 上机操作 4

第4章　二维修改命令

【本章导读】

AutoCAD 2014 除具有强大的二维绘图功能外，还提供了大量的二维修改和编辑功能，这些功能的掌握能够使得绘图的准确性和效率大大提高。本章就 AutoCAD 2014 中文版提供的二维修改命令加以介绍。

【本章要点】

（1）选择对象。

（2）删除与恢复。

（3）复制、移动、镜像、偏移、阵列对象。

（4）旋转、对齐命令。

（5）缩放、拉伸、修剪、延伸命令。

（6）分解与合并对象。

（7）夹点编辑。

（8）特性工具栏。

4.1　选择对象

不管是哪个版本，在对图形进行编辑修改之前，都必须选择相应的对象。选择对象的方法有很多种，AutoCAD 2014 会用虚线亮显所选的对象。

4.1.1　选择对象操作方式

命令：select

如在 select 之后输入"？"，则可显示所有的选择方式。根据提示信息，输入其中的大写字母，即可指定对象的选择模式。

1．选择单个对象

选择单个对象是最简单、最常用的一种对象选择方式。

在执行编辑命令过程中，当命令行提示选择对象时，十字光标变为一个小正方形框，这个方框叫作拾取框。此时将方框移到某个目标对象上，单击鼠标左键即可将其选择。

选择对象完成后，按 Enter 键即可结束选择，进入下一步操作。同时，被选择的对象将呈虚线显示。

2. 最后一个（L）

选择绘图窗口内可见元素中最后创建的对象。

在选择对象的提示下，输入字母"L"，就可以选中窗口内可见元素中最后创建的对象。

3. 上一个（P）

选择绘图窗口内可见元素中最后操作的对象。

在选择对象的提示下，输入字母"P"，就可以选中窗口内可见元素中最后操作的对象。

4. 矩形窗选方式（W）

通过绘制一个矩形区域来选择对象。当指定了矩形窗口的两个对角点时，所有部分均位于这个矩形窗口内的对象将被选中，不在该窗口内或者只有部分在该窗口内的对象则不被选中。

5. 交叉窗选方式（C）

与矩形窗选方式类似，不同的是全部位于窗口之内或者与窗口边界相交的对象都将被选中。

6. 拾取框（BOX）

矩形窗选和交叉窗选的组合。从左到右设置拾取框的两个对角点，则执行矩形窗选方式；从右到左设置拾取框的两个对角点，则执行交叉窗选方式。

在执行编辑命令过程中，当命令行提示"选择对象："时，将鼠标移至目标对象的左侧，按住鼠标左键向右上方或右下方拖动鼠标，则执行矩形窗选方式。将鼠标移至目标对象的右侧，按住鼠标左键向左上方或左下方拖动鼠标，则执行交叉窗选方式。

7. 全部（ALL）

在 AutoCAD 中选中全部对象的操作方法主要有如下两种：

当命令行提示"选择对象："时，在该提示信息后执行 All 命令，按"Enter"键即可。

在未执行任何命令的情况下，按下键盘上的"Ctrl+A"键也可选中绘图区中的全部对象。

8. 圈围（WP）

该方式与矩形窗选方式类似，但该方式可构造任意形状的多边形，包含在多边形区域的对象均被选中。

9. 圈交（CP）

此方式与交叉窗选方式类似，但该方式可构造任意形状的多边形，只要与此多边形相交或者在其内部的对象均被选中。

10. 栏 选

可通过此方式构造任意折线，凡与折线相交的目标对象均被选中。

11. 循环选择对象

当一个对象与其他对象彼此接近或重叠时，准确选择某一个对象是很困难的，此时可用循环选择方法。

选择对象时，同时按住 Shift 和空格键，在尽可能接近要选择对象的地方点击。

如果第一次选择的就是所需要的对象，按 Enter 键结束选择。

如果不是，则松开 Shift 和空格键，在任意位置连续点击直到所需的对象以虚线显示，按 Enter 结束。

被选中的图形会变成虚线显示，且显示出其夹点，如图 4.1 所示，左边的矩形是没有被选中的，而右边的图形是被选中的对象，用户可以仔细观察其区别。

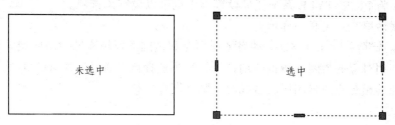

图 4.1　未选中对象与选中对象的显示区别

4.1.2　选择集模式的设置

选择集模式：利用"选项"对话框设置选择方式，可选择菜单"工具"→"选项"→"选择"。

在该对话框内设置选择模式，有 6 种模式，均为复选框的形式，供用户选择。下面分别介绍这 6 个复选框。

（1）先选择后执行：先选择实体后执行命令。

选中该复选框，表示打开了先选择后执行方式。该方式在一些书中也称为"Pickfirst"，即先选择，后执行。在此方式下，可以首先选择要编辑的实体目标，然后再执行相关的编辑命令。

提示：AutoCAD 提供了 PICKFIRST 系统变量，用以控制先选择后执行的开关状态。PICKFIRST=1（或 ON）时，系统处于先选择后执行方式。PICKFIRST=0（或 OFF）时，系统关闭先选择后执行方式。

建议初级用户养成"先命令，后选择"的习惯，因为这样的操作思路十分清楚。

注意：并非所有编辑命令都适用于"先选择，后命令"方式。

（2）用 Shift 键添加到选择集：利用 Shift 键将对象添加到选择集中。

关闭用 Shift 键添加到选择集复选框，则用户可以直接用拾取框选择多个实体目标。如果要取消某个已经选中的实体只需先按下 Shift 键，再用鼠标单击该实体即可。

若选中用 Shift 键添加到选择集复选框，则用户每次只能选择一个实体，而且原先已被选中的实体自动取消选择。若要同时选择多个实体，必须先按住 Shift 键，再用鼠标单击要添加的实体。

（3）按住并拖动：单击拖动方式。

选中按住并拖动复选框，用矩形选择框选择目标时，要先单击确定矩形选择框的一个角，然后拖动鼠标至另一对角，再松开鼠标左键。若关闭按住拖动复选框，当使用矩形选择框选择目标时，只需确定矩形选择框的一个角，然后在另一个角的位置再次单击即可。

（4）隐含窗口：隐藏矩形选择框。

选择隐含窗口复选框后，AutoCAD 仍允许用户利用矩形选择框来选择目标。用户在使用拾取框选择目标时，看不到拖动产生的矩形选择框。在该方式下，AutoCAD 会隐藏矩形选择框。但若关闭此复选框，矩形选择框又会显示出来。

（5）对象编组：创建目标组。

当选择编组中的一个对象时，选择整个"对象编组"。通过 GROUP，可以创建和命名一组选择对象。将 PICKSTYLE 系统变量设置为 1 也可以设定该选项。

（6）关联性填充：关联图样填充。

选择该复选框后，AutoCAD 自动将图样填充和包围图样填充的封闭区域关联起来。选择图样填充时，相对应的封闭区域也自动被选择。不选择该复选框，AutoCAD 将取消关联性，将图样填充和其相对应的封闭区域看成两个独立图形实体。

4.2　删除与恢复

4.2.1　删除对象

1. 功　能

该命令的功能是可以删除指定的对象。

2. 命令的调用方式

菜单栏：选择"修改"→"删除"命令；

工具栏：单击绘图工具栏中的"删除"按钮；

命令行：在命令行中输入"erase"，按回车键。

3. 命令行提示

命令：_erase　　　　　　//调用命令

选择对象：找到 1 个　　　//提示选择对象，显示选中对象个数

选择对象：　　　　　　　//继续选择需要被删除的对象，或者直接按回车键、空格键和鼠标右键结束命令

4. 其他说明

（1）在通常情况下，最快捷的删除方法是，只要点击要删除的对象，按 delete 即可。erase 命令适用于有选择地删除对象。

（2）若选中多个对象，多个对象都被删除；若选择的对象属于某个对象编组，则该对象编组的所有对象均被删除。

（3）对于一个已删除的对象，虽然在屏幕上看不到它，但在图形文件还没有被关闭之前该对象仍保留在图形数据库中，可利用"undo"或"oops"命令进行恢复。当图形文件被关闭后，则该对象将被永久性地删除。

【例4.1】删除如图4.2所示的圆内六边形。

分析：在删除命令调用后提示选择对象时，直接选中要删除的六边形，然后按回车键、空格键和鼠标右键结束命令即可，具体操作如下所示。

命令：_erase

选择对象：找到 1 个

选择对象：右键结束

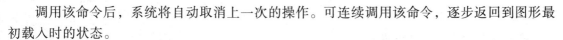

图4.2　删除对象

4.2.2　放弃（Undo）操作

调用该命令后，系统将自动取消上一次的操作。可连续调用该命令，逐步返回到图形最初载入时的状态。

放弃"Undo"命令的调用方式有以下几种：

菜单栏：选择"编辑"→"放弃"命令；

工具栏：单击标准工具栏中的"放弃"按钮 ；

命令行：在命令行中输入"Undo"，按回车键。

4.2.3　重　做

重做命令用于恢复执行放弃命令所取消的操作，该命令必须紧跟着放弃命令执行。

重做"Redo"命令的调用方式有以下几种：

菜单栏：选择"编辑"→"重做"命令；

工具栏：单击标准工具栏中的"重做"按钮 ；

命令行：在命令行中输入"Redo"，按回车键。

4.3　复制、移动、镜像对象

复制、移动、镜像命令在AutoCAD 2014中文版二维绘图编辑修改过程中使用频率非常高，因此熟练掌握删除、复制、移动、镜像对象的命令可以大大提高绘图的效率和准确性。

4.3.1　复制对象

1. 功　能

复制对象是可以将所选择的一个或多个对象生成一个副本，并将该副本放置到其他位置。

用户用 AutoCAD 2014 中文版在一幅图中绘制多个相同的图形时，可以先绘出一个图形，然后通过复制的方法得到其他图形。

在 AutoCAD 2014 中提供了多种复制方式：①"编辑"菜单中的"复制"命令（copyclip）（此命令可用 Ctrl+c 打开）；②"编辑"菜单中的"带基点复制"命令（copybase）；③"修改"菜单栏中的"复制"命令（copy）。特别值得注意的是前两种方法可以在粘贴板中保存复制的图形，在复制新图形之前，只要执行"粘贴"命令就会生成图形，而第三种方式可以理解为"一次性复制"，命令终止之后不会把图形保留在粘贴板。而使用最多的是第三种方法，这里重点介绍。

2. "复制"命令的调用方式

菜单栏：选择"修改"→"复制"命令；

工具栏：单击绘图工具栏中的"复制"按钮 ；

命令行：在命令行中输入"copy"，按回车键。

3. 命令提示选项介绍

执行复制命令，命令行将提示：

命令：_copy

选择对象：找到 1 个　　//选择对象

选择对象：　　　　　　　//继续选择对象，右键结束选择

当前设置：复制模式 = 多个　　//当前模式提示

指定基点或 [位移（D）/模式（O）]<位移>：　//选择被复制对象的基点（参考点）

指定第二个点或 [阵列（A）]<使用第一个点作为位移>://选择要复制到的目标点

指定第二个点或 [阵列（A）/退出（E）/放弃（U）] <退出>://继续选择要复制到的目标点，或者结束命令

在此过程中出现的各选项含义如下：

（1）位移（D）。

使用坐标指定相对距离和方向。

指定的两点定义一个矢量，指示复制对象的放置离原位置有多远以及以哪个方向放置。

如果在"指定第二个点"提示下按 Enter 键，则第一个点将被认为是相对 X、Y、Z 方向的位移。例如，如果指定基点为 2、3 并在下一个提示下按 Enter 键，对象将被复制到距其当前位置在 X 方向上 2 个单位，在 Y 方向上 3 个单位的位置。

（2）模式（O）。

控制命令是否自动重复（COPYMODE 系统变量）。

单一：创建选定对象的单个副本，并结束命令。

多个：替代"单个"模式设置。在命令执行期间，将 COPY 命令设定为自动重复。

（3）阵列（A）。

指定在线性阵列中排列的副本数量。

要在阵列中排列的项目数：指定阵列中的项目数，包括原始选择集。

第二点：确定阵列相对于基点的距离和方向。默认情况下，阵列中的第一个副本将放置

在指定的位移。其余的副本使用相同的增量位移放置在超出该点的线性阵列中。

调整：在阵列中指定的位移放置最终副本。其他副本则布满原始选择集和最终副本之间的线性阵列。

【**例4.2**】将一个圆复制到与水平成30°角的方向且相距400的位置，如图4.3所示。

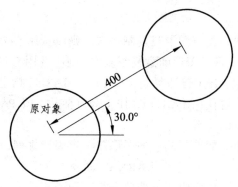

图4.3　复制对象位置示意图

分析：该题复制对象要放置在固定点，因此适合用复制命令，此外特别要注意相对坐标的使用。具体操作过程如下：

命令：_copy

选择对象：找到1个

选择对象：

当前设置：复制模式 = 多个

指定基点或 [位移（D）/模式（O）]<位移>：

指定第二个点或 [阵列（A）]<使用第一个点作为位移>：@400<30

指定第二个点或 [阵列（A）/退出（E）/放弃（U）]<退出>：按回车键退出

【**例4.3**】将一个圆变成沿水平方向且相距400的4个圆，如图4.4所示。

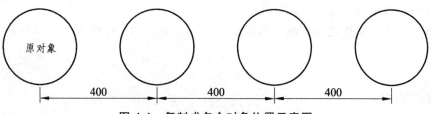

图4.4　复制成多个对象位置示意图

分析：该题复制对象要放置在固定点并且要复制出多个，特别值得注意的是，"指定位移的第二点"都是从基点算起。具体操作过程如下：

命令：copy

选择对象：圆

选择对象：Enter

指定基点或位移，或者 [重复（M）]：m

指定基点：选取任一点

指定位移的第二点或 <用第一点作位移>: @400，0

指定位移的第二点或 <用第一点作位移>: @800，0

指定位移的第二点或 <用第一点作位移>: @1200，0

指定位移的第二点或 <用第一点作位移>: Enter

4. 注意事项

（1）在同一图形文件中，若将图形只复制一次，则应选用 COPY 命令。

（2）在同一图形文件中，将某图形随意复制多次，则应选用 COPY 命令的 MULTIPLE（重复）选项；或者使用 COPYCLIP（普通复制）或 COPYBASE（指定基点后复制）命令将需要的图形复制到剪贴板，然后再使用 PASTECLIP（普通粘贴）或 PASTEBLOCK（以块的形式粘贴）命令粘贴到多处指定的位置。

（3）在同一图形文件中，如果复制后的图形按一定规律排列，如形成若干行若干列，或者沿某圆周（圆弧）均匀分布，则应选用 ARRAY 命令。

（4）在同一图形文件中，欲生成多条彼此平行、间隔相等或不等的线条，或者生成一系列同心椭圆（弧）、圆（弧）等，则应选用 OFFSET 命令。

（5）在同一图形文件中，如果需要复制的数量相当大，为了减少文件的大小，或便于日后统一修改，则应把指定的图形用 BLOCK 命令定义为块，再选用 INSERT 或 MINSERT 命令将块插入即可。

（6）在多个图形文档之间复制图形，可采用两种办法。其一，使用命令操作。先在打开的源文件中使用 COPYCLIP 或 COPYBASE 命令将图形复制到剪贴板中，然后在打开的目的文件中 PASTECLIP、PASTEBLOCK 或 PASTEORIG 三者之一，将图形复制到指定位置。这与在快捷菜单中选择相应的选项是等效的。其二，用鼠标直接拖拽被选图形。注意：在同一图形文件中拖拽只能是移动图形，而在两个图形文档之间拖拽才是复制图形。拖拽时，鼠标指针一定要指在选定图形的图线上，而不是指在图线的夹点上。同时还要注意的是，用左键拖拽与用右键拖拽是有区别的。用左键是直接进行拖拽，而用右键拖拽时会弹出一个快捷菜单，依据菜单提供的选项选择不同方式进行复制。

（7）在多个图形文档之间复制图形特性，应选用 MATCHPROP 命令（需与 PAINTPROP 命令匹配）。

4.3.2 移动对象

1. 功　能

移动，就是将选定的图形从一个位置移动到新的位置。移动图形时需要确定的就是图形移动的方向和距离，确定方向和距离比较常用且比较直观的方式就是制定一个基点和一个目标点，还一种方式就直接输入相对的坐标值（位移 D）。

2. "移动" 命令的调用方式

菜单栏：选择 "修改" → "移动" 命令；

工具栏：单击绘图工具栏中的 "移动" 按钮 ✥；

命令行：在命令行中输入"move"，按回车键。

3. 命令提示选项介绍

执行移动命令，命令行将提示：

命令：_move   //调用移动命令

选择对象：   //选择要移动的对象

选择对象：   //继续选择要移动的对象或者按回车键结束选择

指定基点或 [位移（D）] <位移>: //指定移动的起点

指定第二个点或 <使用第一个点作为位移>:   //选择要移动到的目标点（或者位移）

其中出现的提示含义如下：

（1）选择对象：指定要移动的对象。

（2）基点：指定移动的起点。

（3）第二点结合使用第一个点来指定一个矢量，以指明选定对象要移动的距离和方向。如果按 Enter 键以接受将第一个点用作位移值，则第一个点将被认为是相对 X、Y、Z 方向的位移。例如，如果将基点指定为 2、3，然后在下一个提示下按 Enter 键，则对象将从当前位置沿 X 方向移动 2 个单位，沿 Y 方向移动 3 个单位。

（4）位移：指定相对距离和方向。指定的两点定义一个矢量，指示复制对象的放置离位置原位置有多远以及以哪个方向放置。

【例 4.4】将十字线的交点移到圆心，如图 4.5 所示。

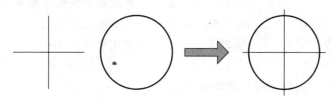

图 4.5　移动对象

分析：要选择两个对象，可以同时选择也可以分开选择，指定基点的时候特别要注意选中交点，否则在移动的时候不能达到题目的要求。具体操作如下：

命令：move

选择对象：   //点击第 1 条直线

选择对象：   //点击第 2 条直线

选择对象：   //Enter

指定基点或位移：//单击两直线的交点

指定位移的第二点或 <用第一点作位移>: //点击圆心

4.3.3　镜像对象

1. 功　能

镜像命令可以将对象镜像复制，就像照镜子一样，如图 4.6 所示。对于机械工程制图中大量的对称图形来说，用该命令可以有效地提高绘图的效率。

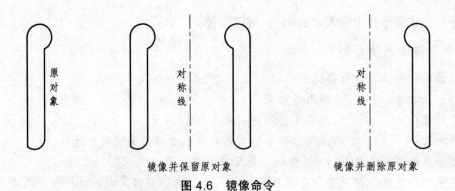

镜像并保留原对象　　　　　　镜像并删除原对象

图 4.6　镜像命令

2. "镜像"命令的调用方式

菜单栏：选择"修改"→"镜像"命令；

工具栏：单击绘图工具栏中的"镜像"按钮 ⚹；

命令行：在命令行中输入"Mirror"，按回车键。

3. 命令提示选项介绍

执行镜像命令，命令行将提示：

命令：_mirror　　　　　　　　//调用镜像命令

选择对象：　　　　　　　　　 //选择要镜像的对象

选择对象：　　　　　　　　　 //继续选择要镜像的对象或者按回车结束选择

指定镜像线的第一点：　　　　 //拾取镜像线的一点或者输入坐标

指定镜像线的第二点：　　　　 //拾取镜像线的另一点或者输入坐标

要删除源对象吗？[是（Y）/否（N）] <N>：//是否删除原对象

在命令执行过程中出现的提示选项介绍如下：

（1）选择对象：使用一种对象选择方法来选择要镜像的对象，按 Enter 键完成。

（2）指定镜像线的第一个点和第二个点：指定的两个点将成为直线的两个端点，选定对象相对于这条直线被镜像。对于三维空间中的镜像，这条直线定义了与用户坐标系（UCS）的 *XY* 平面垂直并包含镜像线的镜像平面。

（3）删除源对象：确定在镜像原始对象后，是删除还是保留它们。

【例 4.5】做出图 4.7（a）所示图形中上部图形的对称部分。

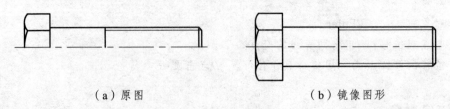

（a）原图　　　　　　　　　　　（b）镜像图形

图 4.7　镜像操作

分析：对称图形首选的编辑命令就是"镜像"，在此特别应该注意的是在拾取镜像线时可以选择中心线上的任意两点，不一定必须是直线端点，且根据该题要求必须保留原图形，操作完成后图形如图 4.7（b）所示。具体操作如下：

命令：_mirror

选择对象：指定对角点：找到 17 个

选择对象：

指定镜像线的第一点：指定镜像线的第二点：

要删除源对象吗？[是（Y）/否（N）]<N>：n

4.4 偏移、阵列对象

如果出现多个排列规整的图形需要绘制，这时可以考虑使用偏移、阵列命令来绘制，以便提高绘图效率。

4.4.1 偏移对象

1. 功　能

在 AutoCAD 操作中，其实很多绘制都是可以互相替代的，也就是在不同的场合下，使用不同的操作，会有不同的效率。很多情况下，在存在一条线段或者是图形的情况下，需要绘制一定距离以外的另外一条线或者是图形，使用偏移就很方便。

偏移命令的功能是将对象进行平行复制，主要用于创建同心圆、平行线或等距曲线。

可操作的对象包括直线、圆、圆弧、多段线、椭圆、构造线和样条曲线等。当平移一个圆时，可创建同心圆。当平移一条闭合的多段线时，也可建立一个与原对象形状相同的闭合图形。可以用两种方式进行操作：一种是按指定的距离进行偏移；另一种则是通过指定点来进行偏移，如图 4.8 所示。

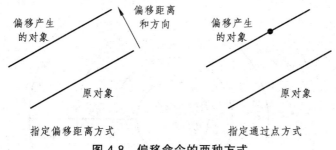

指定偏移距离方式　　　　　　　　　指定通过点方式

图 4.8　偏移命令的两种方式

2. "偏移"命令的调用方式

菜单栏：选择"修改"→"偏移"命令；

工具栏：单击绘图工具栏中的"偏移"按钮 ；

命令行：在命令行中输入"offset"，按回车键。

3. 命令提示选项介绍

执行偏移命令，命令行将提示如下：

命令：_offset   //调用偏移命令

当前设置：删除源=否　图层=源　OFFSETGAPTYPE=0   //当前设置提示

指定偏移距离或 [通过（T）/删除（E）/图层（L）]<通过>：T // 选择通过点来偏移

选择要偏移的对象，或 [退出（E）/放弃（U）]<退出>：   // 选择要偏移的对象

指定通过点或 [退出（E）/多个（M）/放弃（U）]<退出>：   // 指定通过点或者输入通过点坐标

选择要偏移的对象，或 [退出（E）/放弃（U）]<退出>：   // 继续选择要偏移的对象

指定通过点或 [退出（E）/多个（M）/放弃（U）]<退出>：20 // 输入偏移距离

选择要偏移的对象，或 [退出（E）/放弃（U）]<退出>：   // 继续选择要偏移的对象

指定通过点或 [退出（E）/多个（M）/放弃（U）]<退出>：30 // 输入不一样的偏移距离

选择要偏移的对象，或 [退出（E）/放弃（U）]<退出>：   // 点击鼠标右键或者按回车键结束命令

在此过程中出现的各选项含义如下：

（1）偏移距离：在距现有对象指定的距离处创建对象。

（2）退出：退出 OFFSET 命令。

（3）多个：输入"多个"偏移模式，这将使用当前偏移距离重复进行偏移操作。

（4）放弃：恢复前一个偏移。

（5）通过：创建通过指定点的对象。

（6）删除：偏移源对象后将其删除。

（7）图层：确定将偏移对象创建在当前图层上还是源对象所在的图层上。

【例4.6】已知一个圆，向外绘制 3 个与已知圆同心的圆，每个圆之间的间隔为以 10 为基数依次增加 5，如图 4.9 所示。

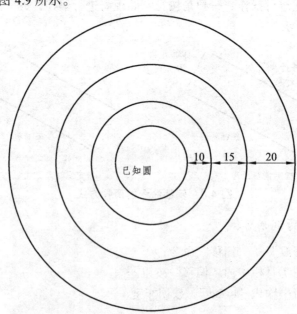

图 4.9　同心圆绘制

分析：该同心圆绘制间隔不一样，因此在偏移过程中必须依次输入需要偏移的距离，为

了避免过多的计算，选择偏移对象时尽量选取最新生成的那个圆。

具体操作过程如下：

命令：_offset

当前设置：删除源=否　图层=源　OFFSETGAPTYPE=0

指定偏移距离或 [通过（T）/删除（E）/图层（L）]<50.0000>：10

选择要偏移的对象，或 [退出（E）/放弃（U）]<退出>：　//选择最小的圆

指定要偏移的那一侧上的点，或 [退出（E）/多个（M）/放弃（U）]<退出>：

//在圆外随意点击一点

选择要偏移的对象，或 [退出（E）/放弃（U）]<退出>：　　//选择新生成的圆

指定要偏移的那一侧上的点，或 [退出（E）/多个（M）/放弃（U）]<退出>：15

选择要偏移的对象，或 [退出（E）/放弃（U）]<退出>：　　//选择最新生成的圆

指定要偏移的那一侧上的点，或 [退出（E）/多个（M）/放弃（U）]<退出>：20

选择要偏移的对象，或 [退出（E）/放弃（U）]<退出>：*取消*

4. 注意事项

（1）Offset 命令和其他的编辑命令不同，只能用直接拾取的方式一次选择一个实体进行偏移复制。

（2）只能选择偏移直线、圆、多段线、椭圆、椭圆弧、多边形和曲线，不能偏移点、图块、属性和文本。

（3）对于圆、椭圆、椭圆弧等实体，偏移时将同心复制，偏移前后的实体将同心。

（4）多段线的偏移将逐段进行，各段长度将重新调整。多段线和直线的偏移有明显的区别，如图 4.10 所示。

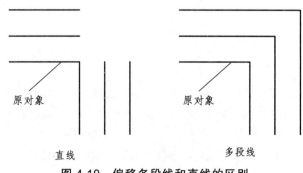

图 4.10　偏移多段线和直线的区别

4.4.2　阵列对象

所谓阵列，指的就是按照一定的角度、间距，以某个对象为参照对象，依次产生多个符合这些规律的对象。老版本的阵列命令调用时都会弹出对话框，从 AutoCAD 2012 版开始，阵列命令就取消了窗口命令，所以 AutoCAD 2014 版也是无对话框操作，并且在原有的矩形阵列和环形阵列的基础上，新增了路径阵列，下面就加以介绍。

注意：在修改工具栏一次只显示一个阵列模式，要更改的话，需在阵列图标长按鼠标左

键，然后在弹出的工具栏里选择需要使用的阵列模式。如图 4.11 所示。

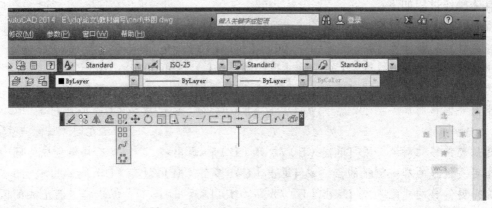

图 4.11　工具栏阵列模式更改方法

1. 矩形阵列

（1）功能。

将图形对象的副本分布到行、列和标高的任意组合。

（2）"矩形阵列"命令的调用方式。

菜单栏：选择"修改"→"阵列"→"矩形阵列"命令；

工具栏：单击绘图工具栏中的"矩形阵列"按钮 ；

命令行：在命令行中输入"arrayrect"，按回车键。

（3）命令提示选项介绍。

执行矩形阵列命令，命令行将提示如下：

命令：_arrayrect　　　　　　//调用矩形阵列命令

选择对象：找到 1 个　　　　//选择对象

选择对象：　　　　　　　　//继续选择对象或结束选择对象

类型 = 矩形　关联 = 否　　//当前模式提示

选择夹点以编辑阵列或 [关联（AS）/基点（B）/计数（COU）/间距（S）/列数（COL）/行数（R）/层数（L）/退出（X）]<退出>：AS

创建关联阵列 [是（Y）/否（N）]<否>：　　//关联设置

选择夹点以编辑阵列或 [关联（AS）/基点（B）/计数（COU）/间距（S）/列数（COL）/行数（R）/层数（L）/退出（X）]<退出>：COL

输入列数数或 [表达式（E）]<4>：3　　　　//列数设置

指定列数之间的距离或 [总计（T）/表达式（E）]<37.5033>：30　　//列宽设置

选择夹点以编辑阵列或 [关联（AS）/基点（B）/计数（COU）/间距（S）/列数（COL）/行数（R）/层数（L）/退出（X）]<退出>：R

输入行数数或 [表达式（E）]<3>：4　　　　//行数设置

指定行数之间的距离或 [总计（T）/表达式（E）]<37.5033>：30　　//行宽设置

指定行数之间的标高增量或 [表达式（E）]<0>：　　//标高设置

选择夹点以编辑阵列或 [关联（AS）/基点（B）/计数（COU）/间距（S）/列数（COL）

/行数（R）/层数（L）/退出（X）]<退出>:　　//结束命令

在此过程中出现的各选项含义如下：

① 关联：指定阵列中的对象是关联的还是独立的。其中"是"：包含单个阵列对象中的阵列项目，类似于块。使用关联阵列，可以通过编辑特性和源对象在整个阵列中快速传递更改。"否"：创建阵列项目作为独立对象。更改一个项目不影响其他项目。

② 基点：定义阵列基点和基点夹点的位置。其中"基点"：指定用于在阵列中放置项目的基点。其中"关键点"：对于关联阵列，在源对象上指定有效的约束（或关键点）以与路径对齐。如果编辑生成的阵列是源对象或路径，阵列的基点保持与源对象的关键点重合。

③ 计数：指定行数和列数并使用户在移动光标时可以动态观察结果（一种比"行和列"选项更快捷的方法）。"表达式"：基于数学公式或方程式导出值。

④ 间距：指定行间距和列间距并使用户在移动光标时可以动态观察结果。其中"行间距"：指定从每个对象的相同位置测量的每行之间的距离。"列间距"：指定从每个对象的相同位置测量的每列之间的距离。"单位单元"：通过设置等同于间距的矩形区域的每个角点来同时指定行间距和列间距。

⑤ 列数：编辑列数和列间距。

其中"列数"：设置阵列中的列数。"列间距"：指定从每个对象的相同位置测量的每列之间的距离。"全部"：指定从开始和结束对象上的相同位置测量的起点和终点列之间的总距离。

⑥ 行数：指定阵列中的行数、它们之间的距离以及行之间的增量标高。其中"行数"：设置阵列中的行数。"行间距"：指定从每个对象的相同位置测量的每行之间的距离。"全部"：指定从开始和结束对象上的相同位置测量的起点和终点行之间的总距离。"增量标高"：设置每个后续行的增大或减小的标高。

⑦ 层：指定三维阵列的层数和层间距。其中"层数"：指定阵列中的层数。"层间距"：在 Z 坐标值中指定每个对象等效位置之间的差值。"全部"：在 Z 坐标值中指定第一个和最后一个层中对象等效位置之间的总差值。

【例 4.7】矩形长 150，宽 60。以这个矩形为原对象，用 3 种方法做出行数为 5、列数为 3 的阵列。取行偏移为 100、列偏移为 200，如图 4.12 所示。

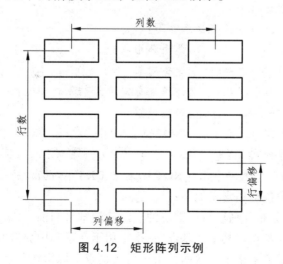

图 4.12　矩形阵列示例

分析：这里用到矩形阵列最基本的命令，以及行数、行间距等的设置。根据提示操作即可，具体操作过程如下：

命令：_arrayrect
选择对象：找到 1 个
选择对象：
类型 = 矩形　关联 = 是
选择夹点以编辑阵列或 [关联（AS）/基点（B）/计数（COU）/间距（S）/列数（COL）/行数（R）/层数（L）/退出（X）] <退出>：R
输入行数数或 [表达式（E）] <3>：5
指定行数之间的距离或 [总计（T）/表达式（E）] <90>：100
指定行数之间的标高增量或 [表达式（E）] <0>：　　　//回车
选择夹点以编辑阵列或 [关联（AS）/基点（B）/计数（COU）/间距（S）/列数（COL）/行数（R）/层数（L）/退出（X）] <退出>：COL
输入列数数或 [表达式（E）] <4>：3
指定列数之间的距离或 [总计（T）/表达式（E）] <225>：200
选择夹点以编辑阵列或 [关联（AS）/基点（B）/计数（COU）/间距（S）/列数（COL）/行数（R）/层数（L）/退出（X）] <退出>：　　　//回车

2．环形阵列

（1）功能。

环形阵列是用来围绕中心点或旋转轴在环形阵列中均匀分布的对象副本。在机械制图中大量以圆均匀分布孔洞、齿形等图形，用该方法绘制效率非常高，因此用户需认真掌握。

（2）"环形阵列"命令的调用方式。

菜单栏：选择"修改"→"阵列"→"环形阵列"命令；

工具栏：单击绘图工具栏中的"环形阵列"按钮 ▨；

命令行：在命令行中输入"arraypolar"，按回车键。

（3）命令提示选项介绍。

执行环形阵列命令，命令行将提示如下：

命令：_arraypolar　　　　　//调用环形阵列
选择对象：找到 1 个　　　　　//选择对象
选择对象：　　　　　　　　//继续选择对象或结束选择对象
类型 = 极轴　关联 = 是　　　//当前设置
指定阵列的中心点或 [基点（B）/旋转轴（A）]：//拾取（输入）环形中心
选择夹点以编辑阵列或 [关联（AS）/基点（B）/项目（I）/项目间角度（A）/填充角度（F）/行（ROW）/层（L）/旋转项目（ROT）/退出（X）] <退出>：　　　//相关设置提示

在此过程中出现的各选项含义如下：

① 中心点：指定分布阵列项目所围绕的点。旋转轴是当前 UCS 的 Z 轴。

基点：指定阵列的基点。其中"基点"：指定用于在阵列中放置对象的基点。"关键点"：对于关联阵列，在源对象上指定有效的约束（或关键点）以用作基点。如果编辑生成的阵列的源对象，阵列的基点保持与源对象的关键点重合。

旋转轴：指定由两个指定点定义的自定义旋转轴。

② 关联：指定阵列中的对象是关联的还是独立的。其中"是"：包含单个阵列对象中的阵列项目，类似于块。使用关联阵列，可以通过编辑特性和源对象在整个阵列中快速传递更改。"否"：创建阵列项目作为独立对象。更改一个项目不影响其他项目。

③ 项目：使用值或表达式指定阵列中的项目数。注意当在表达式中定义填充角度时，结果值中的数学符号（ + 或 − ）不会影响阵列的方向。

④ 项目间角度：使用值或表达式指定项目之间的角度。

⑤ 填充角度：使用值或表达式指定阵列中第一个和最后一个项目之间的角度。

⑥ 行数：指定阵列中的行数、它们之间的距离以及行之间的增量标高。其中"行数"：设定行数。"行间距"：指定从每个对象的相同位置测量的每行之间的距离。"全部"：指定从开始和结束对象上的相同位置测量的起点和终点行之间的总距离。"增量标高"：设置每个后续行的增大或减小的标高。"表达式"：基于数学公式或方程式导出值。

⑦ 层：指定（三维阵列的）层数和层间距。其中"层数"：指定阵列中的层数。"层间距"：指定层级之间的距离。"全部"：指定第一层和最后一层之间的总距离。

⑧ 旋转项目：控制在排列项目时是否旋转项目。区别如图 4.13 所示。

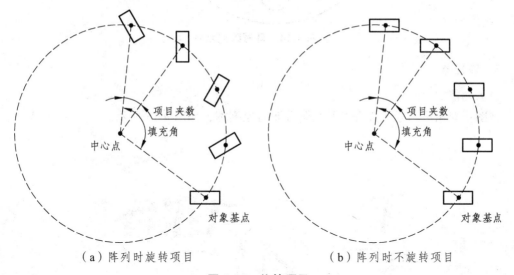

（a）阵列时旋转项目　　　　　　（b）阵列时不旋转项目

图 4.13　旋转项目

【例 4.8】在一个圆盘上均匀钻 12 个孔。圆盘的半径为 400，孔的半径为 50，圆盘的中心与孔的中心相距 300，如图 4.14 所示。

分析：该题可用环形阵列完成，在执行命令过程中特别要注意中心点应该选取 $R400$ 这个圆的中心而不是 $R50$ 这个圆的中心。具体操作如下：

命令：_arraypolar

选择对象：找到 1 个　　　　//选中 $R50$ 的圆

选择对象：　　　　//回车结束对象选择

类型 = 极轴　关联 = 是

指定阵列的中心点或 [基点（B）/旋转轴（A）]：　　　//选中 R400 的圆心

选择夹点以编辑阵列或 [关联（AS）/基点（B）/项目（I）/项目间角度（A）/填充角度（F）/行（ROW）/层（L）/旋转项目（ROT）/退出（X）] <退出>：I

输入阵列中的项目数或 [表达式（E）] <6>：12

选择夹点以编辑阵列或 [关联（AS）/基点（B）/项目（I）/项目间角度（A）/填充角度（F）/行（ROW）/层（L）/旋转项目（ROT）/退出（X）] <退出>：

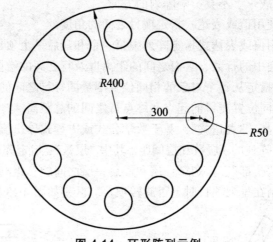

图 4.14　环形阵列示例

3. 路径阵列

（1）功能。

将图形对象沿路径或部分路径均匀分布对象副本，如图 4.15 所示。

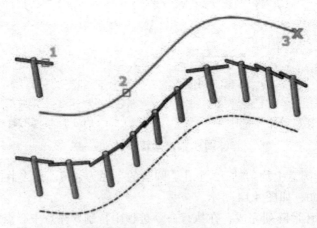

图 4.15　路径阵列

（2）"路径阵列"命令的调用方式。

菜单栏：选择"修改"→"阵列"→"路径阵列"命令；

工具栏：单击绘图工具栏中的"路径阵列"按钮 ；

命令行：在命令行中输入"arraypath"，按回车键。

（3）命令提示选项介绍。

执行路径阵列命令，命令行将提示如下：

命令：_arraypath　　　　　　　//调用路径阵列
选择对象：找到 1 个　　　　　　//选择对象
选择对象：　　　　　　　　　　//继续选择对象或结束选择对象
类型 ＝ 路径　关联 ＝ 是　　　//当前设置
选择路径曲线：　　　　　　　　//选择阵列路径
选择夹点以编辑阵列或 [关联（AS）/方法（M）/基点（B）/切向（T）/项目（I）/行（R）/层（L）/对齐项目（A）/Z方向（Z）/退出（X）] <退出>：　　　　　　//设置选项提示

在此过程中出现的各选项含义如下：

① 路径曲线：指定用于阵列路径的对象。选择直线、多段线、三维多段线、样条曲线、螺旋、圆弧、圆或椭圆。

② 关联：指定是否创建阵列对象，或者是否创建选定对象的非关联副本。其中"是"：创建单个阵列对象中的阵列项目，类似于块。使用关联阵列，可以通过编辑特性和源对象在整个阵列中快速传递更改。"否"：创建阵列项目作为独立对象。更改一个项目不影响其他项目。

③ 方式：控制如何沿路径分布项目。其中"定数等分"：将指定数量的项目沿路径的长度均匀分布。"测量"：以指定的间隔沿路径分布项目。

④ 基点：定义阵列的基点。路径阵列中的项目相对于基点放置。其中"基点"：指定用于在相对于路径曲线起点的阵列中放置项目的基点。"关键点"：对于关联阵列，在源对象上指定有效的约束（或关键点）以与路径对齐。如果编辑生成的阵列是源对象或路径，阵列的基点保持与源对象的关键点重合。

⑤ 切向：指定阵列中的项目如何相对于路径的起始方向对齐。其中"两点"：指定表示阵列中的项目相对于路径的切线的两个点。两个点的矢量建立阵列中第一个项目的切线。"对齐项目"：设置控制阵列中的其他项目是否保持相切或平行方向。"普通"：根据路径曲线的起始方向调整第一个项目的 Z 方向。

⑥ 项目：根据"方法"设置，指定项目数或项目之间的距离。其中"沿路径的项目数"：（当"方法"为"定数等分"时可用）使用值或表达式指定阵列中的项目数。"沿路径的项目之间的距离"：（当"方法"为"定距等分"时可用）使用值或表达式指定阵列中的项目的距离。

默认情况下，使用最大项目数填充阵列，这些项目使用输入的距离填充路径。可以指定一个更小的项目数（如果需要），也可以启用"填充整个路径"，以便在路径长度更改时调整项目数。

⑦ 行数：指定阵列中的行数、它们之间的距离以及行之间的增量标高。其中"行数"：设定行数。"行间距"：指定从每个对象的相同位置测量的每行之间的距离。"全部"：指定从开始和结束对象上的相同位置测量的起点和终点行之间的总距离。"增量标高"：设置每个后续行的增大或减小的标高。"表达式"：基于数学公式或方程式导出值。

⑧ 层：指定（三维阵列的）层数和层间距。其中"层数"：指定阵列中的层数。"层间距"：指定层级之间的距离。"全部"：指定第一层和最后一层之间的总距离。

⑨ 对齐项目：指定是否对齐每个项目以与路径的方向相切。对齐相对于第一个项目的方向。

⑩ Z方向：控制是否保持项目的原始 Z 方向或沿三维路径自然倾斜项目。

4.5 旋转、对齐对象

在绘制图形的时候，在水平和竖直方向绘制借助正交命令会比较容易，因此用户可以在比较有利的角度和位置绘制出所需的图形，然后用旋转或对齐等命令来得到所需绘制的图形。下面就这两条命令加以介绍。

4.5.1 旋转对象

1. 功 能

旋转命令可以改变所选择的一个或多个对象的方向（位置）。可通过指定一个基点和一个相对或绝对的旋转角来对选择对象进行旋转。

2. "旋转"命令的调用方式

菜单栏：选择"修改"→"旋转"命令；

工具栏：单击绘图工具栏中的"旋转"按钮 ◯ ；

命令行：在命令行中输入"rotate"，按回车键。

3. 命令提示选项介绍

执行旋转命令，命令行将提示如下：

命令：_rotate   //调用旋转命令

UCS 当前的正角方向：ANGDIR=逆时针   ANGBASE=0   //当前设置提示

选择对象：   //选择要旋转的对象

选择对象：   //继续选择对象或结束选择对象

指定基点：   //指定旋转中心

指定旋转角度，或 [复制（C）/参照（R）] <0>：   //指定旋转角度

在此过程中出现的各选项含义如下：

① 指定基点：指定旋转中心。旋转中心选择不同，达到的旋转结果完全不同，如图 4.16 所示。

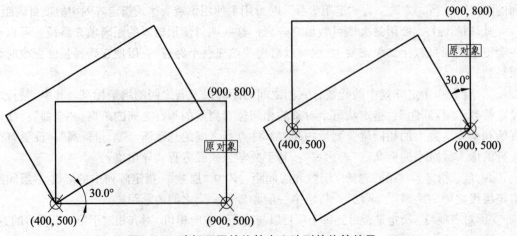

图 4.16 选择不同的旋转中心达到的旋转结果

② 指定旋转角度：输入角度，指定点，输入 c，或输入 r。

③ 旋转角度：决定对象绕基点旋转的角度。旋转轴通过指定的基点，并且平行于当前 UCS 的 Z 轴。

④ 复制：创建要旋转的选定对象的副本。

⑤ 参照：将对象从指定的角度旋转到新的绝对角度。旋转视口对象时，视口的边框仍然保持与绘图区域的边界平行。当角度不确定但是有确定到达点的时候就可以采取这种方式来旋转，详见例题。

【例 4.9】将直线旋转到直线外一点方向，并保持原对象，如图 4.17 所示。

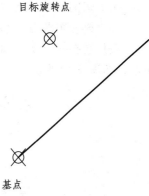

图 4.17　旋转命令示例

分析：该题旋转的角度不确定，如果用量取的方式可能会不准确。因此，用参照的方式来绘制最为便捷，要保持原对象又必须用"复制"选项，具体操作如下：

命令：_rotate

UCS 当前的正角方向：ANGDIR=逆时针　ANGBASE=0

选择对象：找到 1 个　　　//选择需旋转的直线

选择对象：　　　//回车结束对象选择

指定基点：　　　//选中基点

指定旋转角度，或 [复制（C）/参照（R）] <37>：C

旋转一组选定对象。

指定旋转角度，或 [复制（C）/参照（R）] <37>：R

指定参照角 <0>：指定第二点：　　　//原直线上随意点击两点

指定新角度或 [点（P）] <37>：　　　//拾取目标点

4.5.2　对齐对象

1. 功　能

对齐命令的主要用途是在二维和三维空间中将对象与其他对象对齐。

可以指定一对、两对或三对源点和定义点以移动、旋转或倾斜选定的对象，从而将它们与其他对象上的点对齐，如图 4.18 所示。

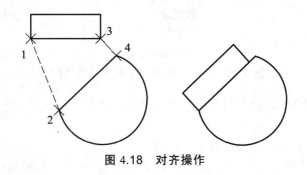

图 4.18　对齐操作

— 123 —

2. "对齐"命令的调用方式

菜单栏：选择"修改"→"三维操作"→"对齐"命令；

命令行：在命令行中输入"align"，按回车键。

3. 相关提示及命令介绍

执行命令，命令行将显示如下提示：

（1）选择对象：选择要对齐的对象，并按 Enter 键。

接下来的一系列提示将要求输入源和目标点。指定的点对数量决定结果。

（2）第一个源点，第一个目标点。

当只选择一对源点和目标点时，选定对象将在二维或三维空间从源点（1）移动到目标点（2），如图 4.19 所示。

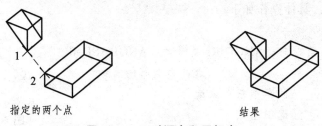

指定的两个点   结果

图 4.19　一对源点和目标点

（3）第一个和第二个源点以及目标点。

当选择两对点时，可以移动、旋转和缩放选定对象，以便与其他对象对齐。

第一对源点和目标点定义对齐的基点（1，2）。第二对点定义旋转的角度（3，4）。

在输入了第二对点后，系统会给出缩放对象的提示。将以第一目标点和第二目标点（2，4）之间的距离作为缩放对象的参考长度。只有使用两对点对齐对象时才能使用缩放，如图 4.20 所示。

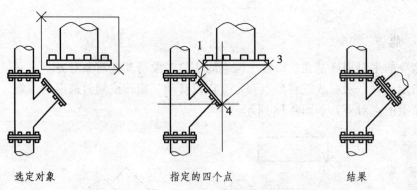

选定对象   指定的四个点   结果

图 4.20　第一个和第二个源点以及目标点

注意：如果使用两个源点和目标点在非垂直的工作平面上执行三维对齐操作，将产生不可预料的结果。

（4）第一、第二和第三个源点以及目标点。

当选择三对点时，选定对象可在三维空间移动和旋转，使之与其他对象对齐，如图 4.21 所示。

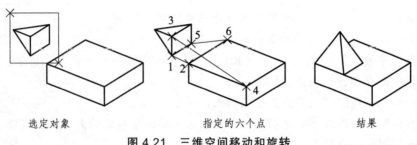

选定对象　　　　　　　指定的六个点　　　　　　　　结果

图 4.21　三维空间移动和旋转

选定对象从源点（1）移到目标点（2）。

旋转选定对象（1 和 3），使之与目标对象（2 和 4）对齐。

然后再次旋转选定对象（3 和 5），使之与目标对象（4 和 6）对齐。

4.6　缩放、拉伸对象

在绘制图形的时候，经常需要对图形进行缩放或者拉伸，下面就加以介绍。

4.6.1　缩放对象

1. 功　　能

使用缩放命令可以改变所选择的一个或多个对象的大小，即在 X、Y 和 Z 方向等比例放大或缩小对象，如图 4.22 所示。

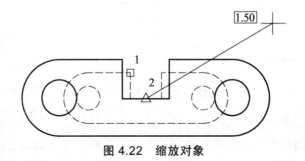

图 4.22　缩放对象

2. "缩放"命令的调用方式

菜单栏：选择"修改"→"缩放"命令；

工具栏：单击绘图工具栏中的"旋转"按钮 ；

命令行：在命令行中输入"scale"，按回车键。

3. 命令提示选项介绍

执行缩放命令，命令行将提示如下：

命令：_scale　　　　　//调用缩放命令

选择对象：指定对角点：找到 1 个　　　　　//选择对象

选择对象：　　　　　　//继续选择对象或右键结束命令

指定基点：　　　　　　//拾取或输入缩放基点

指定比例因子或 [复制（C）/参照（R）]：//输入比例因子或其他选项提示。

在此过程中出现的各选项含义如下：

（1）选择对象：指定要调整其大小的对象。

（2）基点：指定缩放操作的基点。指定的基点表示选定对象的大小发生改变（从而远离静止基点）时位置保持不变的点。

注意：当使用具有注释性对象的 SCALE 命令时，对象的位置将相对于缩放操作的基点进行缩放，但对象的尺寸不会更改。

（3）比例因子：按指定的比例放大选定对象的尺寸。大于 1 的比例因子使对象放大，介于 0 和 1 之间的比例因子使对象缩小。还可以拖动光标使对象变大或变小。

（4）复制：创建要缩放的选定对象的副本。

（5）参照：按参照长度和指定的新长度缩放所选对象。操作过程中先指定原长度，再指定或者输入需要得到的长度，就能完成缩放。

【例 4.10】将图 4.23 所示图形中的矩形放大，使得 AB 的尺寸与 CD 尺寸一样。

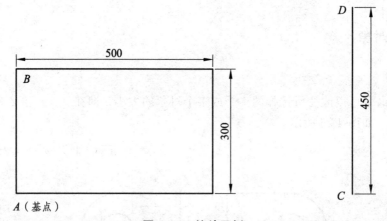

图 4.23　缩放示例

分析：该题用缩放命令，有两种方法：一种按照图示尺寸，用户可以计算出缩放比例为 1.5，可以直接输入；第二种方法是可以使用参照法，这种方法特别适合尺寸不明或不便于计算的情况，下面加以介绍。

方法一操作过程：

命令：_scale

选择对象：　　　　　　//选择矩形

选择对象：　　　　　　//Enter

指定基点：　　　　　　//拾取点 A

指定比例因子或 [参照（R）]：1.5

方法二操作过程：

命令：_scale

选择对象：	//选择矩形
选择对象：	//Enter
指定基点：	//拾取点 A
指定比例因子或 [参照（R）]: r	
指定参照长度 <1>:	//拾取点 A
指定第二点：	//拾取点 B 或 @0，300（相对点 A）
指定新长度：	//拾取点 D 或 @0，450（相对点 A）

4.6.2 拉伸对象

1. 功　能

该命令可以移动并拉伸对象，可以拉长或缩短对象，并改变它的形状，如图 4.24 所示。拉伸的结果取决于对象的类型和选取方式。

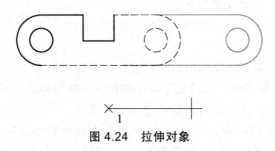

图 4.24　拉伸对象

"拉伸"命令可用于的对象包括圆弧、椭圆弧、直线、多段线线段、射线、样条曲线、实体、三维曲面等。

在 AutoCAD 2014 中，选择对象的方法很多。例如，可以通过单击对象逐个拾取，也可利用窗口选择（从左往右选取对象）或窗交选择（从右往左选取对象）。

窗口选择的特点是：在指定的一个矩形区域，如果对象的所有部分均位于这个矩形窗口内，则该对象被选中，如果对象不在该窗口内，或者只有部分在该窗口内，则该对象不被选中。

窗交选择的特点是：除了把完全被窗口包围的对象选中外，还把只有部分在该窗口内的对象选中，即窗交选择可以将完全被窗口包围的对象以及和窗口相交的对象选取。

如何选取对象直接决定了拉伸命令执行的效果，如图 4.25 所示。

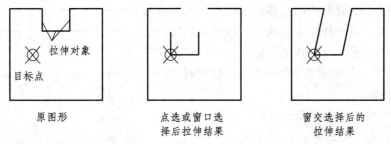

图 4.25　不同选择对象的方式对拉伸命令的影响

2. "拉伸"命令的调用方式

菜单栏：选择"修改"→"拉伸"命令；

工具栏：单击绘图工具栏中的"拉伸"按钮 ；

命令行：在命令行中输入"stretch"，按回车键。

3. 命令提示选项介绍

执行拉伸命令，命令行将提示如下：

命令：_stretch

以交叉窗口或交叉多边形选择要拉伸的对象...

选择对象：找到 1 个　　　　　　　　//选择对象

选择对象：　　　　　　　　　//继续选择对象或右键结束命令

指定基点或 [位移（D）] <位移>：//指定拉伸基点

指定第二个点或 <使用第一个点作为位移>：//指定拉伸第二点

在此过程中出现的各选项含义如下：

（1）选择对象：指定对象中要拉伸的部分。使用"圈交"或"交叉窗选方式"对象选择方法。完成选择后，按 Enter 键。

拉伸命令仅移动位于窗交选择内的顶点和端点，不更改那些位于窗交选择外的顶点和端点。STRETCH 不修改三维实体、多段线宽度、切向或者曲线拟合的信息。

（2）基点：指定基点，将计算自该基点的拉伸的偏移。此基点可以位于拉伸的区域的外部。其中提示"第二点"：指定第二个点，该点定义拉伸的距离和方向。从基点到此点的距离和方向将定义对象的选定部分拉伸的距离和方向。"使用第一个点作为位移"：指定拉伸距离和方向将基于从图形中的（0，0，0）坐标到指定基点的距离和方向。

（3）位移：指定拉伸的相对距离和方向。

若要基于从当前位置的相对距离设置位移，请以 X，Y，Z 格式输入距离。例如，输入（5，4，0）可将选择拉伸到距离原点 5 个单位（沿 X 轴）和4 个单位（沿 Y 轴）的点。

若要基于图形中相对于（0，0，0）坐标的距离和方向设置位移，请单击绘图区域中的某个位置。例如，单击（1，2，0）处的点以将选择拉伸到距离其当前位置 1个单位（沿 X 轴）和 2 个单位（沿 Y 轴）的点。

【例 4.11】用拉伸命令完成如图 4.26 所示的绘图任务。

分析：该图是希望圆和槽左移一定距离，用拉伸命令就能顺利完成。应该特别注意的是，选择对象时一定要从右到左选择对象，且选择框不能太小（需包含圆和槽），也不能太大（不能包含其他端点），具体操作如下：

命令：_stretch

以交叉窗口或交叉多边形选择要拉伸的对象...

选择对象：指定对角点：找到 3 个

选择对象：

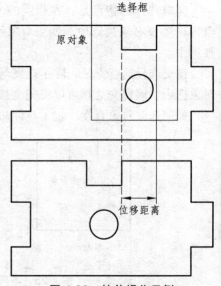

图 4.26　拉伸操作示例

指定基点或 [位移（D）] <位移>：//拾取原图上一点
指定第二个点或 <使用第一个点作为位移>：//拾取目标点或打开正交输入距离。

4.7 修剪与延伸对象

在机械制图计算机绘图过程中，修剪和延伸命令作为一辅助制图的工具，使用频率非常高，且使用过程中有许多应该注意的事项。

4.7.1 修剪对象

1. 功 能

修剪命令主要用来将图形某一部分修剪掉，如图4.27所示。

充当修剪边的对象可以是直线、圆弧、样条曲线等对象，修剪边的对象本身也可作为被修剪的对象。

2. "修剪" 命令的调用方式

菜单栏：选择"修改"→"修剪"命令；
工具栏：单击绘图工具栏中的"修剪"按钮 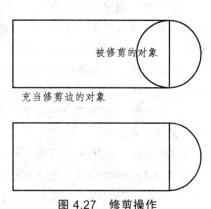；
命令行：在命令行中输入"trim"，按回车键。

图 4.27　修剪操作

3. 命令提示选项介绍

执行修剪命令，命令行将提示如下：
命令：_trim　　　　　　　　　　//调用修剪命令
当前设置：投影=UCS，边=无　　　//当前设置提示
选择剪切边…　　　　　　　　　//选择修剪边
选择对象或 <全部选择>：找到 1 个　//选择修剪边
选择对象：　　　　　　　　　　//继续选择修剪边或右键结束
选择要修剪的对象，或按住 Shift 键选择要延伸的对象，或[栏选（F）/窗交（C）/投影（P）/边（E）/删除（R）/放弃（U）]：　　//点击要删除的元素或是其他选项提示
选择要修剪的对象，或按住 Shift 键选择要延伸的对象，或[栏选（F）/窗交（C）/投影（P）/边（E）/删除（R）/放弃（U）]：　　//继续修剪或者结束命令

在此过程中出现的各选项含义如下：

（1）选择剪切边：指定一个或多个对象以用作修剪边界。修剪将剪切边和要修剪的对象投影到当前用户坐标系（UCS）的 *XY* 平面上。

注意：要选择包含块的剪切边，只能使用"单个选择""窗交""栏选"和"全部选择"选项。

其中提示"选择对象"：分别指定对象。"全部选择"：指定图形中的所有对象都可以用作修剪边界。

（2）要修剪的对象：指定修剪对象。如果有多个可能的修剪结果，那么第一个选择点的

位置将决定结果。按住 Shift 键选择要延伸的对象，延伸选定对象而不是修剪它们。此选项提供了一种在修剪和延伸之间切换的简便方法。

（3）栏选：选择与选择栏相交的所有对象。选择栏是一系列临时线段，它们是用两个或多个栏选点指定的，选择栏不构成闭合环。

（4）窗交：选择矩形区域（由两点确定）内部或与之相交的对象。

注意：某些要修剪的对象的窗交选择不确定。修剪将沿着矩形窗交窗口从第一个点以顺时针方向选择遇到的第一个对象。

（5）投影：指定修剪对象时使用的投影方式。其中提示"无"：指定无投影。该命令只修剪与三维空间中的剪切边相交的对象。"UCS"：指定在当前用户坐标系 *XY* 平面上的投影。该命令将修剪不与三维空间中的剪切边相交的对象。"视图"：指定沿当前观察方向的投影。该命令将修剪与当前视图中的边界相交的对象。

（6）边：确定对象是在另一对象的延长边处进行修剪，还是仅在三维空间中与该对象相交的对象处进行修剪。其中提示"延伸"：沿自身自然路径延伸剪切边使它与三维空间中的对象相交。"不延伸"：指定对象只在三维空间中与其相交的剪切边处修剪。

注意：修剪图案填充时，不要将"边"设定为"延伸"；否则，修剪图案填充时将不能填补修剪边界中的间隙，即使将允许的间隙设定为正确的值。

（7）删除：删除选定的对象。此选项提供了一种用来删除不需要的对象的简便方式，而无须退出修剪命令。

（8）放弃：撤销由修剪命令所做的最近一次更改。

【例 4.12】用修剪命令完成如图 4.28 所示的操作。

提示，该例题所示的修剪边与被修剪对象没有交集，因此必须用到提示里面"边"的操作，具体修剪掉上半部分还是下半部分，根据用户操作不同会有不同结果。具体操作过程如下所示：

图 4.28　修剪示例

命令：_trim

选择剪切边... 选择对象：//选取直线

选择对象：　　//Enter，结束选择

选择要修剪的对象，或 [投影（P）/边（E）/放弃（U）]：e

输入隐含边延伸模式 [延伸（E）/不延伸（N）]<延伸>：e

选择要修剪的对象，或 [投影（P）/边（E）/放弃（U）]：点击圆的上侧[修剪圆的上边，见图 4.29（a）]或点击圆的下侧[修剪圆的下边见图 4.29（b）]

选择要修剪的对象，或按住 Shift 键选择要延伸的对象，或 [投影（P）/边（E）/放弃（U）]：Enter

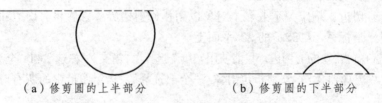

（a）修剪圆的上半部分　　　　　（b）修剪圆的下半部分

图 4.29　修剪完成图示

4.7.2　延伸对象

1. 功　能

延伸命令用来延伸图形，如图 4.30 所示。它的用法与操作修剪命令几乎完全相同。

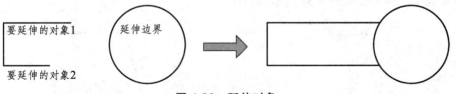

图 4.30　延伸对象

2. "延伸"命令的调用方式

菜单栏：选择"修改"→"延伸"命令；

工具栏：单击绘图工具栏中的"延伸"按钮┅/；

命令行：在命令行中输入"extend"，按回车键。

3. 命令提示选项介绍

执行延伸命令，命令行将提示：

命令：_extend　　　　　　　//调用延伸命令

当前设置：投影=UCS，边=无　　　　　//当前设置提示

选择边界的边...　　　　　　　//提示选择边界

选择对象或 <全部选择>：找到 1 个　//选择边界

选择对象：　　　　　　　　　//继续选择边界边或右键结束

选择要延伸的对象，或按住 Shift 键选择要修剪的对象，或[栏选（F）/窗交（C）/投影（P）/边（E）/放弃（U）]：//点击要延伸的元素或是其他选项提示

选择要延伸的对象，或按住 Shift 键选择要修剪的对象，或[栏选（F）/窗交（C）/投影（P）/边（E）/放弃（U）]：//继续延伸或者结束命令

在此过程中出现的各选项含义如下：

（1）边界对象选择：使用选定对象来定义对象延伸到的边界。

（2）要延伸的对象：指定要延伸的对象，按 Enter 键结束命令。

（3）按住 Shift 键选择要修剪的对象将选定对象修剪到最近的边界而不是将其延伸。这是在修剪和延伸之间切换的简便方法。

（4）栏选：选择与选择栏相交的所有对象。选择栏是一系列临时线段，它们是用两个或多个栏选点指定的。选择栏不构成闭合环。

（5）窗交：选择矩形区域（由两点确定）内部或与之相交的对象。

注意某些要延伸的对象的窗交选择不明确。通过沿矩形窗交窗口以顺时针方向从第一点到遇到的第一个对象，将 EXTEND 融入选择。

（6）投影：指定延伸对象时使用的投影方法。其中提示"无"：指定无投影，只延伸与三维空间中的边界相交的对象。"UCS"：指定到当前用户坐标系（UCS）XY 平面的投影，延伸未与三维空间中的边界对象相交的对象。"视图"：指定沿当前观察方向的投影。

— 131 —

（7）边：将对象延伸到另一个对象的隐含边，或仅延伸到三维空间中与其实际相交的对象。其中提示"延伸"：沿其自然路径延伸边界对象以和三维空间中另一对象或其隐含边相交。"不延伸"：指定对象只延伸到在三维空间中与其实际相交的边界对象。

（8）放弃：放弃最近由 EXTEND 所做的更改。

【例 4.13】用延伸完成图 4.31 所示的操作。

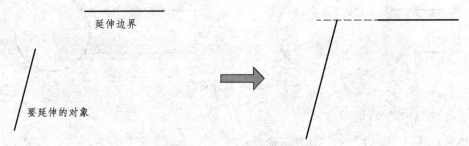

图 4.31　延伸操作示例

提示：该题所示要延伸的对象与延伸边界并没有实际交点，因此需要用到"边"的操作。具体操作过程如下：

命令：_extend

选择边界的边… 选择对象：　　//选择延伸边界

选择对象：　　　　　　　　//Enter

选择要延伸的对象，或 [投影（P）/边（E）/放弃（U）]：e

输入隐含边延伸模式 [延伸（E）/不延伸（N）]＜延伸＞：e

选择要延伸的对象，或 [投影（P）/边（E）/放弃（U）]：　　　//选择要延伸的对象

选择要延伸的对象，或 [投影（P）/边（E）/放弃（U）]：Enter

4.8　倒角与圆角对象

倒角的作用是去除毛刺，使之美观。但是对于图纸中特别指出的倒角，一般是安装工艺的要求，例如轴承的安装导向。圆弧倒角（或称为圆弧过渡）还可以起到减小应力集中，加强轴类零件的强度的作用，因此在机械制图中会出现大量的倒角和倒圆角操作，下面就介绍一下倒角和倒圆角具体的操作方式。

4.8.1　倒角对象

1. 功　能

倒角命令用来创建倒角，即将两个非平行的对象，通过延伸或修剪使它们相交或利用斜线连接。

可以使用两种方法来创建倒角：一种是指定倒角两端的距离；另一种是指定一端的距离和倒角的角度，如图 4.32 所示。

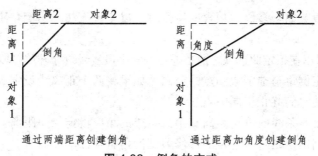

图 4.32　倒角的方式

倒角命令可以倒角直线、多段线、射线和构造线。

如果支持三维建模，还可以倒角三维实体和曲面。如果选择网格进行倒角，则可以先将其转换为实体或曲面，然后再完成此操作。

在倒角的情况下，如果两个原对象（直线、构造线或射线等）是平行的，则倒角命令无效。

2."倒角"命令的调用方式

菜单栏：选择"修改"→"倒角"命令；

工具栏：单击绘图工具栏中的"倒角"按钮 ；

命令行：在命令行中输入"chamfer"，按回车键。

3. 命令提示选项介绍

执行倒角命令，命令行将提示如下：

命令：_chamfer　　　　　　　　　//调用倒角命令

（"不修剪"模式）当前倒角距离 1 = 5.0000，距离 2 = 5.0000　　　//当前模式提示

选择第一条直线或 [放弃（U）/多段线（P）/距离（D）/角度（A）/修剪（T）/方式（E）/多个（M）]：　　　//选择倒角对象或其他提示

选择第二条直线，或按住 Shift 键选择直线以应用角点或 [距离（D）/角度（A）/方法（M）]：　　　//选择另一个倒角对象或其他提示

在此过程中出现的各选项含义如下：

（1）第一条直线：指定定义二维倒角所需的两条边中的第一条边。如果选择直线或多段线，它们的长度将调整以适应倒角线。选择对象时，可以按住 Shift 键，以使用值 0 替代当前倒角距离。如果选定对象是二维多段线的直线段，它们必须相邻或只能用一条线段分开。如果它们被另一条多段线分开，执行倒角将删除分开它们的线段并代之以倒角。用户还可以选择三维实体的边进行倒角，然后从两个相邻曲面中指定其中一个作为基准曲面（在 AutoCAD LT 中不可用）。其中提示"输入曲面选择选项"：（在 AutoCAD LT 中不可用）输入 0 或按 Enter 键将选定的曲面设定为基面。输入 n 将选择与选定边相邻的两个表面之一。选择了基面和倒角距离之后，请选择需倒角的基面的边。可以一次选择一条边，也可一次选择所有边。"边"：选择一条边进行倒角。"环"：切换到"边环"模式。"边环"：选择基面上的所有边。

（2）放弃：恢复在命令中执行的上一个操作。

（3）多段线：对整个二维多段线倒角。相交多段线线段在每个多段线顶点被倒角。倒角

133

成为多段线的新线段。如果多段线包含的线段过短以至于无法容纳倒角距离，则不对这些线段倒角。

注意：用户还可以在指定此选项之前，通过选择多段线线段为开放多段线的端点创建倒角。

（4）距离：设定倒角至选定边端点的距离。如果将两个距离均设定为零，倒角将延伸或修剪两条直线，以使它们终止于同一点。

（5）角度：用第一条线的倒角距离和第二条线的角度设定倒角距离。

（6）修剪：控制倒角是否将选定的边修剪到倒角直线的端点。

注意："修剪"选项将"修剪模式"系统变量设置为 1；"不修剪"选项将"修剪模式"设置为 0。

如果将"修剪模式"系统变量设定为 1，则倒角会将相交的直线修剪至倒角直线的端点。如果选定的直线不相交，倒角将延伸或修剪这些直线，使它们相交。如果将"修剪模式"设定为 0，则创建倒角而不修剪选定的直线。

（7）方式：控制倒角使用两个距离还是一个距离和一个角度来创建倒角。

（8）多个：为多组对象的边倒角。

（9）表达式：使用数学表达式控制倒角距离。有关允许的运算符和函数列表，请参见"使用参数管理器控制几何图形"。

【例 4.14】用倒角命令一次性完成如图 4.33 所示的三个倒角，倒角距离均为 60。

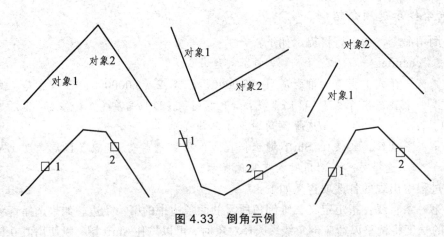

图 4.33 倒角示例

分析：一次性完成 3 个倒角，必须选择"多个"选项，查看倒角结果，多余线条被修剪掉，所以"修剪"选项应该选中修剪。具体操作如下所示：

命令：_chamfer

选择第一条直线或 [多段线（P）/距离（D）/角度（A）/修剪（T）/方式（M）/多个（U）]：d

指定第一个倒角距离 <60.0000>：60

指定第二个倒角距离 <60.0000>：60

选择第一条直线或 [多段线（P）/距离（D）/角度（A）/修剪（T）/方式（M）/多个（U）]：t

输入修剪模式选项 [修剪（T）/不修剪（N）]<修剪>：t

选择第一条直线或 [多段线（P）/距离（D）/角度（A）/修剪（T）/方式（M）/多个（U）]：u

选择第一个对象或 [多段线（P）/半径（R）/修剪（T）/多个（U）]：选第 1 组的对象 1

选择第二个对象：选第 1 组的对象 2

选择第一个对象或 [多段线（P）/半径（R）/修剪（T）/多个（U）]：选第 2 组的对象 1

选择第二个对象：选第 2 组的对象 2

选择第一个对象或 [多段线（P）/半径（R）/修剪（T）/多个（U）]：选第 3 组的对象 1

选择第二个对象：选第 3 组的对象 2

选择第一个对象或 [多段线（P）/半径（R）/修剪（T）/多个（U）]：按 Enter 或 Esc 键

4.8.2 圆角命令

1. 功　能

圆角命令主要用于在两个对象之间加一段圆弧，使它们平滑地连接起来，如图 4.34 所示。

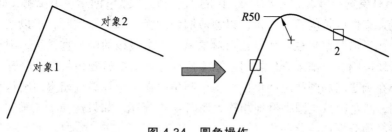

图 4.34　圆角操作

圆角命令可以创建圆角的对象包括直线、多段线的直线段、样条曲线、构造线、射线、圆、圆弧和椭圆等，如图 4.35 所示为两椭圆进行圆角操作。也可以为所有真实（三维）实体创建圆角。

两个原对象在创建圆角之前可以不相交。这时，使用圆角命令可以把它们平滑连接起来。如果两个原对象（直线、构造线或射线等）是平行的，使用"fillet"命令也可以在它们之间创建圆角。这时，"Radius（半径）"选项失效。过渡圆弧的直径等于两个原对象之间的距离，从两直线之间的垂足量起，长出的线段将被削去。如图 4.36 所示。

图 4.35　两椭圆之间进行圆角操作

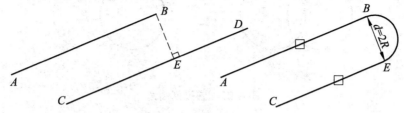

图 4.36　平行直线倒圆角

2. "圆角"命令的调用方式

菜单栏：选择"修改"→"圆角"命令；

工具栏：单击绘图工具栏中的"圆角"按钮 ；

命令行：在命令行中输入"fillet"，按回车键。

3. 命令提示选项介绍

执行圆角命令，命令行将提示如下：

命令：_fillet   //调用圆角命令

当前设置：模式 = 不修剪，半径 = 5.0000   //当前模式显示

选择第一个对象或 [放弃（U）/多段线（P）/半径（R）/修剪（T）/多个（M）]： //选择圆角对象或其他选项提示

选择第二个对象，或按住 Shift 键选择对象以应用角点或 [半径（R）]：   //选择另一个圆角对象

在此过程中出现的各选项含义如下：

（1）第一个对象：选择定义二维圆角所需的两个对象中的第一个对象。如果使用的是三维模型，也可以选择三维实体的边。其中提示"第二个对象，或按住 Shift 键选择对象以应用角点"：使用对象选择方法，或按住 Shift 键并选择对象，以创建一个锐角，如果选择直线、圆弧或多段线，它们的长度将进行调整以适应圆角圆弧。选择对象时，可以按住 Shift 键，以使用值 0 替代当前圆角半径。如果选定对象是二维多段线的两个直线段，则它们可以相邻或者被另一条线段隔开。如果它们被另一条多段线分开，执行圆角将删除分开它们的线段并代之以圆角。在圆之间和圆弧之间可以有多个圆角存在。选择靠近期望的圆角端点的对象。圆角不修剪圆；圆角圆弧与圆平滑地相连，如图 4.37 所示。如果选择了三维实体，则可以选择多条边，但必须分别选择这些边。

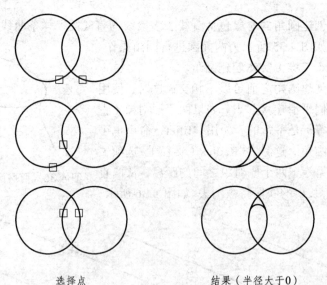

选择点   结果（半径大于0）

图 4.37　圆弧倒圆角

（2）放弃：恢复在命令中执行的上一个操作。

（3）多段线：在二维多段线中两条直线段相交的每个顶点处插入圆角圆弧。

注意：还可以在指定此选项之前，通过选择多段线线段为开放多段线的端点创建圆角。

选择二维多段线：如果一条圆弧段将会聚于该圆弧段的两条直线段分开，则执行圆角将删除该圆弧段并代之以圆角圆弧。

（4）半径：定义圆角圆弧的半径。输入的值将成为后续圆角命令的当前半径。修改此值并不影响现有的圆角圆弧。

（5）修剪：控制圆角是否将选定的边修剪到圆角圆弧的端点。

（6）多个：给多个对象添加圆角。

（7）边：选择一条边。可以连续选择单个边直至按 Enter 键为止。如果选择汇聚于顶点构成长方体角点的三条或三条以上的边，则当三条边相互之间的三个圆角半径都相同时，执行圆角将计算出属于球体一部分的顶点过渡。

其中提示"链"：从单边选择改为连续相切边选择（称为链选择）。"边链"：选中一条边也就选中了一系列相切的边。例如，如果选择某个三维实体长方体顶部的一条边，则执行圆角还将选择顶部上其他相切的边。"边"：切换到单边选择模式。"循环"：在实体的面上指定边的环。对于任何边，有两种可能的循环。选择环边后，系统将提示您接受当前选择，或选择下一个环。"半径"：定义圆角圆弧的半径。

【例 4.15】将如图 4.38 所示的矩形的四个直角创建圆角。圆角半径为 50。

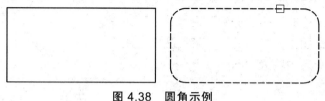

图 4.38　圆角示例

分析：矩形四个角都要进行圆角操作，可选用"多个"选项，但操作仍然繁杂；因为矩形是多段线，因此按"多段线"选项最为简便，此外圆角后多余线条被删除，应该选用"修剪选项"。具体操作如下所示：

命令：_fillet
选择第一个对象或 [多段线（P）/半径（R）/修剪（T）/多个（U）]：r
指定圆角半径 <0.0000>：50
选择第一个对象或 [多段线（P）/半径（R）/修剪（T）/多个（U）]：u
选择第一个对象或 [多段线（P）/半径（R）/修剪（T）/多个（U）]：p
选择二维多段线：　　　//选矩形

4.9　分解与合并对象

分解与合并是一对互为反操作的命令，主要是对物体进行分解成多个独立单元或者将多个独立单元合并为一个整体，用户在绘图过程中为了方便操作，常常需要用到这两个命令。

4.9.1　分解对象

1. 功　能

分解命令用于分解组合对象，组合对象即由多个 AutoCAD 基本对象组合而成的复杂对象，例如多段线、多线、标注、块、面域、多面网格、多边形网格、三维网格以及三维实体等，如图4.39所示为对一个块进行分解的结果。具体分解的结果取决于组合对象的类型。

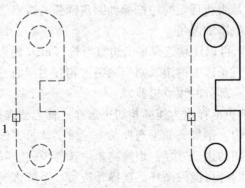

图4.39　分解对象

2. "分解"命令的调用方式

菜单栏：选择"修改"→"分解"命令；

工具栏：单击绘图工具栏中的"分解"按钮 ；

命令行：在命令行中输入"explode"，按回车键。

3. 注意事项

分解对象的操作非常简单，先调用分解命令，然后在提示下选择对象并右击鼠标或者回车就可以完成分解。

任何分解对象的颜色、线型和线宽都可能会改变。其他结果将根据分解的复合对象点击鼠标类型的不同而有所不同。

下面是对每个类型对象执行分解的结果：

（1）二维宽多段线：放弃所有关联的宽度或切线信息。对于宽多段线，将沿多段线中心放置结果直线和圆弧，如图4.40所示。

执行EXPLODE　　　　执行EXPLODE
命令之前　　　　　　命令之后

图4.40　分解多段线

（2）三维多段线：分解成直线段。为三维多段线指定的线型将应用到每一个得到的线段。

（3）三维实体：将平整面分解成面域。将非平整面分解成曲面（不适用于 AutoCAD LT）。

（4）注释性对象：将当前比例图示分解为构成该图示的组件（已不再是注释性），以删除其他比例图示。

（5）圆/圆弧：如果位于非一致比例的块内，则分解为椭圆/椭圆弧。

（6）阵列：将关联阵列分解为原始对象的副本。

（7）块：一次删除一个编组级。如果一个块包含一个多段线或嵌套块，那么对该块的分解就首先显露出该多段线或嵌套块，然后再分别分解该块中的各个对象。

具有相同 X、Y、Z 比例的块将分解成它们的部件对象。具有不同 X、Y、Z 比例的块（非一致比例块）可能分解成意外的对象。当按非统一比例缩放的块中包含无法分解的对象时，这些块将被收集到一个匿名块（名称以"*E"为前缀）中，并按非统一比例缩放进行参照。如果这种块中的所有对象都不可分解，则选定的块参照不能分解。非一致缩放的块中的体、三维实体和面域图元不能分解（在 AutoCAD LT 中不可用）。分解一个包含属性的块将删除属性值并重显示属性定义。无法分解使用外部参照插入的块及其依赖块。

（8）体：分解成一个单一表面的体（非平面表面）、面域或曲线。

（9）圆：如果位于非一致比例的块内，则分解为椭圆。

（10）引线：根据引线的不同，可分解成直线、样条曲线、实体（箭头）、块插入（箭头、注释块）、多行文字或公差对象。

（11）网格对象：将每个面分解成独立的三维面对象，将保留指定的颜色和材质（在 AutoCAD LT 中不可用）。

（12）多行文字：分解成文字对象。

（13）多面网格：单顶点网格分解成点对象；双顶点网格分解成直线；三顶点网格分解成三维面。

（14）面域：分解成直线、圆弧或样条曲线。

4.9.2　合并对象

1. 功　能

在 AutoCAD 2014 中对合并命令做了很大的功能提升，在较低的版本里面，比如 AutoCAD 2010 中，只能合并在同一直线上多条线段，但是在现有版本里面可以合并多种对象。

合并的功能主要是合并线性和弯曲对象的端点，以便创建单个对象。具体来说就是在其公共端点处合并一系列有限的线性和开放的弯曲对象，以创建单个二维或三维对象。产生的对象类型取决于选定的对象类型、首先选定的对象类型以及对象是否共面，如图 4.41 所示。

图 4.41　合并直线段

注意：构造线、射线和闭合的对象无法合并。

2. "合并"命令的调用方式

菜单栏：选择"修改"→"合并"命令；

工具栏：单击绘图工具栏中的"合并"按钮 ；

命令行：在命令行中输入"join"，按回车键。

3. 命令行提示选项介绍

（1）选择源对象或要一次合并的多个对象：选择直线、多段线、三维多段线、圆弧、椭圆弧、螺旋或样条曲线。

其中"源对象"：指定可以合并其他对象的单个源对象。按 Enter 键选择源对象以开始选择要合并的对象。以下规则适用于每种类型的源对象。"直线"：仅直线对象可以合并到源线。直线对象必须都是共线，但它们之间可以有间隙。"多段线"：直线、多段线和圆弧可以合并到源多段线。所有对象必须连续且共面，生成的对象是单条多段线。"三维多段线"：所有线性或弯曲对象可以合并到源三维多段线。所有对象必须是连续的，但可以不共面。产生的对象是单条三维多段线或单条样条曲线，分别取决于用户连接到线性对象还是弯曲对象。"圆弧"：只有圆弧可以合并到源圆弧。所有的圆弧对象必须具有相同半径和中心点，但是它们之间可以有间隙。从源圆弧按逆时针方向合并圆弧。"闭合"选项可将源圆弧转换成圆。"椭圆弧"仅椭圆弧可以合并到源椭圆弧。椭圆弧必须共面且具有相同的主轴和次轴，但是它们之间可以有间隙。从源椭圆弧按逆时针方向合并椭圆弧。"闭合"选项可将源椭圆弧转换为椭圆。"螺旋"：所有线性或弯曲对象可以合并到源螺旋。所有对象必须是连续的，但可以不共面，结果对象是单个样条曲线。"样条曲线"：所有线性或弯曲对象可以合并到源样条曲线。所有对象必须是连续的，但可以不共面。结果对象是单个样条曲线。

（2）一次选择多个要合并的对象：合并多个对象，而无须指定源对象。规则和生成的对象类型如下所示：

① 合并共线可产生直线对象。直线的端点之间可以有间隙。

② 合并具有相同圆心和半径的共面圆弧可产生圆弧或圆对象。圆弧的端点之间可以有间隙。以逆时针方向进行加长。如果合并的圆弧形成完整的圆，会产生圆对象。

③ 将样条曲线、椭圆圆弧或螺旋合并在一起或合并到其他对象可产生样条曲线对象。这些对象可以不共面。

④ 合并共面直线、圆弧、多段线或三维多段线可产生多段线对象。

⑤ 合并不是弯曲对象的非共面对象可产生三维多段线。

4.10　其他命令

在 AutoCAD 中还有一些其他命令，不常用但是在特定环境下使用可以为绘制图形带来便利。本节为用户介绍光顺曲线、拉长、删除重复对象这几个命令。

4.10.1　光顺曲线

1. 功　能

在两条选定直线或曲线之间的间隙中创建样条曲线；选择端点附近的每个对象。生成的样条曲线的形状取决于指定的连续性。选定对象的长度保持不变。有效对象包括直线、圆弧、椭圆弧、螺旋、开放的多段线和开放的样条曲线，如图 4.42 所示。

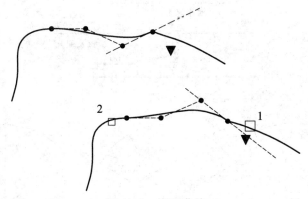

图 4.42　光顺曲线

2."光顺曲线"命令的调用方式

菜单栏：选择"修改"→"光顺曲线"命令；

工具栏：单击绘图工具栏中的"光顺曲线"按钮 ；

命令行：在命令行中输入"BLEND"，按回车键。

3. 命令提示选项介绍

执行光顺曲线命令，命令行将提示如下：

命令：_BLEND　　　　　　　　　//调用曲线光顺

连续性 = 平滑　　　　　　　　　//当前模式提醒

选择第一个对象或 [连续性（CON）]://设置连续性

输入连续性 [相切（T）/平滑（S）]<平滑>://连续性模式选择

选择第一个对象或 [连续性（CON）]：　　//选择第一个元素

选择第二个点：　　　　　　　　//选择第二个元素

在此过程中出现的各选项含义如下：

（1）选择第一个对象或连续性：选择样条曲线起点附近的直线或开放曲线。

（2）第二个对象：选择样条曲线端点附近的另一条直线或开放的曲线。

（3）连续性：在两种过渡类型中指定一种。其中"相切"：创建一条 3 阶样条曲线，在选定对象的端点处具有相切（G1）连续性。"平滑"：创建一条 5 阶样条曲线，在选定对象的端点处具有曲率（G2）连续性。如果使用"平滑"选项，请勿将显示从控制点切换为拟合点。此操作将样条曲线更改为 3 阶，这会改变样条曲线的形状。

4.10.2　拉　长

1. 功　能

拉长命令用于改变圆弧的角度，或改变非闭合对象的长度，包括直线、圆弧、非闭合多段线、椭圆弧和非闭合样条曲线等，如图 4.43 所示。

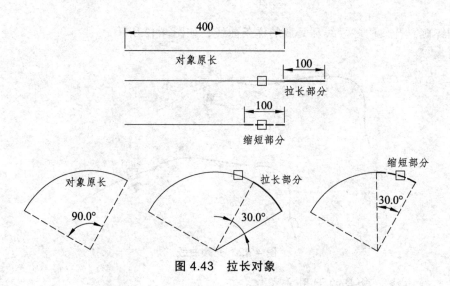

图 4.43　拉长对象

调用该命令后，系统将提示用户选择对象。选择了某个对象后，系统将显示该对象的长度，如果对象有包含角，则同时显示包含角度。

2. "拉长"命令的调用方式

菜单栏：选择"修改"→"拉长"命令；

命令行：在命令行中输入"lengthen"，按回车键。

3. 命令提示选项介绍

执行拉长命令，命令行将提示：

命令：_lengthen　　　　　//调用拉长命令

选择对象或 [增量（DE）/百分数（P）/全部（T）/动态（DY）]：　　//选择对象及选项提示

当前长度：88.0819　　　　//当前长度显示

输入长度增量或 [角度（A）] <0.0000>：//输入增量长度或者角度

选择要修改的对象或 [放弃（U）]：　　　//选择拉长对象

选择要修改的对象或 [放弃（U）]：　　　//继续选择拉长对象或者结束命令

在此过程中出现的各选项含义如下：

（1）增量：指定一个长度或角度的增量，并进一步提示用户选择对象。如果指定的增量为正值，则对象从距离选择点最近的端点开始增加一个增量长度（角度）；而如果用户指定的增量为负值，则对象从距离选择点最近的端点开始缩短一个增量长度（角度）。

（2）百分数：指定对象总长度或总角度的百分比来改变对象长度或角度，并进一步提示用户选择对象。如果指定的百分比大于 100，则对象从距离选择点最近的端点开始延伸，延伸后的长度（角度）为原长度（角度）乘以指定的百分比；而如果用户指定的百分比小于 100，则对象从距离选择点最近的端点开始修剪，修剪后的长度（角度）为原长度（角度）乘以指定的百分比。

（3）全部：指定对象修改后的总长度（角度）的绝对值，并进一步提示用户选择对象。指定的总长度（角度）值必须是非零正值，否则系统给出提示并要求用户重新指定。

（4）动态：指定该选项后，系统首先提示用户选择对象，然后打开动态拖动模式，并可动态拖动距离选择点最近的端点，然后根据被拖动的端点的位置改变选定对象的长度（角度）。在使用"动态"方法进行修改时，在按 Esc 或 Enter 键之前，可以重复动作。可连续选择一个或多个对象实现连续多次修改，并可随时选择"Undo（放弃）"选项来取消最后一次修改。

4.10.3 删除重复对象

1. 功 能

AutoCAD 2014 中删除重复对象可以删除重复或重叠的直线、圆弧和多段线。此外，该命令还合并局部重叠或连续的对象。

删除重复对象不仅可以处理重合的直线、圆、多段线等线性对象，还可以处理完全重叠的图块、文字、标注、面域等其他各类对象。此外，删除也并不是简单的删除，不仅需要对图形的图层、颜色、线型等相关属性进行判断，而且可以对部分重叠的二维和三维多段线、圆、圆弧、直线重合的部分进行删除或连接的功能。利用此功能不仅可以清除图纸中的冗余图形，而且可以避免由于图形重叠引起的编辑、打印等相关问题。

2."删除重复对象"命令的调用方式

菜单栏：选择"修改"→"删除重复对象"命令；
命令行：在命令行中输入"overkill"，按回车键。

3. 命令提示选项介绍

执行删除重复对象命令，命令行将提示：
命令：_overkill
选择对象：   //选择操作对象
选择对象：   //继续选择操作对象或结束选择，弹出如图 4.44 所示的删除重复对象对话框。

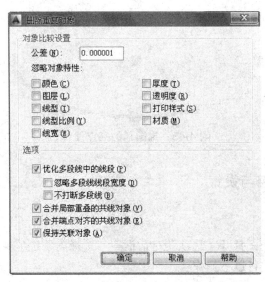

图 4.44 删除重复对象对话框

该对话框中各选项的含义介绍如下：

（1）对象比较设置。其中包含①公差：控制精度，OVERKILL 通过该精度进行数值比较。如果该值为 0，则在 OVERKILL 修改或删除其中一个对象之前，被比较的两个对象必须匹配。②忽略对象特性：选择这些对象特性以在比较过程中忽略颜色、图层、线型、线型比例、线宽、厚度、透明度、打印样式、材质等特性。

（2）选项：使用这些设置可以控制 OVERKILL 如何处理直线、圆弧和多段线。

① 优化多段线中的线段：选定后，将检查选定的多段线中单独的直线段和圆弧段。重复的顶点和线段将被删除。此外，OVERKILL 将各个多段线线段与完全独立的直线段和圆弧段相比较。如果多段线线段与直线或圆弧对象重复，其中一个会被删除。如果未选择此选项，多段线会作为 Discreet 对象而被比较，而且两个子选项是不可选的。其中选项"忽略多段线的线段宽度"：忽略线段宽度，同时优化多段线线段。"不打断多段线"：多段线对象将保持不变。

② 合并局部重叠的共线对象：重叠的对象被合并到单个对象。

③ 当共线对象端点对齐时，合并这些对象：将具有公共端点的对象合并为单个对象。

④ 保持关联对象：不会删除或修改关联对象。

4.11　夹点编辑

在 AutoCAD 中，当用户选中一个图形，图形上会出现一些蓝色的小方块，这些小方块就是图形的夹点，也可以称为控制点，可以通过拖动这些夹点改变图形的形状、位置等。在 AutoCAD 2014 中，夹点不再只是方块，选中一个椭圆弧时，不仅会出现方块，还会出现箭头，利用箭头可以改变弧长和半径，如图 4.45 所示。

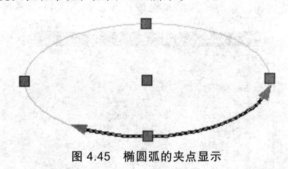

图 4.45　椭圆弧的夹点显示

4.11.1　常见夹点状态与设置

1. 夹点的设置

启用夹点设置的方法：打开"选项"对话框→"选择集"选项卡，如图 4.46 所示。

可以在该对话框中进行以下操作：

（1）改变夹点尺寸。

在"选择集"选项卡中，可以拉动刻度条来改变夹点的大小。

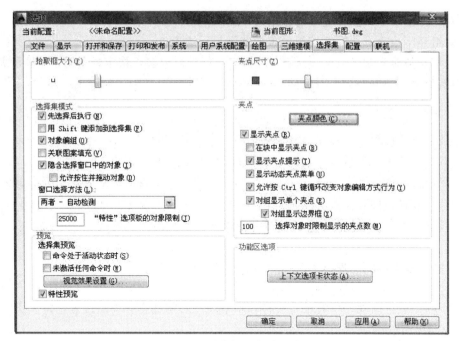

图 4.46 "选择集"选项卡

（2）改变夹点颜色。

点击"夹点颜色"按钮，可以弹出"夹点颜色"对话框，如图 4.47 所示。在该对话框中，可以对各状态夹点的颜色进行编辑。

图 4.47 "夹点颜色"对话框

（3）改变夹点显示状态。

具体包含以下选项的设置：

① 显示夹点：控制夹点在选定对象上的显示。在图形中显示夹点会明显降低性能。清除此选项可优化性能。

② 在块中显示夹点：控制块中夹点的显示。

③ 显示夹点提示：当光标悬停在支持夹点提示的自定义对象的夹点上时，显示夹点的特定提示。此选项对标准对象无效。

④ 显示动态夹点菜单：控制在将鼠标悬停在多功能夹点上时动态菜单的显示。

⑤ 允许按 Ctrl 键循环改变对象编辑方式行为：允许多功能夹点按 Ctrl 键循环改变对象编辑方式行为。

⑥ 对组显示单个夹点：显示对象组的单个夹点。

⑦ 对组显示边界框：围绕编组对象的范围显示边界框。

⑧ 选择对象时限制显示的夹点数：选择集包括的对象多于指定数量时，不显示夹点。有效值的范围为 1～32 767，默认设置是 100。

2. 夹点的状态

根据被选择的情形，夹点状态分为热、冷、温三种状态。

（1）温态：选定一个对象时，处于对象上的夹点即为温态夹点。

（2）热态：默认情况下，在一个选定的对象上拾取一个温态夹点，则该夹点就会变成一个实心的红色方框，即为热态夹点。

（3）冷态：不在当前选择集中的对象上的夹点即为冷态夹点。

4.11.2 夹点所在的位置

对象不同，夹点出现的位置也不一样，初学用户必须熟悉各夹点位置。常见图形元素夹点位置如表 4.1 所示。

表 4.1 不同图形元素夹点位置

实　　体	夹点位置
点	在点上
直线	两端点及中点
多段线	线的端点和节点
圆弧	端点、中点和圆心
形	插入点
宽线	四个节点
圆	四分点和圆心
多边形	端点
文本	插入点及第二对齐点
图块	插入点
属性	插入点
尺寸标注	标注文字中心和四个端点

4.11.3 常见的夹点编辑操作

下面将简单介绍一下夹点的常见操作。

1. 使用夹点拉伸对象

在 AutoCAD 2014 中，夹点是一种集成的编辑模式，提供了一种方便快捷的编辑操作途径。在不执行任何命令的情况下选择对象，显示其夹点，然后单击其中一个夹点作为拉伸的基点，命令行将显示如下提示信息：

** 拉伸 **

指定拉伸点或 [基点（B）/复制（C）/放弃（U）/退出（X）]：

默认情况下，指定拉伸点（可以通过输入点的坐标或者直接用鼠标指针拾取点）后，AutoCAD 将把对象拉伸或移动到新的位置。因为对于某些夹点，移动时只能移动对象而不能拉伸对象，如文字、块、直线中点、圆心、椭圆中心和点对象上的夹点。

2. 使用夹点移动对象

移动对象仅仅是位置上的平移，对象的方向和大小并不会改变。要精确地移动对象，可使用捕捉模式、坐标、夹点和对象捕捉模式。在夹点编辑模式下确定基点后，在命令行提示下输入"MO"进入移动模式，命令行将显示如下提示信息：

** 移动 **

指定移动点或 [基点（B）/复制（C）/放弃（U）/退出（X）]：

通过输入点的坐标或拾取点的方式来确定平移对象的目的点后，即可以基点为平移的起点，以目的点为终点将所选对象平移到新位置。

3. 使用夹点旋转对象

在夹点编辑模式下，确定基点后，在命令行提示下输入"RO"进入旋转模式，命令行将显示如下提示信息：

** 旋转 **

指定旋转角度或 [基点（B）/复制（C）/放弃（U）/参照（R）/退出（X）]：

默认情况下，输入旋转的角度值后或通过拖动方式确定旋转角度后，即可将对象绕基点旋转指定的角度。也可以选择"参照"选项，以参照方式旋转对象，这与"旋转"命令中的"参照"选项功能相同。

4. 使用夹点缩放对象

在夹点编辑模式下确定基点后，在命令行提示下输入"SC"进入缩放模式，命令行将显示如下提示信息：

** 比例缩放 **

指定比例因子或 [基点（B）/复制（C）/放弃（U）/参照（R）/退出（X）]：

默认情况下，当确定了缩放的比例因子后，AutoCAD 将相对于基点进行缩放对象操作。当比例因子大于 1 时放大对象；当比例因子大于 0 而小于 1 时缩小对象。

5. 使用夹点镜像对象

与"镜像"命令的功能类似，镜像操作后将删除原对象。在夹点编辑模式下确定基点后，在命令行提示下输入"MI"进入镜像模式，命令行将显示如下提示信息：

** 镜像 **

指定第二点或 [基点（B）/复制（C）/放弃（U）/退出（X）]：

指定镜像线上的第 2 个点后，AutoCAD 将以基点作为镜像线上的第 1 点，新指定的点为镜像线上的第 2 个点，将对象进行镜像操作并删除原对象。

4.11.4 注意事项

1. 夹点编辑模式进入方法

在"命令:"提示符下，选定要进行编辑的对象，该对象会有醒目的显示，同时对象上的夹点处于温态。选定一个夹点，该夹点进入热态，就进入了夹点编辑模式.

2. 夹点编辑模式切换方法

通过按回车键或空格键可以循环切换这五种模式（或单击鼠标右键，在弹出的快捷菜单中选择相应的模式类型）。

4.12 使用"特性"选项板编辑对象

在一些情况下，使用"特性"选项板编辑对象能够得到很好的效果，本节就"特性"选项板加以介绍。

4.12.1 打开"特性"选项板

用户要打开某个对象的"特性"选项板，需要进行以下三步操作：

（1）选中对象；

（2）点击鼠标右键，弹出快捷对话框，如图 4.48 所示；

（3）点击"特性"按钮，弹出"特性"选项板，如图 4.49 所示。

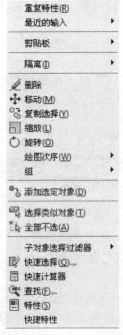

图 4.48 右键快捷对话框

图 4.49 "特性"选项板

4.12.2 "特性"选项板的设置内容

在"特性"选项板中，可以对以下内容进行设置。

（1）颜色：指定对象的颜色。在颜色列表中选择"选择颜色"将显示"选择颜色"对话框，可以对选择对象的颜色加以更改。

（2）图层：指定对象的当前图层。该列表显示当前图形中的所有图层。

（3）线型：指定对象的当前线型。该列表显示当前图形中的所有线型。

（4）线型比例：指定对象的线型比例因子。不同的线型比例因子的效果参见图4.50。

图 4.50　不同线型比例的线型图

（5）打印样式：列出"普通""BYLAYER""BYBLOCK"以及包含在当前打印样式表中的任何打印样式。

（6）线宽：指定对象的线宽。该列表显示当前图形中的所有可用线宽。

（7）超链接：将超链接附着到图形对象。如果超链接指定有说明，将显示此说明。如果没有指定说明，将显示 URL 地址（参见 HYPERLINK）。

（8）透明度：指定对象的透明度。

（9）厚度：设置当前的三维厚度。此特性并不适用于所有对象，如图4.51所示。

要更改"特性"选项板中的数值，在下列方法中选择一种即可。

（1）输入新值。

（2）单击右侧的向下箭头并从列表中选择一个值。

（3）单击"拾取点"按钮，使用定点设备更改坐标值。

（4）单击"快速计算器"计算器按钮可计算新值。

厚度样例

图 4.51　厚度设置

（5）单击左或右箭头可增大或减小该值。

（6）单击 […] 按钮并在对话框中更改特性值。要更改选定直线的任意端点，可在"特性"选项板的"几何图形"参数栏下方输入新的端点坐标，然后按回车键即可。不过这种方法只有在知道端点绝对坐标时才有用。

"特性"选项板上的参数设置会根据所选对象的不同而有所区别。

如果没有选中对象，则只能看到这个图形的全局特性，比如 UCS、当前图层和视口数据等。可以在"特性"选项板打开后，再选择对象，这个对象的数据就会在"特性"选项板中显示出来。

如果选择了一个或同一类的对象（例如全部是直线段），还可以看到这类对象的通用信息和该对象的图形信息。

4.13　使用"特性匹配"

在绘制图形的过程当中，用户经常会遇到画错图层的问题，每次都要选中对象并通过"图层"工具栏才能修改，还有包括线性比例的设置等，这种方法效率低，操作烦琐，因此本节给用户介绍一种相对简便的方法。

4.13.1 "特性匹配"的作用

其实 Auto CAD 中的特性匹配工具是一个使用上非常方便的编辑工具，它对于同类对象的编辑显得非常有用。该命令的作用是将源对象的特性，包括其不同的颜色、图层、线型、线型比例等要素，全部赋给目标对象。

4.13.2 "特性匹配"的调用方式

"特性匹配"命令常用的调用方式有以下几种：
（1）菜单栏：选择"修改"→"特性匹配"命令；
（2）工具栏：单击绘图工具栏中的"特性匹配"按钮；
（3）命令行：在命令行中输入"matchprop"，按回车键。

4.13.3 "特性匹配"的使用方式

调用"特性匹配"命令，命令行将有以下提示：
命令：'_matchprop   //调用"特性匹配"命令
选择源对象：   //选择要复制的特性的源对象
当前活动设置：颜色 图层 线型 线型比例 线宽 透明度 厚度 打印样式 标注文字 图案填充 多段线 视口 表格 材质 阴影显示 多重引线   //系统提示当前可以复制传递的特性类型
选择目标对象或 [设置（S）]: S   //选择要进行特性匹配的对象，或输入 S 进入设置选项，更改可以匹配的特性类型
进入设置选项后，系统将打开"特性设置"对话框，如图 4.52 所示。对话框内，勾选的选项为可以匹配的特性类型，可以勾选相应的选项。

图 4.52 "特性设置"对话框

当前活动设置：颜色 图层 线型 线型比例 线宽 透明度 厚度 打印样式 标注文字 图案填充 多段线 视口 表格材质 阴影显示 多重引线
选择目标对象或 [设置（S）]: //选择要进行特性匹配的对象

选择目标对象或 [设置（S）]：   //继续选择要进行特性匹配的对象，或右键或回车结束命令。

在该对话框中，各选项含义如下：

1. 基本特性

（1）颜色：将目标对象的颜色更改为源对象的颜色。此选项适用于所有对象。

（2）图层：将目标对象的图层更改为源对象的图层。此选项适用于所有对象。

（3）线型：将目标对象的线型更改为源对象的线型。此选项适用于除属性、图案填充、多行文字、点和视口之外的所有对象。

（4）线型比例：将目标对象的线型比例因子更改为源对象的线型比例因子。此选项适用于除属性、图案填充、多行文字、点和视口之外的所有对象。

（5）线宽：将目标对象的线宽更改为源对象的线宽。此选项适用于所有对象。

（6）透明度：将目标对象的透明度更改为源对象的透明度。此选项适用于所有对象。

（7）厚度：将目标对象的厚度更改为源对象的厚度。此选项仅适用于圆弧、属性、圆、直线、点、二维多段线、面域和文字。

（8）打印样式：将目标对象的打印样式更改为源对象的打印样式。如果正在使用颜色相关打印样式模式（系统变量 PSTYLEPOLICY 设置为 1），此选项将不可用。此选项适用于所有对象（应用抖动边修改器的对象除外）。

2. 特殊特性

（1）标注：除基本的对象特性外，还将目标对象的标注样式和注释性特性更改为源对象的标注样式和特性。此选项仅适用于标注、引线和公差对象。

（2）多段线：除基本的对象特性之外，将目标多段线的宽度和线型生成特性更改为源多段线的宽度和线型生成特性。源多段线的拟合/平滑特性和标高不会传递到目标多段线。如果源多段线具有不同的宽度，则其宽度特性不会传递到目标多段线。

（3）材质：除基本的对象特性之外，将更改应用到对象的材质。如果没有为源对象而是为目标对象指定了材质，则将从目标对象中删除材质。

（4）文字：除基本的对象特性外，还将目标对象的文字样式和注释性特性更改为源对象的文字样式和特性。此选项仅适用于单行文字和多行文字对象。

（5）视口：除对象的基本特性，还更改以下目标图纸空间视口的特性以匹配源视口的相应特性：开/关、显示锁定、标准或自定义比例、着色打印、捕捉、栅格以及 UCS 图标的可见性和位置。

另外，不会传输以下视口设置：剪裁、冻结/解冻图层状态、每个视口的 UCS。

（6）阴影显示：除基本的对象特性之外，将更改阴影显示。对象可以投射阴影、接收阴影、投射和接收阴影或者忽略阴影。

（7）图案填充：除基本的对象特性外，还将目标对象的图案填充特性（包括其注释性特性）更改为源对象的图案填充特性。要与图案填充原点相匹配，请使用 HATCH 或 HATCHEDIT 命令中的"继承特性"。此选项仅适用于图案填充对象。

（8）表：除基本的对象特性之外，将目标对象的表样式更改为源对象的表样式。此选项仅适用于表对象。

（9）多重引线除基本对象特性外，还将目标对象的多重引线样式和注释性特性更改为源对象的多重引线样式和特性。此选项仅适用于多重引线对象。

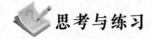 **思考与练习**

1. 思考题

（1）解释偏移命令的用途。

（2）使用缩放命令，需要输入什么数据才能使对象增大 50%？增大到现在尺寸的 3 倍？减小到现在尺寸的一半？

（3）阵列复制的三种类型各有何不同？

（4）延伸命令的功能是什么？该命令中"角度（A）""距离（D）"选项有何不同？

（5）使用删除命令和分解命令的区别是什么？

（6）当使用夹点（或称界标点）时，哪些编辑功能是适用的？

2. 练习题

（1）用阵列等命令绘制图 4.53 所示的图形。

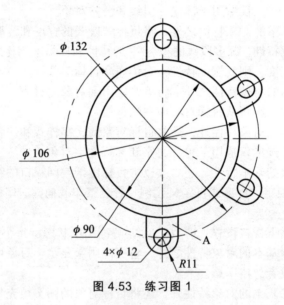

图 4.53　练习图 1

（2）用阵列和旋转等命令绘制图 4.54 所示的图形。

（3）用圆角、倒角、镜像等命令绘制图 4.55 所示的图形。

（4）用镜像、对齐和阵列等命令绘制图 4.56 所示的图形。

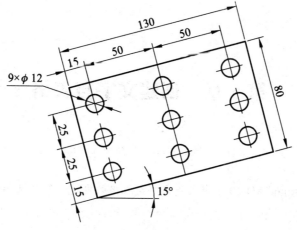

图 4.54　练习图 2

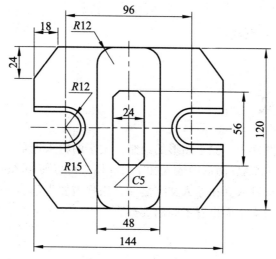

图 4.55　练习图 3

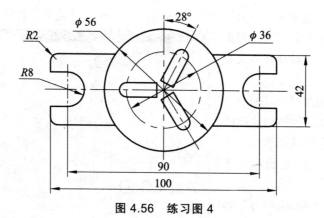

图 4.56　练习图 4

第5章 创建文字与表格

【本章导读】

本章将详细介绍 AutoCAD 2014 中文版文字与表格的创建、编辑及其基本操作和使用要点。

【本章要点】

（1）AutoCAD 2014 文字的创建。

（2）文字的编辑。

（3）Auto 2014 表格的创建。

（4）表格的编辑。

5.1 创建文字样式

在一张完整的工程图样中，除了图形的绘制，文字的输入也是必不可少的，它是生产、施工的重要依据。在 AutoCAD 图形中输入文字时，用户可以使用 AutoCAD 提供的文字样式或自定义的文字样式进行输入。在输入文字之前，用户需要先创建一个或多个文字样式，用于输入因需要显示不同的文字而设置不同的类型。

5.1.1 文字样式

文字样式用于设置字体、字体高度、倾斜角度、方向和其他文字特征，并且控制了文字的大多数特性，决定了文字的外观形式，图形中的所有文字都具有与之相关联的文字样式。

文字样式可以通过"文字样式"对话框进行相关设置，包括创建新的文字样式、显示文字样式的名称、重命名已有的文字样式以及删除文字样式等。

"Standard"和"Annotative"是系统内置的两种文字样式，"Standard"文字样式为默认样式，如图 5.1 所示。用户也可以根据需要创建新的文字样式。

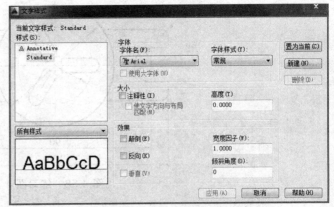

图 5.1 默认"文字样式"对话框

5.1.2 "文字样式"对话框启动方式

（1）在菜单栏选择"格式"→"文字样式"命令，打开"文字样式"对话框；
（2）在工具栏单击"样式"工具栏按键 $A_{\prime}$ ；
（3）在命令行输入"STYLE"→按 Enter 键；
（4）快捷键："ST"。

5.1.3 AutoCAD 字体

AutoCAD 2014 中有两大类字体：一类是 Windows 标准的"TrueType"字体；另一类是 AutoCAD 特有的矢量字体，后缀名为".shx"，两者不仅在显示上有一定的区别，在兼容性、美观、中英文和占用系统资源等方面也都有各自的特点。

1. TrueType 字体

（1）兼容性。

TrueType 字体是 Windows 系统支持的字体,在各种应用软件中得到广泛的支持,Windows 系统提供了大量的 TrueType 字体，采用这些字体，更换计算机后字体可以正常显示。

（2）支持中英文。

TrueType 字体同时支持中英文。

（3）美观性。

汉字、英文、数字位于同一个字体文件中，字体大小统一规范，字体具有填充效果，且放大时边界清晰，字体美观。

（4）占用系统资源。

TrueType 字体占用系统资源（CPU、内存）较多，大量使用时会影响文件显示、编辑和打印的速度，会使其变慢。

2. SHX 字体

SHX 字体分为大字形和小字形两种。

大字形字体又称大字体文件，用于标注双字节的亚洲文字（如中文、日文、韩文等）。AutoCAD 2014 中共有 13 种大字体文件，其中"gbcbig.shx"为支持简体中文的大字体文件。另外，网上也可以找到其他常用的支持简体中文的大字体文件，如 hztxt.shx、hzfs.shx 等。

小字形字体又称为常规字体文件,用于标注西文,如 txt.shx、gbeitc.shx（斜体）、gbenor.shx（正体）等。

字体的字库名及字库特性相关联、相对应，AutoCAD 2014 常用字体说明如表 5.1 所示。

（1）兼容性。

AutoCAD 2014 提供的大字体文件，只有"gbcbig.shx"支持简体中文。采用这种字体时个别对齐方式会有不足之处，由于这种字体可以自定义，网上可以找到很多相关的字体。用户可根据自行喜好下载使用，但因为不是自带的字体文件，同样的图形文件，换台计算机图中文字可能无法正常显示，其兼容性不是很好。

（2）支持中英文。

在 AutoCAD 2014 的文字样式中，小字形文件"txt.shx"是其默认的字体，用户需要将其更改为支持简体中文的大字体文件"gbcbig.shx"后，才能支持中文。

（3）美观性。

SHX 字体不够美观，但在工程中尚可满足需要。SHX 字体是 AutoCAD 2014 特有的矢量字体，字体由线条构成（线字体），不填充。

（4）占用系统资源。

SHX 字体 TrueType 字体占用系统资源较少，具有较高的编辑、显示和打印速度。

表 5.1 AutoCAD 2014 常用字体说明

序号	AutoCAD 汉字矢量字库	
	字库名	字库特性
1	Cbs-hztxt.shx	汉字简体（仿宋），中英文单线，英文稍大
2	Chin2.shx	汉字宋体，中英文单线，英文小
3	China.shx	汉字宋体空心，英文单线，中英文大小统一
4	Chinese.shx	汉字仿宋体单线，英文单线，中英文大小统一
5	complex.shx	不支持中文，英文双线
6	FS64f.shx	汉字简体（楷体）空心字，英文单线，稍大
7	FS64s.shx	汉字简体（楷体）实心字，英文单线，大小一致
8	Fstxt.shx	汉字仿宋体单线，英文单线，中英文大小统一
9	gbcbig.shx	汉字简体（长仿宋）单线，英文三线，稍宽
10	gothice	哥特式英文字体
11	gothicg	哥特式德文字体
12	gothici	哥特式意大利文字体
13	greekc	这种字体是 Greek 字体的繁体（双笔画，有衬线）
14	greeks	这种字体是 Greek 字体的简体（单笔画，无衬线）
15	hhzfs.shx	汉字楷体实心，英文单线，英文稍大
16	hhzft.shx	汉字楷体空心，英文单线，英文稍大
17	hhzftxt.shx	汉字仿宋体单线，英文单线，中英文大小统一
18	ht.shx	汉字黑体空心，英文单线，大小一致
19	hts.shx	汉字黑体实心，英文单线，大小一致
20	Hzdg.shx	汉字简体（仿宋），中英文单线，英文稍大
21	Hzdx.shx	汉字简体（楷体），中英文单线，大小一致
22	Hzfs.shx	汉字简体（仿宋），中英文单线，英文稍大
23	hznum.shx	汉字幼体，中英文单线，大小完全一致
24	hztxt.shx	汉字简体（长宋体）单线，英文单线，大小不一

序号	AutoCAD 汉字矢量字库	
	字库名	字库特性
25	Hztxt0.shx	汉字仿宋体单线，英文单线，大小一致
26	Hztxtb.shx	汉字简体（仿宋），中英文单线，大小一致
27	Hztxts.shx	汉字简体（仿宋）双线，英文单线，大小一致
28	hztxz1.shx	汉字简体（宋体）英文单线，大小一致
29	Hztxz2.shx	汉字简体（宋体）空心字，英文单线，大小统一
30	italicc	这种字体是 italic 字体的繁体（双笔画，有衬线）
31	italict	这种字体是三笔画的 italic 字体（三笔画，有衬线）
32	kkhz.shx	汉字简体（长楷体）空心字，英文单线，英文稍大
33	kshz.shx	汉字简体（长宋体）空心字，英文单线，大小统一
34	Kt64f.shx	汉字简体（楷体）空心字，英文空心字，大小统一
35	monotxt	等宽的 txt 字体。在这种字体中，除了分配给每个字符的空间大小相同（等宽）以外，其他所有的特征都与 txt 字体相同。因此，这种字体尤其适合于书写明细表或在表格中需要垂直书写文字的场合
36	pdahztxt.shx	汉字简体（仿宋带边）单线，英文双线，大小统一
37	romanc	这种字体是 roman 字体的繁体（双笔画，有衬线）
38	romand	这种字体与 romans 字体相似，但它是使用双笔画定义的。该字体能产生更粗、颜色更深的字符，特别适用于在高分辨率的打印机（如激光打印机）上使用
39	romans	这种字体是由许多短线段绘制的 roman 字体的简体（单笔画绘制，没有衬线）。该字体可以产生比 txt 字体看上去更为单薄的字符
40	romant	这种字体是与 romanc 字体类似的三笔画的 roman 字体（三笔画，有衬线）
41	scriptc	这种字体是 script 字体的繁体（双笔画）
42	scripts	这种字体是 script 字体的简体（单笔画）
43	St64f.shx	汉字简体（方宋体）空心字，英文单线，大小不统一
44	syastro	天体学符号字体
45	symap	地图学符号字体
46	symath	数学符号字体
47	symeteo	气象学符号字体
48	Symusic	音乐符号字体
49	Tcc-chia.shx	汉字简体（长宋体）空心字，英文单线，大小统一
50	Tcc-hzdx.shx	汉字简体（长宋体），中英文单线，大小统一
51	txt	标准的 AutoCAD 文字字体。这种字体可以通过很少的矢量来描述，它是一种简单的字体，因此绘制起来速度很快，txt 字体文件为 txt.shx

5.1.4 定义文字样式

如图 5.1 所示的"文字样式"默认对话框包含了对文字的各项选择，其各部分功能如下：

1."样式"列表

显示图形中的样式列表，样式名前的 ▲ 图标指示样式为"注释性"。只有当图 5.1 中间"大小"选项区域"大小（注释性）"前勾选的时候才会在样式列表中样式名前显示这个图标，反之，则没有。

2."样式列表过滤器"下拉列表

点击指定"样式"列表的下三角，可以选择显示图形中的所有样式，还是仅显示正在使用中的样式。

3. 文字样式预览框

该预览框动态显示字体更改和效果修改后的文字显示效果。

4. 字体选项区

用于更改样式的字体。如果更改现有文字样式的方向或字体文件，当图形重新生成时，所有具有该样式的文字对象都将应用新的设置。该选项区域中各部分功能如下：

（1）"字体名"下拉列表框。

此下拉列表列出了所有已注册的 TrueType 字体和支持西文字体的小字形 SHX 字体的清单。带有双"T"图标的字体是 Windows 系统提供的 TrueType 字体，其他字体是 AutoCAD 2014 特有的字体。

（2）"字体样式"下拉列表。

"字体样式"用于选择字体格式，如粗体、粗斜体、斜体和常规等。不同的 TrueType 字体出现的样式是不同的，有的只有"常规"一种样式。

（3）"使用大字体"复选框。

只有在"字体名"下拉列表框中指定了 SHX 字体时，此选项才能使用。勾选"使用大字体"后，"字体样式"下拉列表框将变为"大字体"下拉列表框，可以从下拉列表框中选中一种大字体。

5."大小"选项区域

（1）"注释性"复选项。

选择此项，该文字样式将具有"注释性"，从而能通过调整注释比例使文字以正确的大小在图纸上显示或打印。

（2）"使文字方向与布局匹配"复选项。

指定图纸空间视图中的文字方向与布局方向匹配。如果"注释性"选项未被选择，则该选项不可用。

（3）"文字高度"文本框。

用于指定文字的高度。如果将其设置为"0"，则在创建文字时会提示设置文字高度。如果定义文字时已输入大于"0"的数值，而在使用时将不再提示设置文字高度，其高度将固定为在文字样式中设定的高度。在相同的高度设置下，TrueType 字体显示的高度可能会大于 SHX 字体显示的高度。

6.“效果”选项区域

该区域可以设置文字的显示效果，具体功能如下：

（1）“颠倒”复选项。

设置文字上下翻转显示。

（2）“反向”复选项。

设置文字左右翻转显示。

（3）“垂直”复选项。

设置文字垂直书写。

（4）“宽度因子”文本框。

设置文字字符的宽度和高度之比。当宽度因子为1时，系统将按照默认的宽高比显示文字；如果宽度因子小于1时，字符将会变窄；如果宽度因子大于1，字符将会变宽。

（5）“倾斜角度”文本框。

设置文字的倾斜角度。

其中各字体样式如图5.2所示。

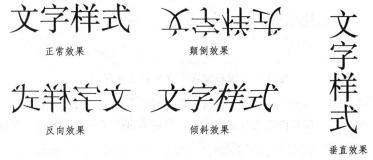

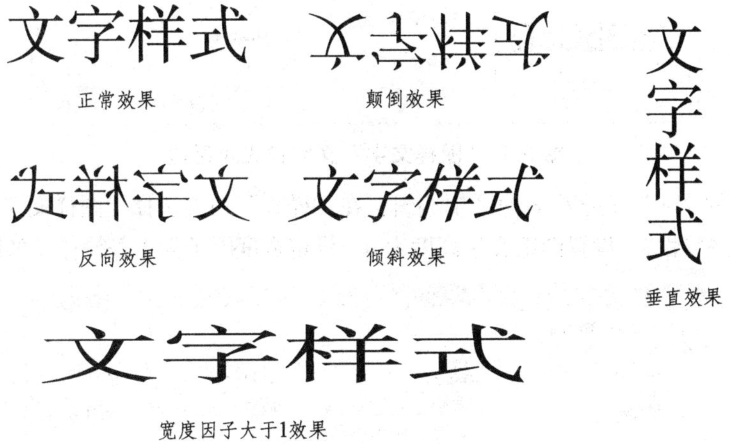

图 5.2　字体样式

7.“置为当前”按钮

将“样式”列表中选定的样式置为当前文字样式。

8.“新建”按钮

该按钮将打开“新建文字样式”对话框，用户可使用默认的样式名，也可对其样式名重新命名，如图5.3所示。样式名最长可达255个字符，名称中可包含字母、数字、中文字符和特殊字符，如美元符号（$）、下划线（_）和连字符（-）等。

9.“删除”按钮

删除未使用的文字样式。

图 5.3　“新建文字样式”对话框

10.“应用”按钮

将对话框中样式更改应用到“样式”列表中选中的文字样式和图形中使用该样式的文字。

5.1.5 创建文字样式和选择字体

1. 创建文字样式的步骤

（1）在菜单栏选择"格式"→"文字样式"命令，从而打开"文字样式"对话框。

（2）单击"新建"按钮，打开"新建文字样式"对话框。

（3）输入"图样文字"文字样式名，如图 5.3 所示，单击"确定"按钮，返回"文字样式"对话框，如图 5.4 所示。

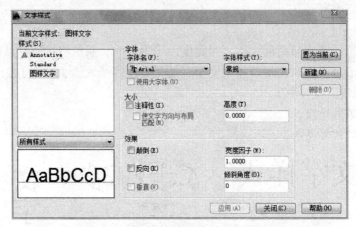

图 5.4 "图样文字"文字样式对话框

（4）对"图样文字"文字样式对话框编辑：在"样式"列表选择"图样文字"即作为当前文字样式；勾选"注释性"、设置图纸文字高度为 0、设定宽度因子为 1 等操作，如图 5.5 所示。

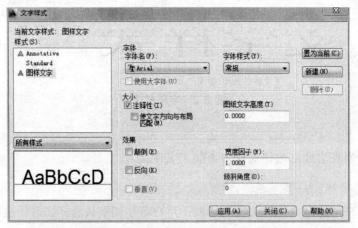

图 5.5 "图样文字"文字样式对话框

（5）单击"应用"按钮，完成创建文字样式。

（6）单击"关闭"按钮，退出"文字样式"对话框，结束命令。

根据上述操作，创建"宋体"和"标注"两种文字样式类型，并设置相关参数，以便后期使用。

2. 选择字体

根据需要，参照 5.1.3 小节介绍，选择相应的字体。

5.2 创建和编辑文字

5.2.1 创建文字

1. 创建单行文字

1）命令的执行方式

（1）菜单栏："绘图"→"文字"→"单行文字"。

（2）菜单栏："工具"→"工具栏"→"AutoCAD"→"文字"，过程如图 5.6 所示，从而得到"文字"工具条，如图 5.7 所示。

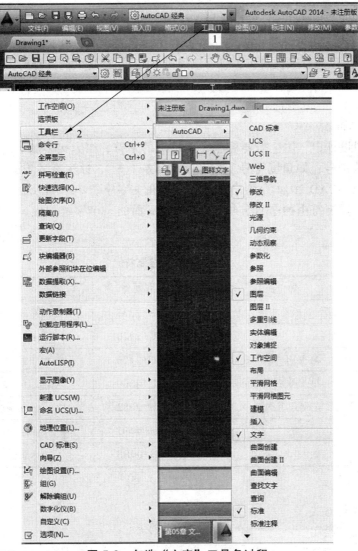

图 5.6　勾选"文字"工具条过程

图 5.7　"文字"工具条

（3）命令行：在命令行中输入"text"。

2）命令行提示

命令：　　　　　　　　//输入"text"→按 Enter 键

当前文字样式：　　　　//对标注、文字高度、注释性、对齐方式等进行选择操作设计

指定文字的起点或[对正（J）/样式（S）]：　　　//指定文字的起点或选项

指定文字高度<2.5>：3.5　　　//设置为 3.5

指定文字的旋转角度<0>：　　　//旋转角度值为 0

输入文字：　　　//输入文字内容，在第一行末尾按 Enter 键换行

输入文字：　　　//继续输入另一行文字，或者连续按两次 Enter 键，结束命令

3）选项

（1）文字的起点：鼠标在绘图区预输入文字处点击鼠标左键，作为输入文字的起点，一般左对齐创建文字。

（2）对正：可以通过默认对正，也可以通过 AutoCAD 提供的多种对正方式对正。

（3）样式：用户可以直接输入样式名称。当不清楚有哪些样式或样式名称是什么时，也可以在命令行输入"？"进行查询。

4）文字控制符

在实际绘图设计中，往往需要标注一些特殊的字符，如为文字加上划线和下划线，在文字中插入特殊符号，如角度符号（°）、正负公差（±）、标注直径（φ）等。这些符号无法直接输入，AutoCAD 2014 为用户提供了通过在文字字符串中插入控制符的方式来输入特殊字符。每个控制符由两个百分号（%%）及后面的一个字符构成，列举常用控制符如表 5.2 所示。

表 5.2　常用控制符

控制符	功　能	控制符	功　能
%%O	打开或关闭文字上划线	\U+2238	标注（≈）符号
%%U	打开或关闭文字上划线	\U+2220	标注角度（∠）符号
%%D	角度符号（°）	\U+2126	标注欧姆（Ω）符号
%%C	标注直径（φ）	\U+2260	标注不相等（≠）符号
%%P	正负公差符号（±）	\U+2082	标注下标 2 符号
%%%	标注%	\U+00B2	标注上标 2 符号
		\U+00B3	标注上标 3 符号

2. 创建多行文字

1）命令的执行方式

（1）菜单栏："绘图"→"文字"→"多行文字"。

（2）菜单栏："工具"→"工具栏"→"AutoCAD"→"修改"→"文字"，然后单击按键 **A**，过程类似图 5.6 和图 5.7 所示。

（3）命令行：在命令行中输入"mtext"。

（4）快捷键："MT"。

2）命令行提示

命令：   //输入"mtext"→按 Enter 键

当前文字样式：   //对宋体、文字高度、注释性等进行选择操作设计

指定第一个角点：

指定对角点：

通过上面两个点确定的矩形范围为输入文字显示范围。

3）选项

（1）高度：设置文本的高度。

（2）对正：设置多行文本的排列形式。选择该选项后，AutoCAD 将提示：输入对正式[左上（TL）/中上（TC）/右上（TR）/左中（ML）正中（MC）右中（MR）左下（BL）中下（BC）右下（BR）]<左上（TL）]:。

（3）行距：设置多行文字的行间距。选择该选项后，AutoCAD 将提示：输入行距类型[至少（A）/精确（E）]<至少（A）>:。

（4）旋转：设置文字的旋转角度。

（5）样式：设置多行文字的字体样式。

（6）宽度：设置多行文字行的宽度。

（7）栏：显示栏的选项。

以上设置大部分可以在"文字格式"工具栏和文字输入窗口中完成，方便快捷，无须在命令行中设置这些选项，如图 5.8 所示。

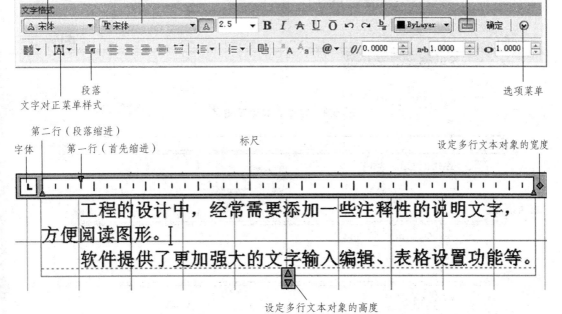

图 5.8　多行文字"文字格式"工具条和输入窗口

3."文字格式"工具栏

使用"文字格式"工具栏可以设置多行文字的文字样式、文字字体、文字高度、加粗、加下划线、倾斜、文字颜色、分栏、对正等效果，其含义与 Word 编辑软件类似。个别选项及功能介绍如下：

（1）"样式"下拉列表框。

选择之前创建好的文本样式，体现在输入文本的显示上。如果将新样式应用到现有的多行文字对象中，字体、高度、粗体或斜体属性等字符格式将被替代，堆叠、下划线和颜色属性将保留在应用了新样式的字符中。

（2）"注释性"按钮。

打开或关闭当前多行文字对象的"注释性"。

（3）"文字高度"文本框。

设定新文字的字符高度或更改选定文字的高度。多行文字对象可以包含不同高度的字符。

（4）"堆叠"按钮。

创建方法为：将需要作为分子与分母的文本用堆叠符号（/、#、^）隔开，然后选中这部分内容单击"堆叠"按钮，其中在堆叠符号前面的将作为分子，在后面的将放在分母位置，堆叠的选项及设置如图 5.9 所示。"堆叠"可以创建出分数表达形式和上下偏差的表达效果，对应的效果如图 5.10 所示。

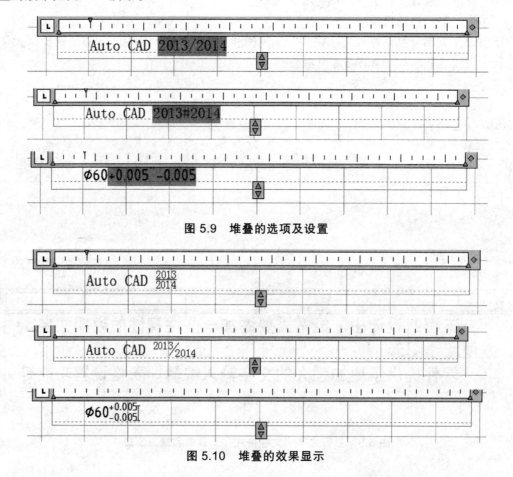

图 5.9　堆叠的选项及设置

图 5.10　堆叠的效果显示

— 164 —

4. 文字格式输入窗口

（1）文字输入方式。

在多行文字的文字输入窗口中，可以直接输入多行文字，也可以在文字输入窗口中单击鼠标右键，从弹出的快捷菜单中选择"输入文字"命令，从而将已经在其他文字编辑器中创建好的文字内容直接导入到当前图形中。

（2）换行或换段落。

在文字输入窗口中，在输入过程中，系统会以默认的输入区域的长度为参考自动换行，或者按 Shift 键 + Enter 键可以强制换行；按 Enter 键即可另起一段。

（3）退出多行文字输入。

如果要退出多行文字输入，单击"文字格式"工具栏中的"确定"按钮，或在绘图区空白处单击鼠标右键，即可完成多行文字输入，从而退出多行文字操作。

（4）标尺。

可以通过标尺设置首行文字及段落文字的缩进，还可设置制表位。

（5）第一行（首行缩进）与第二行（段落缩进）。

手动标尺上第一行的缩进滑块，可以改变所选段落第一行的缩进位置；手动标尺上第二行的缩进滑块，可以改变所选段落其余行的缩进位置。

（6）调整多行文本的宽度。

通过手动文本输入窗口最左侧的滑块，可以动态调整多行文本的宽度，已经录入的文本将自动调整以适应新的文本宽度。

5. "文字格式"工具栏选项菜单

在"文本格式"工具栏中单击"选项"按钮，打开多行文字的选项菜单，可以对多行文本进行更多的设置。在文字输入窗口中单击鼠标右键，弹出一个快捷菜单，该快捷菜单[见图 5.11（b）]与左键"文字格式"工具栏中"选项"菜单按钮所得列表[见图 5.11（a）]功能相同。

（a）"文字格式"工具栏选项菜单　　　　（b）文字输入窗口右键菜单

图 5.11　"文字格式"工具选项菜单

5.2.2 编辑文字

1. 编辑单行文字

单行文本的编辑可以采用以下几种方式：

（1）菜单栏："修改"→"对象"→"文字"，弹出命令可以对单行文本的内容、字体、高度、对正方式进行重新编辑，文本对象特性编辑过程如图 5.12 所示。

（2）打开"特性"选项板进行修改编辑。

（3）如果只对单行文本的内容进行编辑，可以直接双击该文本进入文字编辑状态，然后修改或重新输入其内容。

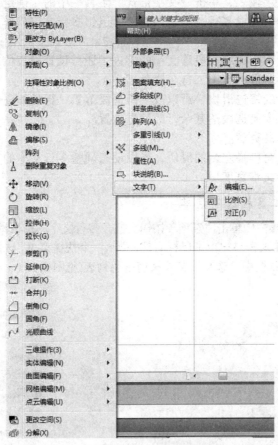

图 5.12　文本对象特性编辑过程

2. 编辑多行文字

多行文本的编辑可以采用以下几种方式：

（1）与单行文本的编辑相同，即菜单栏："修改"→"对象"→"文字"，弹出命令可以对多行文本的内容、字体、高度、对正方式进行重新编辑，文本对象特性编辑过程如图 5.12 所示。

（2）打开"特性"选项板进行修改编辑。

（3）如果多行文本的内容进行编辑，可以直接双击该多行文字，可以打开"文字格式"工具栏和文字输入窗口，进入文字编辑状态。

5.3 创建表格样式

5.3.1 表格样式

表格对象的外观由"表格样式"控制。通过"表格样式"的创建和设置可以确定所有新表格的外观，表格样式包括表格的背景颜色、页边距、边界、文字以及其他表格特征。默认情况下，系统内置了"Standard"表格样式，用户可以根据需要创建新的表格样式。AutoCAD 2014 的表格分为三部分：标题、表头、数据，使用表格样式可以对这三者分别进行编辑修改。

5.3.2 "表格样式"对话框

1."表格样式"对话框启动

"表格样式"对话框启动方式有如下三种：

（1）菜单栏："格式"→"表格样式"；

（2）工具栏：单击"样式"工具栏按钮；

（3）命令行：输入"TABLESTYLE"→按 Enter 键。

执行上述任一项命令，都可以得到如图 5.13 所示的"表格样式"对话框。

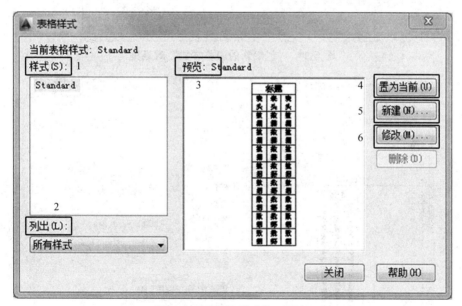

图 5.13 "表格样式"对话框

2."表格样式"对话框功能

（1）"样式"列表。

显示表格样式列表。

（2）"列出"选项区域。

指定"表格样式"中显示图形中为所有样式，还是仅显示图形中正在使用中的样式。

（3）"预览"区域。

显示"样式"列表中选定样式的预览图像。

（4）"置为当前"按钮。

将"样式"列表中选定的表格样式设定为当前样式。所有新表格都将使用此表格样式创建。

（5）"新建"按钮。

单击"新建"按钮后，系统弹出"创建新的表格样式"对话框，从中可以定义新的表格样式名称，如图 5.14 所示。在定义新的表格样式名称后，单击"继续"按钮，进入"新建表格样式"对话框，如图 5.15（a）所示。

（6）"修改"按钮。

在"表格样式"的"样式"列表中，选中要修改的表格样式名，单击"修改"按钮后，系统弹出"修改表格样式"对话框，如图 5.15（b）所示，"修改表格样式"对话框与"新建表格样式"对话框基本相同，从中可以修改选中的表格样式。

图 5.14 "创建新的表格样式"对话框

（a）"新建表格样式"对话框

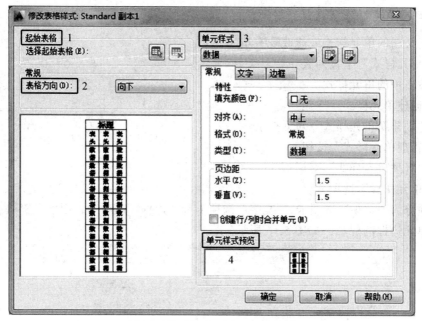

（b）"修改表格样式"对话框

图 5.15　"新建表格样式"与"修改表格样式"对话模式的区别

（7）"删除"按钮。

删除"样式"列表中选定的表格样式，不能删除图形中正在使用的样式。

5.3.3　新建和修改表格样式

在图 5.15"修改建表格样式"对话框中标出了相应功能所在区域。"修改表格样式"对话框中各部分选项功能如下：

1. "起始表格"选项区域

用户可以在图形中指定一个表格，并以此为样例来设置表格样式的格式；选择表格后，可以指定要从该表格复制到表格样式的结构和内容；使用"删除表格"图标，可以将表格从当前指定的表格样式中删除。

2. "常规选项"区域

"表格方向"下拉列表的相关选项及预览。

（1）"向下"选项。

创建由上而下读取的表格，即标题行、表头行位于表格的顶部。单击"插入行"并单击"下"时，将在当前行的下面插入新行。创建标题栏表格时可以采用此方法。

（2）"向上"选项。

创建由下而上读取的表格，即标题行、表头行位于表格的底部。单击"插入行"并单击"上"时，将在当前行的上面插入新行。创建明细表表格时可以采用此方法。

（3）"预览"区域。

显示当前表格样式设置效果。

3."单元样式"选项区域

用于定义新的单元样式或修改现有单元样式。

（1）"单元样式"下拉列表。

显示表格中的单元样式。

（2）"创建单元样式"按钮。

启动"创建新单元样式"对话框。

（3）"管理单元样式"按钮。

启动"管理单元样式"对话框。

（4）"单元样式"选项卡。

该选项分为"常规"选项卡、"文字"选项卡和"边框"选项卡，用于设置数据单元、单元文字和单元边框的外观，如图 5.16 所示。

图 5.16 "单元样式"选项卡

4. 单元样式预览

显示当前表格样式设置效果的样例。

5.4　创建和编辑表格

5.4.1　创建表格

1. 启动"创建表格"命令的方式

（1）菜单栏："绘图"→"表格"；

（2）工具栏：单击"绘图"工具栏按钮 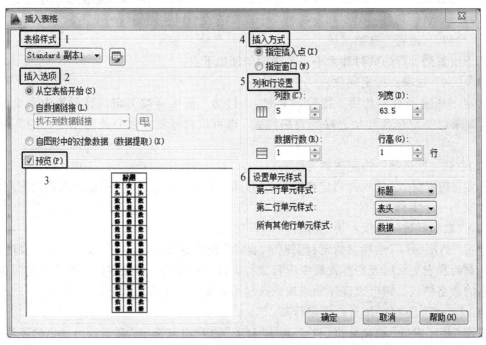；

（3）命令行：输入"TABLE"→按 Enter 键；

（4）快捷键："TA"。

执行命令后将弹出"插入表格"对话框，如图 5.17 所示。

图 5.17　"插入表格"对话框

2. "插入表格"对话框

1）"表格样式"选项区域

（1）"表格样式"下拉列表。

选择所需要的表格样式作为当前使用样式。

（2）"启动表格样式对话框"按钮。

通过单击下拉列表旁边的按钮，用户可以创建新的表格样式。

2）"插入"选项区域

（1）"从空表格开始"：创建可以手动填充数据的空表格。

（2）"自数据链接"：从外部电子表格中的数据创建表格。

（3）"自图形中的对象数据（数据提取）"：启动"数据提取"向导。

3）"预览"选项区域

（1）"预览"复选框：控制是否显示预览。

（2）"预览"区域：如果从空表格开始，则该区域将显示表格样式的样例；如果创建表格链接，则该区域将显示结果表格。

4）"插入方式"选项区域

指定表格位置，各复选框功能如下：

（1）"指定插入点"选项：指定表格左上角的位置。

用户可以使用定点设备指定位置，也可以在命令行提示下输入坐标值来指定位置。如果表格样式将表格的方向设定为由下而上读取，则插入点位于表格的左下角。

（2）"指定窗口"选项：指定表格的大小和位置。

用户可以使用定点设备指定位置，也可以在命令行提示下输入坐标值来指定位置。选定此选项时，行数、列数、列宽和行高取决于窗口的大小以及列和行的设置。

5）"列和行设置"选项区域

用于设置列和行的数目和大小，各选项功能如下：

（1）"列"选项：指定列数。

选定"指定列数"选项并指定列宽时，"自动"选项将被选定，且列数由表格的宽度控制。如果已指定包含起始表格的表格样式，则可以选择要添加到此起始表格的其他列的数量。

（2）"列宽"选项：指定列的宽度。

选定"指定窗口"选项并指定列宽时，"自动"选项将被选定，且列数由表格的宽度控制，最小列宽为一个字符。

（3）"数据行数"选项：指定行数。

选定"指定窗口"选项并指定行高时，"自动"选项将被选定，且行数由表格的高度控制。带有标题行和表头行的表格样式最少应有 3 行。最小行高为一个文字行。如果已指定包含起始表格的表格样式，则可以选择要添加到此起始表格的其他行的数量。

（4）"行高"选项：按行数指定行高。

选定"指定窗口"选项并指定行高时，"自动"选项将被选定，且行高由表格的高度控制；文字行高基于文字高度和单元边距，这两项均在表格样式中设置。

6）"设置单元样式"选项区域

用于确定表格各行的单元样式采用数据、标题、表头三种中的哪一种。

最后，以上选项设置完后，点击"确定"按钮，系统返回模型空间绘图窗口，此时用户需要在图中指定一点作为表格位置（默认为表格左上角），或指定作为表格大小的矩形区域的两个对角点，系统会弹出如图 5.18 所示的窗口，完成表格创建。

其设置与创建多行文本类似，单击选中一个单元格，然后可以在单元格输入文字。

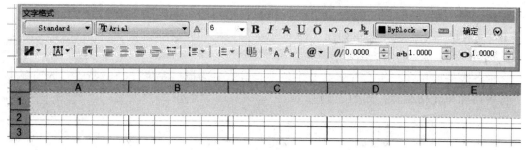

图 5.18　表格的文字输入窗口

5.4.2　编辑表格

一般情况下，用户还需要对插入的表格进行相应编辑，才能满足实际需要。可以对表格进行的编辑包括修改行和列的大小、更改表格外观、合并和取消合并单元以及创建表格打断等。

1. 编辑表格文字

1）表格、单元格的选择

当十字光标中的拾取框位于所选表格的边框线上时，单击鼠标左键即可选中该表格；当十字光标没有位于表格线上，而是在某个单元格内部时，单击鼠标左键即可选中该单元格。

2）编辑表格文字

可以使用以下几种方式编辑表格文字：

（1）命令行：输入"tabledit"。

（2）定点设备：鼠标双击单元格。

鼠标双击单元格直接进入文本输入、编辑状态。

（3）"快捷菜单"。

选中某个单元格后，单击鼠标右键并在快捷菜单中点击"编辑文字"即可进行表格文字编辑。

（4）"特性"选项面板。

选中某个单元格后，单击鼠标右键并在快捷菜单中选择"特性"，在"特性"选项板中即可编辑文本内容。

2. 编辑表格和单元格

1）使用夹点编辑表格和单元格

使用夹点不光可以调整表格的大小，也可以用来修改表格中的单元格大小。

点击所要修改的表格边框，表格即被选中，此时在表格四周和中间某些区域就会出现一些不同类型的夹点，可以通过拖动这些夹点来改变表格大小、单元格大小等。

2）通过快捷菜单编辑表格和单元格

选中表格或单元格后，通过右键快捷菜单可以对表格进行相应的编辑。用户可以设置选中单元格的单元样式、背景填充，也可以对它的对齐、边框、锁定等内容进行更改，还可以选择编辑文字、删除单元格内容、合并单元格、在选定的单元格一侧插入整行或整列等，像处理 Excel 表格一样，具体菜单如图 5.19 所示。

3）通过"特性"选项板编辑表格和单元格

选中各表格或单元格后，右键单击并在快捷菜单中选择"特性"，在"特性"选项板中可以进行表格和单元格编辑，如图 5.20 所示。

（a）选中单元格　　　　（b）选中表格

图 5.19　右键快捷菜单

（a）表格"特性"　　（b）单元格"特性"

图 5.20　"特性"选项面板

思考与练习

1. 思考题

（1）AutoCAD 中的大字体与小字体有何区别？

（2）为何在更换计算机后，有些 AutoCAD 文件的字体显示不出来？

（3）单行文字与多行文字有何区别？

（4）如何选中表格或表格中的单元格？

（5）建文表格时需要设置哪些信息？

2. 练习题

在 AutoCAD 2014 中创建如图 5.21 所示的表格。

标记	处数	分区	更改文件号	签名	年、月、日	阶段标记		重量	比例	
设计	（签名）	（年月日）	标准化	（签名）	（年月日）					
审核						共 页 第 页				
工艺			批准							

图 5.21 上机练习题

第6章 机械制图尺寸标注与编辑

【本章导读】

本章将详细介绍 AutoCAD 2014 中关于机械制图尺寸标注的相关知识内容。

【本章要点】

（1）标注样式的设置。

（2）尺寸标注。

（3）形位公差的标注。

6.1 创建和设置标注样式

在 AutoCAD 中，如果没有预先对尺寸样式进行设置，则标注尺寸为系统默认的标准样式。但因工程制图应用领域的不同，标注的尺寸样式也不同。按照国家标准设置尺寸样式，确定标注尺寸的 4 个基本元素的大小和相互之间的基本关系，然后再用这个格式对图形进行标注，以满足机械制图行业的要求。在创建和设置标注样式之前，需要先了解尺寸标注。

6.1.1 尺寸标注的组成与规则

尺寸标注是制图中的一项重要内容，机械制图中的标注必须符合国家相应的制图标准。各行业制图标准对尺寸标注的要求各不相同，而 AutoCAD 是一个通用的绘图软件包，用户可以依据行业标准，创建所需的标注样式。因此，用户必须首先了解尺寸标注的规则与组成，才能设置符合行业标准的尺寸样式。

1. 尺寸标注的组成

在工程制图中，一个完整的尺寸标注通常由四部分组成，分别是尺寸线、尺寸界线、箭头（尺寸线端点的符号）和标注文字，每部分都是一个独立的实体，如图 6.1 所示。

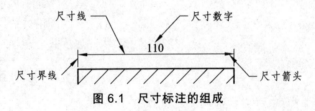

图 6.1 尺寸标注的组成

1)"尺寸数字"

表明图形的实际测量值，该值可以是 AutoCAD 系统自动计算的测量值，也可以是用户指定的值，并可附加公差、前缀和后缀等。

2)"尺寸线"

表明标注的范围，AutoCAD 通常将尺寸线放置在测量区域中，如果空间不足，则将尺寸线或文字移到测量区域的外部，这取决于标注样式的放置规则。在机械制图中，通常使用箭头来指代尺寸线的起点和端点，尺寸线应使用细实线绘制。

3)"尺寸线端点符号（即箭头）"

箭头显示在尺寸线的首尾端，用于指出测量的开始和结束位置，默认使用闭合的填充箭头符号。此外，AutoCAD 还提供了多种箭头符号，以满足不同的行业标注，如点、斜杠、建筑标记和小斜线箭头等。

4)"尺寸界线"

表明尺寸线的开始和结束位置，从标注物体的两个端点处引出两条线段表示尺寸标注范围的界线，尺寸界线应使用细实线绘制。

2. 尺寸标注的规则

在 AutoCAD 中对图形尺寸进行标注时，应遵循以下规则：

（1）标注的尺寸为图标对象的真实大小，以尺寸标注的数值为准，而与图形的大小及绘图的准确度无关。

（2）默认情况下，图样中的尺寸以毫米（mm）为单位，此时不需要标注计量单位的代号或名称。如果采用其他单位，则必须注明相应计量单位的代号或名称，如"°""cm""m"等。

（3）图样中所标注的尺寸，默认为该图样所示机件的最后完工尺寸，否则应另加说明。

（4）图样中的每一个对象尺寸一般只标注一次，并清晰地显示在图形上。

3. 创建尺寸标注的步骤

在 AutoCAD 中，对图形进行尺寸标注应遵循以下步骤：

1）创建尺寸标注图层

在 AutoCAD 中，为了便于编辑、修改图形尺寸，控制尺寸标注对象的显示与隐藏，避免各种图线与尺寸混杂，使得尺寸操作方便，用户应为尺寸标注创建独立的图层。选择"格式"→"图层"命令，在打开的"图层特性管理器"对话框中创建一个"尺寸标注"图层。

2）创建用于尺寸标注的文字样式

在 AutoCAD 中，为了方便修改所标注的各种文字，应建立专门用于尺寸标注的文字样式，选择"格式"→"文字样式"命令，在打开"文字样式"对话框中创建一个"尺寸标注"文字样式。

3）设置尺寸标注样式

标注样式是尺寸标注对象的组成方式，如标注文字的位置、大小、箭头的形状等。设置尺寸标注样式可以有效控制尺寸标注的格式和外观，有利于执行相关的绘图标准。选择"格式"→"标注样式"命令，在打开的"标注样式管理器"对话框中创建一系列"尺寸标注"标注样式，以满足相应的国家标准。

4）尺寸标注

在 AutoCAD 中，用户可以在弹出的"标注"菜单和"标注"工具栏中，使用对象捕捉功能，对图形中的元素进行标注。

4. 尺寸标注的类型

AutoCAD 提供了 10 多种尺寸标注的类型，分别为快速标注、线性标注、对齐标注、坐标标注、半径标注、直径标注、角度标注、基线标注、连续标注、引线标注、公差标注、圆心标注等，在"标注"菜单和"标注"工具栏中列出了尺寸标注的类型。

6.1.2 创建标注样式

1. 命令的执行方式

（1）菜单栏："格式"→"标注样式"；

（2）工具栏：单击"样式"工具栏按钮 ；

（3）命令行：在命令行中输入"DIMSTYLE"→按 Enter 键。

上面三种操作都可以打开"标注样式管理器"对话框，如图 6.2 所示。

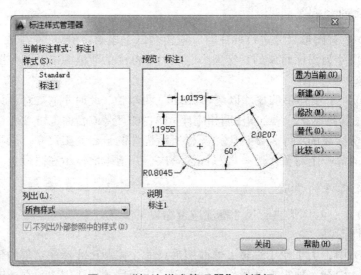

图 6.2 "标注样式管理器"对话框

2. "标注样式管理器"对话框

"标注样式管理器"对话框中各按钮功能如下：

（1）"置为当前"：用于将建立好的标注样式置为当前应用样式；

（2）"修改"：用于修改已有的尺寸标注样式；

（3）"替代"：用于替代当前尺寸标注类型；

（4）"比较"：用于对已创建的两个标注样式进行比较。

（5）"新建"：将打开"创建新标注样式"对话框，用于创建新的标注样式，如图 6.3 所示。

3. "创建新标注样式"对话框

"创建新标注样式"对话框中各选项的含义及功能如下：

（1）"新样式名"文本框：输入新的尺寸样式名称。

（2）"基础样式"下拉列表框：选择相应的标注标准。系统内置了"ISO-25"和"Standard"两种基础样式，在绘制新图时使用的是英制的单位，则缺省选项为"Standard"；在绘制新图时使用的是公制的单位，则系统缺省选项为"ISO-25"。新样式也可在已有尺寸样式中进行创建。

（3）"用于"下拉列表框：用于指定新建标注样式的适用范围，如图 6.3 所示。

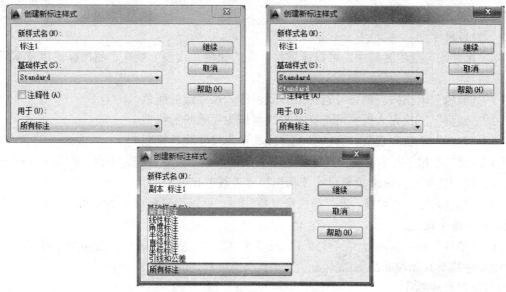

图 6.3 "创建新标注样式"对话框

设置了新样式的名称、基础样式和适用范围后，单击该对话框中的"继续"按钮，将打开"新建标注样式"对话框，可以设置标注中的直线、符号、箭头、文字、单位、公差等内容，如图 6.4 所示。

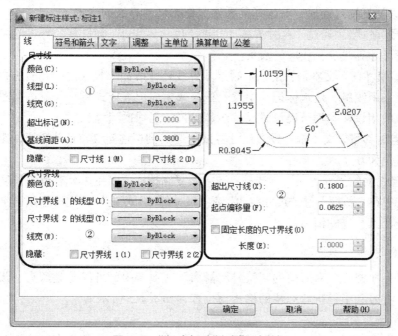

图 6.4 "新建标注样式"对话框

6.1.3 设置标注中的内容

1. 设置线

在"新建标注样式"对话框的"线"选项卡中,可以设置标注内尺寸线和尺寸界线的格式与特性,如图6.4所示的①和②处。

1)设置尺寸线

在"尺寸线"选项区域中,可以设置尺寸线的颜色、线型、线宽、超出标记以及基线间距等属性。

(1)"颜色"下拉列表框:可选择某种颜色作为尺寸线的颜色。

(2)"线型"下拉列表框:可选择某种线型作为尺寸线的线型。

(3)"线宽"下拉列表框:可选择某种线宽作为尺寸线的线宽。

(4)"超出标记"文本框:当尺寸线的箭头采用倾斜、建筑标记、小点、积分或无标记等样式时,使用该文本框可以设置尺寸线超出尺寸界线的尺寸长度。

(5)"基线间距"文本框:进行基线尺寸标注时,可以设置各尺寸线之间的距离,这个值要视文字高度来确定。

(6)"隐藏"选项:通过"尺寸线1"或"尺寸线2"复选框,可以隐藏第1段尺寸线或第2段尺寸线及其相应的箭头。

2)设置尺寸界线

在"尺寸界线"选项区域中,可以设置尺寸界线的颜色、线宽、超出尺寸界线长度以及起点偏移量等属性。

(1)"颜色"下拉列表框:可选择某种颜色作为尺寸界线的颜色。

(2)"尺寸界线1"和"尺寸界线2"下拉列表框:可选择某种线型作为尺寸界线的线型。

(3)"线宽"下拉列表框:可选择某种线宽作为尺寸界线的线宽。

(4)"隐藏"选项:通过"尺寸界线1"或"尺寸界线2"复选框,可以隐藏第1段尺寸界线或第2段尺寸界线及其相应的箭头。

(5)"超出尺寸线"文本框:用于控制尺寸界线延伸线超出尺寸线端垂直方向的长度,当尺寸线的箭头采用倾斜、建筑标记、小点、积分或无标记等样式时,一般按制图标准规定设为2~3 mm。使用该文本框可以设置尺寸线超出尺寸界线的尺寸长度。

(6)"起点偏移量"文本框:设置尺寸界线的起点到标注定义点的(垂直)距离,绘制机械图时将该值设为0。

(7)"固定长度的尺寸界线"复选框:选中该复选框,可以使用具有特定长度的尺寸界线标注图形,其中在"长度"过"尺寸线1"或"尺寸线2"复选框,可以隐藏第1段尺寸线或第2段尺寸线及其相应的箭头。

2. 设置符号和箭头

在"新建标注样式"对话框的"符号和箭头"选项卡中,可以设置箭头、圆心标记、折断标注、弧长符号和半径折弯标注的格式与位置,如图6.5所示。

1)设置箭头

在"箭头"选项区域中,可以设置尺寸线和引线箭头的类型及箭头尺寸的大小。

为了适应不同类型的图形标注需要，AutoCAD 内置了 20 多种箭头样式。用户可以在下拉列表框中选择"用户箭头"选项，自定义箭头样式。通常情况下，尺寸线的两个箭头应相同，用户还可以选择不显示箭头，或共使用一个箭头。

（1）"第一个"下拉列表框：用于设置第一条尺寸线的箭头外观。当改变第一个箭头外观时，第二个箭头将自动改变成与第一个箭头相同的外观。

（2）"第二个"下拉列表框：用于设置第二条尺寸线的箭头外观。

（3）"引线"下拉列表框：用于确定进行引线尺寸标注时，引线在起始点处的样式，用户可从对应的下拉列表中选择即可。

（4）"箭头大小"文本框：用于设置箭头尺寸的外观大小。机械制图国标中规定，箭头大小为 2 ~ 4 mm。

图 6.5　设置"符号和箭头"选项卡

2）圆心标记

在"圆心标记"选项区域中，用户可以设置圆或圆弧的圆心标记类型及大小。

（1）"无"单选按钮：选中此单选按钮，系统不创建圆心标记或中心线，即没有任何标记，如图 6.6（a）所示。

（2）"标记"单选按钮：选中此单选按钮，系统将创建圆心标记，"标记"后面的文本框用于设置圆心标记的大小，如图 6.6（b）所示。

（3）"直线"单选按钮：选中此单选按钮，系统将创建中心线，如图 6.6（c）所示。

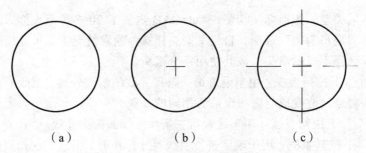

（a）　　　　　　　（b）　　　　　　　（c）

图 6.6　设置"圆心标记"图样

3）折断标注

AutoCAD 允许在尺寸线或延伸线与其他重叠处打断尺寸线或延伸线，数值代表折断后的间距。

4）弧长符号

在"弧长符号"选项区域中，用户可以设置弧长符号中圆弧符号的显示方式。

（1）"标注文字的前缀"单选按钮：选中此单选按钮后，弧长符号将置于标注文字的前面。

（2）"标注文字的上方"单选按钮：选中此单选按钮后，弧长符号将置于标注文字的上面。

（3）"无"单选按钮：选中后系统不显示弧长符号。

5）半径折弯标注

在"半径折弯标注"选项组中的"折弯角度"文本框中，用户可以设置标注圆弧半径时标注线的折弯角度大小。

"半径折弯标注"通常用于标注尺寸圆弧的中心点位于较远位置的情况，其中"折弯角度"文本框用于确定连接半径标注的延伸线和尺寸线之间的横向直线的折弯角度。

6）线性折弯标注

AutoCAD 允许用户使用线性折弯标注，该标注的折弯高度为折弯高度因子与尺寸文字高度的乘积，用户可以在"折弯高度因子"文本框中输入折弯高度因子值。

3. 设置文字

在"新建标注样式"对话框的"文字"选项卡中，可以设置文字外观，如文字样式、颜色、填充颜色、高度和分数高度比例等；可以设置文字位置，如垂直、水平以及观察方向等；还可以设置文字对齐方式，如水平、与尺寸线对齐和 ISO 标准等，如图 6.7 所示。

1）设置文字外观

在"文字外观"选项区域中，用户可以设置文字的样式、颜色、填充颜色、高度、分数高度比例等。

（1）"文字样式"下拉列表框：用于设置当前尺寸标注的文字样式，系统默认为标准样式。如果已经创建多种文字样式，则可以从下拉列表框中选择所需要的文字样式，也可以单击其后的按钮 ，打开"文字样式"对话框，创建和修改尺寸标注的文字样式，如图 6.8 所示。

（2）"文字颜色"下拉列表框：用于设置尺寸标注的文字颜色。

（3）"填充颜色"下拉列表框：用于设置尺寸标注的文字背景颜色。

（4）"文字高度"文本框：用于设置尺寸标注的文字样式的高度。文字高度与图纸幅面大小有关，机械制图中一般使用"3.5""5""7"等数值。

图 6.7　设置"文字"选项卡

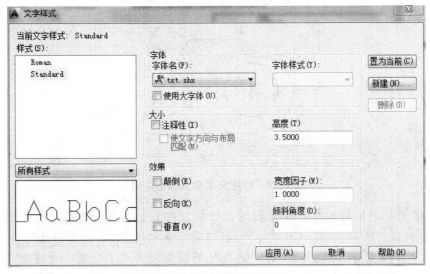

图 6.8　新建"文字样式"

（5）"分数高度比例"文本框：用于设置尺寸标注中文字的分数相对于其他标注文字的比例，AutoCAD 将该比例值与标注文字高度的乘积作为分数的高度。例如，在公差标注中，当公差样式有效时，可以设置公差上下偏差的高度比例值。

（6）"绘制文字边框"复选框：用于设置是否为尺寸标注的文字绘制外边框，从而把文字框起来。

2）设置文字位置

在"文字位置"选项区域中，用户可以设置文字的垂直、水平、观察方向以及从尺寸线的偏移量。

（1）"垂直"下拉列表框：用于设置标注文字相对于尺寸线在垂直方向的位置，包括"居中""上""外部""下"和"JIS"。其中，选择"居中"选项可以把标注文字放在尺寸线中间，如图 6.9（a）所示；"上"选项可以把标注文字放在尺寸线的上方，如图 6.9（b）所示；"外部"选项可以把标注文字放在远离第一定义点的尺寸线一侧，图例情况下与"上"显示相同；"下"选项可以把标注文字放在尺寸线的下方，如图 6.9（c）所示；"JIS"选项则按"JIS"（日本工业标准）规则放置标注文字，图例情况下与"上"显示相同。

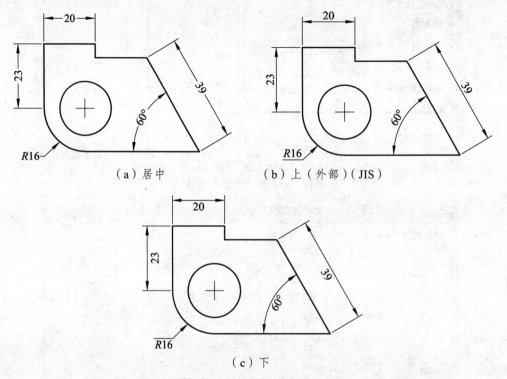

（a）居中　　　　　　　　（b）上（外部）（JIS）

（c）下

图 6.9　标注文字垂直位置示例

（2）"水平"下拉列表框：用于设置尺寸标注时，标注文字相对于尺寸线在水平方向的位置，包括"居中""第一条尺寸界线""第二条尺寸界线""第一条尺寸界线上方""第二条尺寸界线上方"。图 6.10 为"垂直"下拉列表为"上"时，水平列表中的五种情况。

（3）"观察方向"下拉列表框：用于设置尺寸文字观察方向，即控制从左向右书写尺寸文字，还是从右向左书写尺寸文字。

（4）"从尺寸线偏移"文本框：用于设置尺寸标注中文字与尺寸线之间的距离。如果文字位于尺寸线的中间，则表示断开处尺寸线端点与标注文字之间的间距；如果文字带有边框，则可以控制文字边框与文字间距，一般设置为 0.6～1 mm。

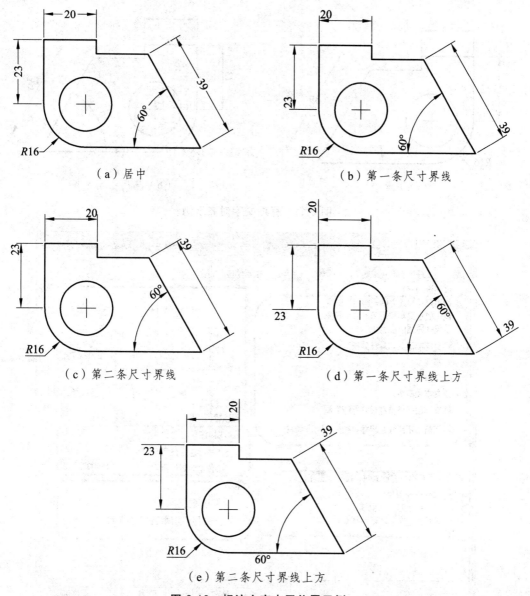

（a）居中 （b）第一条尺寸界线

（c）第二条尺寸界线 （d）第一条尺寸界线上方

（e）第二条尺寸界线上方

图 6.10 标注文字水平位置示例

3）设置文字对齐

在"文字对齐"选项区域中，用户可以设置文字是保持水平还是与尺寸线平行，图 6.11 是以"垂直"下拉列表为"上"，"水平"下拉列表为"居中"时，水平和与尺寸线对齐两种标注文字对齐示例；图 6.9 和图 6.10 都是以 ISO 标准的对齐方式绘制的图例。

4. 设置调整

在"新建标注样式"对话框的"调整"选项卡中，可以设置标注文字、尺寸线以及尺寸箭头的位置，如图 6.12 所示。

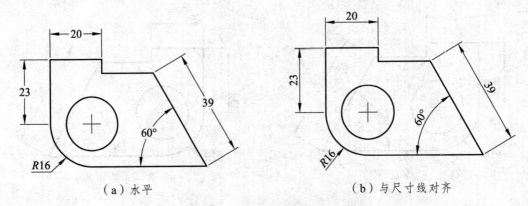

（a）水平　　　　　　　　　　　（b）与尺寸线对齐

图 6.11　标注文字对齐示例

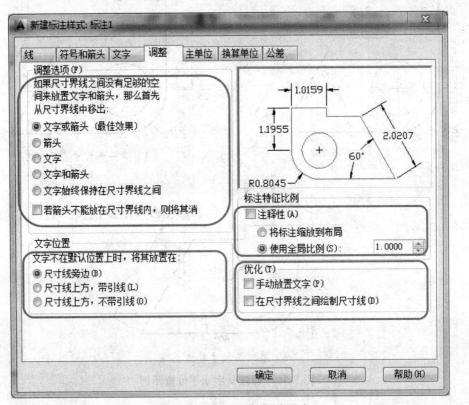

图 6.12　设置"调整"选项卡

1）调整选项

在"调整选项"选项区域中，如果尺寸界线之间没有足够的空间来放置标注文字和箭头时，应将文字或是箭头从尺寸界线之间移出，如图 6.13 所示，其各选项功能如下（图中序号与描述序号一一对应）：

（1）"文字或箭头（最佳效果）"单选按钮：按最佳效果自动移出文本或箭头。

（2）"箭头"单选按钮：将箭头移出。

（3）"文字"单选按钮：将文字移出。

（4）"文字和箭头"单选按钮：将文字和箭头同时移出。

（5）"文字始终保持在尺寸界线之间"单选按钮：将文本始终保持在尺寸界线之内。

（6）"若箭头不能放在尺寸界线内，则将其消除"复选框：选中该复选框，可以抑制箭头显示。

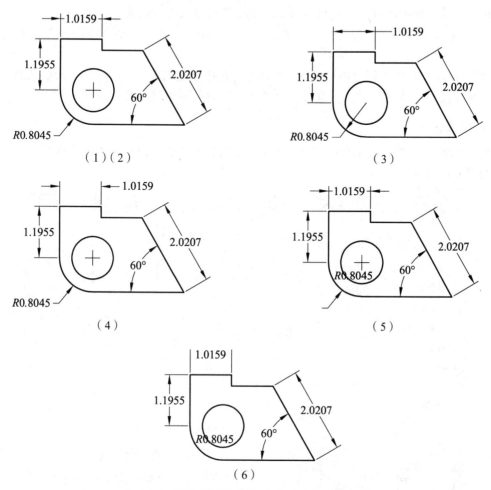

图 6.13　标注文字和箭头在尺寸界线间的放置

2）文字位置

"文字位置"选项区域用于指定当文字不在默认位置时，将其放置的位置，其各选项功能如下：

（1）"尺寸线旁边"单选按钮：选中该按钮，将文本放在尺寸线旁边。

（2）"尺寸线上方，带引线"单选按钮：选中该按钮，将文本放在尺寸的上方，并带上引线。

（3）"尺寸线上方，不带引线"单选按钮：选中该按钮，将文本放在尺寸的上方，但不带引线。

3）标注特征比例

在"标注特征比例"选项区域中，通过设置全局比例或图纸空间比例，来调整各标注的大小。

（1）"将标注缩放到布局"单选按钮：选择该按钮，用户可以根据当前模型空间视口与图纸空间之间的缩放关系设置比例，一般使用默认值1。

（2）"使用全局比例"单选按钮：选择该按钮，用户可以对全部尺寸标注设置缩放比例，该比例不改变尺寸的测量值。

4）优化

在"优化"选项区域中，用户可对标注文字和尺寸线进行微调。

（1）"手动放置文字"复选框：选中该复选框，用户每次标注时都需要设置放置文字的位置。

（2）"在尺寸界线之间绘制尺寸线"复选框：选中该复选框，当尺寸界线跨度比较近（即尺寸箭头在尺寸界线之外）时，也可在尺寸界线之内绘制出尺寸线。

5. 设置主单位

在"新建标注样式"对话框的"主单位"选项卡中，可以设置主单位的格式与精度等属性，如图 6.14 所示。

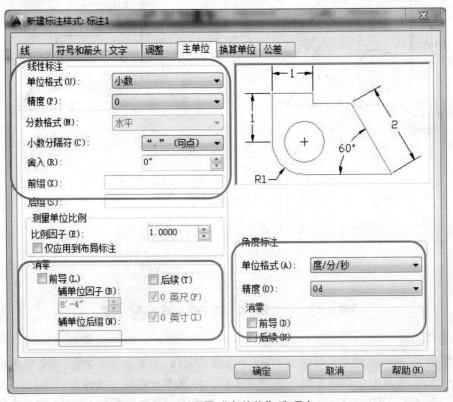

图 6.14 设置"主单位"选项卡

1）线性标注

在"线性标注"选项区域中，可以设置线性标注的格式和精度。

（1）"单位格式"下拉列表框：设置除角度标注之外的其余各标注类型的尺寸单位，包括"科学""小数""工程""建筑""分数"和"Windows 桌面"6 种单位格式。

（2）"精度"下拉列表框：设置线性标注基本尺寸数字中保留的小数位数。

（3）"分数格式"下拉列表框：当单位格式是分数时，可以设置分数的格式包括"水平""对角"和"非堆叠"3种方式。

（4）"小数分隔符"下拉列表框：设置小数的分隔符，包括"逗点""句点"和"空格"3种方式。

（5）"舍入"文本框：设置除角度标注外，所有尺寸测量值的四舍五入的位数及具体数值。

（6）"前缀"和"后缀"文本框：设置标注文字的前缀和后缀。用户在相应的文本框中输入字符即可。

2）测量单位比例

在"测量单位比例"选项区域中，使用"比例因子"文本框可以设置测量尺寸的缩放比例。AutoCAD 的实际标注值为测量值与该比例的乘积，选中"仅应用到布局标注"复选框，可以设置该比例关系仅适用于布局。

3）消零

在"消零"选项区域中，用户可以设置是否显示尺寸标注中的"前导"或"后续"的零。

4）角度标注

在"角度标注"选项区域中，可以设置角度标注的角度格式。

（1）"单位格式"下拉列表框：用于设置标注角度时的单位格式，包括"十进制度数""度/分/秒""百分度"和"弧度"4种格式。

（2）"精度"下拉列表框：设置标注角度的尺寸精度。

（3）"消零"选项区域：设置是否消除角度尺寸的"前导"和"后续"的零。

6. 设置换算单位

在"新建标注样式"对话框的"换算单位"选项卡中，可以设置标注测量值中换算单位的显示，并设置其格式和精度，如图 6.15 所示。

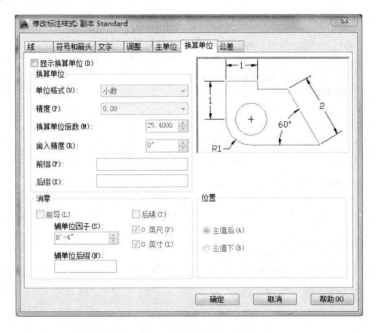

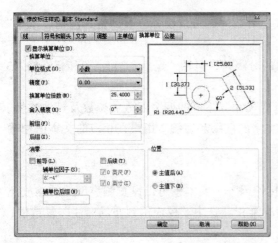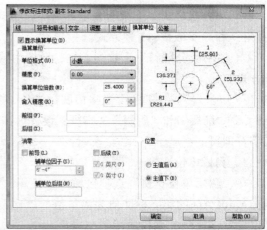

图 6.15　设置"换算单位"选项卡

通过换算标注单位，可以转换使用不同测量单位制的标注。系统默认显示的是英制标注的等效公制标注，或公制标注的等效英制标注。在标注文字中，换算标注单位显示在主单位旁边的方括号中，见图 6.15 右上方示例。

选中"显示换算单位"复选框后，"换算单位"选项卡中的一些选项才可用。可以在"换算单位"选项区域中设置换算单位的"单位格式""精度""换算单位乘数""舍入精度""前缀"和"后缀"等参数，其方法与设置主单位的方法相同。

在"位置"选项区域中，用户可以设置换算单位的位置为"主值后"或"主值下"。

7. 设置公差

在"新建标注样式"对话框的"公差"选项卡中，可以设置公差格式及换算单位公差等，如图 6.16 所示。

图 6.16　设置"公差"选项卡

1）公差格式

在"公差格式"选项区域中，可以设置线性标注的格式和精度。

（1）"方式"下拉列表框：设置标注公差的方式，如图 6.17 所示。

（2）"精度"下拉列表框：设置公差的小数位数。

（3）"上偏差""下偏差"文本框：设置尺寸的上偏差、下偏差。上偏差默认为正值，如果是负值，应在数字前输入"–"号；下偏差默认为负值，如果是正值应在数字前输入"+"号。

（4）"高度比例"文本框：确定公差文字的高度比例因子，并且以该因子与尺寸文字高度之积作为公差文字的高度。

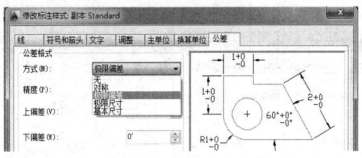

（a）极限偏差

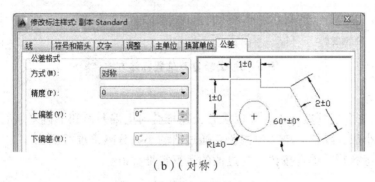

（b）（对称）

图 6.17　标注公差的方式

（5）"垂直位置"下拉列表框：控制公差文字相对于尺寸文字的位置，包括"上""中""下"3 种方式，如图 6.18 所示。

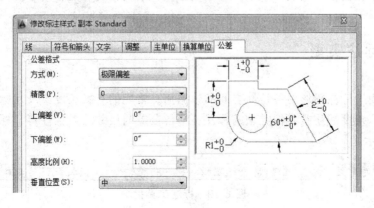

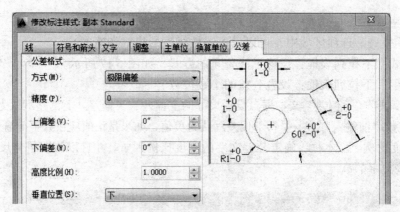

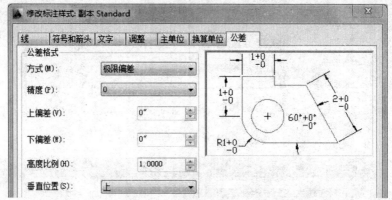

图 6.18　公差垂直位置标注方式

2）公差对齐

在"公差对齐"选项区域中，可以设置公差堆叠时上偏差值和下偏差值的对齐方式。

（1）"对齐小数分隔符"单选项按钮：通过值的小数分隔符堆叠值。

（2）"对齐运算符"单选按钮：通过值的运算符堆叠值。

3）消零

在"消零"选项区域中，可以确定是否消除公差值的"前导"或"后续"的零。

4）换算单位公差

在"换算单位公差"选项区域中，可以设置换算单位精度和是否消零。

6.2　尺寸标注类型

尺寸标注用于标注图形中各特性之间的数据值，常用的有：长度型尺寸标注，半径、直径和圆心标注，角度标注及其他类型的标注，形位公差与尺寸公差标注等，标注的工具栏按钮如图 6.19 所示。

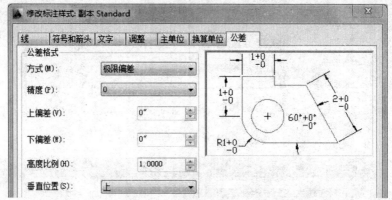

图 6.19　标注工具栏

6.2.1 长度型尺寸标注

长度型尺寸标注用于标注图形中两点间的长度标注，可以是端点、交点、圆弧弦线端点或能够识别的任意两个点。在 AutoCAD 中，长度型尺寸标注包括多种类型，如线性标注、对齐标注、弧长标注、基线标注和连续标注等。

1. 线性标注

创建线性标注，可以在菜单中选择"标注"→"线性"；可以用工具栏按钮 ⊢⊣；也可以用命令行输入：DIMLINER→按 Enter 键。

创建用于标注用户坐标系 *XY* 平面中的两个点之间的距离测量值，并通过指定点或选择一个对象来实现。此时命令行将提示如下信息：

指定第一个尺寸界线原点或〈选择对象〉：

指定第二条尺寸界线原点：

指定尺寸线位置或[多行文字（M）/文字（T）/角度（A）/水平（H）/垂直（V）/旋转（R）]：

标注文字

在执行线性标注的过程中，命令行中一些选项的命令如下：

（1）"指定尺寸线位置"：手动鼠标确定尺寸线位置。

（2）"多行文字（M）"：用户可以利用该项编辑标注文字。选择"多行文字"选项后系统将打开"文字格式"工具栏，如图 6.20 所示。通过自动测量将得到的尺寸值显示在方框内，并处于编辑状态。

图 6.20　"文字格式"工具栏

（3）"文字（T）"：用于在命令行的提示下以单行文字的形式输入标注文字内容。

（4）"角度（A）"：设置标注文字的倾斜角度。

（5）"水平（H）"：标注水平方向距离尺寸，即沿水平方向的尺寸。

（6）"垂直（V）"：标注垂直方向距离尺寸，即沿垂直方向的尺寸。

（7）"旋转（R）"：标注旋转对象的尺寸线，尺寸线与坐标轴正方向形成一定的倾斜角度。

2. 对齐标注

对齐标注是线性标注尺寸的一种特殊形式。在对直线段进行标注时，如果该直线的倾斜角度未知，那么使用线性标注方法将无法得到准确的测量结果，这时可以使用对齐标注。

要创建对齐标注，可以在菜单中选择"标注"→"对齐"命令；或单击"标注"工具栏按钮 ↖；也可以用命令行输入：（DIMALIGNED）→按 Enter 键。

对对象进行对齐标注，此时命令行提示如下信息：

指定第一个尺寸界线原点或〈选择对象〉：

指定第二条尺寸界线原点：

指定尺寸线位置或[多行文字（M）/文字（T）/角度（A）]:

标注文字

对齐标注与线性标注的区别在于线性标注只能标注两点之间的水平或垂直距离，而对齐标注则可以直接测量两点之间的直线的长度，同时也可以测其水平距离或垂直距离。

3. 弧长标注

创建弧长标注，可以在菜单中选择"标注"→"弧长"；可以用工具栏按钮 ；也可以用命令行输入：DIMARC→按 Enter 键。

创建用于标注用户坐标系 *XY* 平面中的圆弧或多段线圆弧上两个点之间的弧长测量值，并通过指定点或选择一个对象来实现。此时命令行将提示如下信息：

选择弧线段或多段线圆弧段：

指定弧长标注位置或[多行文字（M）/文字（T）/角度（A）/部分（P）/引线（L）]:

标注文字

在执行弧长标注的过程中，命令中一些选项的含义如下：

（1）"指定弧长标注位置"：拖动鼠标弧长标注位置。

（2）"多行文字（M）""文字（T）""角度（A）"：与线性标注方法相同。

（3）部分（P）：表示对指定对象（圆弧）的部分进行弧长标注。

（4）引线（L）：表示用一个指引箭头来表示弧长标注的对象。

4. 基线标注

在进行尺寸标注时，不但要把各种尺寸表达准确，还要考虑零件加工的顺序。零件加工时都有一个基准，各种加工的定位尺寸要根据基准确定，所以在标注时经常会遇到有共同尺寸界线的情况。采用基线标注，将使用户很方便地创建尺寸基准。

在创建基线标注前，必须先创建一个线性、坐标或角度标注，作为基线标注的基准，然后调用"基线"标注命令，根据命令行的提示连续选择第二条尺寸界线的原点即可。

在菜单中选择"标注"→"基准"；可以用工具栏按钮 ；也可以用命令行输入：DIMBASELINE→按 Enter 键，从而创建一系列由相同的标注原点测量出来的标注。

5. 连续标注

连续标注是首尾相连的多个尺寸标注。与创建基线标注类似，用户在创建连续标注之前，必须创建线性、对齐或角度标注。

在菜单中选择"标注"→"连续"；可以用工具栏按钮 ；也可以用命令行输入：DIMCONTINUE→按 Enter 键，从而创建一系列由相同的标注原点测量出来的标注。此时命令行将提示如下信息：

选择连续标注：

指定第二条尺寸界线原点或[放弃（U）/选择（S）]〈选择〉:

标注文字

指定第二条尺寸界线原点或[放弃（U）/选择（S）]〈选择〉:

标注文字

指定第二条尺寸界线原点或[放弃（U）/选择（S）]〈选择〉:

（直到需要标注的标注完全，按 Enter 键结束）

6.2.2 半径、直径和圆心标注

半径标注用于标注圆和圆弧的半径尺寸，直径标注用于标注圆的直径尺寸，圆心标注是对图形中的圆和圆弧标注出它的圆心位置，用户可以在"标注样式管理"中设置圆心标记线段的大小。在进行图形标注的时候，如果标注的对象是一段圆弧曲线，可使用半径标注；如果标注的对象是一个圆，可以使用直径标注。使用直径标注时，系统会在尺寸前生成一个直径符号"ϕ"与其他标注进行区分。

1. 半径标注

创建半径标注，可以在菜单中选择"标注"→"半径"；可以用工具栏按钮 ⊙；也可以用命令行输入：DIMRADIUS→按 Enter 键，从而标注圆或圆弧的半径尺寸。此时命令行将提示如下信息：

选择圆弧或圆：

标注文字

指定尺寸线位置或[多行文字（M）/文字（T）/角度（A）]：

标注文字

当指定了尺寸线的位置后，系统将按实际测量标注出圆或圆弧的半径。用户也可以利用"多行文字（M）""文字（T）""角度（A）"选项，设置尺寸文字或尺寸文字的旋转角度。其中，通过"多行文字（M）"和"文字（T）"选项重新确定尺寸文字时，只有给输入的尺寸文字加前缀"R"，才能使标出的半径尺寸有半径符号"R"，否则没有该符号。

2. 折弯标注

创建折弯标注，可以在菜单中选择"标注"→"折弯"；可以用工具栏按钮 ⊼；也可以用命令行输入：DIMJOGGED→按 Enter 键，从而折弯标注圆或圆弧的半径尺寸。该标注方式与半径标注方法基本相同，但是需要指定一个位置代替圆或圆弧的圆心位置。

此时命令行将提示如下信息：

选择圆弧或圆：

指定图示中心位置：

标注文字

指定尺寸线位置或[多行文字（M）/文字（T）/角度（A）]：

指定折弯位置：

3. 直径标注

创建直径标注，可以在菜单中选择"标注"→"直径"；可以用工具栏按钮 ⊘；也可以用命令行输入：DIMDIAMETER→按 Enter 键，从而标注圆或圆弧的直径尺寸。

此时命令行将提示如下信息：

选择圆弧或圆：

标注文字

指定尺寸线位置或[多行文字（M）/文字（T）/角度（A）]：

直径标注的方法与半径标注的方法相同。当选择了需要标注的直径的圆或圆弧后，直接确定尺寸线的位置，系统将按实际测量值标注出圆或圆弧的直径，也可以利用"多行文字（M）""文字（T）""角度（A）"选项，设置尺寸文字或尺寸文字的旋转角度。其中，通过"多行文字（M）"和"文字（T）"选项重新确定尺寸文字时，只有给输入的尺寸文字加前缀"%%C"，才能使标出的直径尺寸有直径符号"ϕ"，否则没有该符号。

4. 圆心标注

创建圆心标注，可在菜单中选择"标注"→"圆心标注"；可以用工具栏按钮 ⊕；也可以用命令行输入：DIMCETER→按 Enter 键，从而标注圆或圆弧的圆心。此时，用户只需要选择待标注圆心的圆弧或圆即可。

圆心标记的 3 种样式在"新建标注样式"对话框中的"直线和箭头"选项卡的"圆心标记"选项组中对其类型和大小进行了设置（见图 6.5 和 6.6）。

6.2.3　角度标注及其他类型的标注

在 AutoCAD 中，除了前面介绍的几种常用尺寸标注外，还可以使用角度标注及其他类型的标注功能，对图形中的角度、坐标等元素进行标注。

1. 角度标注

创建角度标注，可以在菜单中选择"标注"→"角度"；可以用工具栏按钮 △；也可以用命令行输入：DIMANGULAR→按"Enter"键，从而测量圆或圆弧的角度、两条直线之间的角度以及三点间的角度。此时命令行将提示如下信息：

选择圆弧、圆、直线或〈指定顶点〉：

指定角的第二个端点：

指定标注弧线位置或[多行文字（M）/文字（T）/角度（A）/象限点（Q）]：

标注文字

根据选择对象的不同，标注的方法也有所不同，具体介绍如下：

（1）圆弧：将使用选定圆弧上的点作为角度标注的定义点。圆弧的圆心是角度的顶点，圆弧端点成为尺寸界线的原点。

（2）圆：拾取圆的第一点作为第一条尺寸界线的原点，圆的圆心作为角度的顶点，第二角度顶点是第二条尺寸界线的原点，且无须位于圆上。

（3）直线：将测量由两条直线组成的角度。

（4）顶点：执行角度标注命令后，直接按回车键，可选择此命令选项。系统将创建基于指定三点的标注，角度顶点可以同时为一个角度端点。如果需要尺寸界线，则角度端点可用作尺寸界线的起点，在尺寸界线之间绘制一条圆弧作为尺寸线。尺寸界线从角度端点绘制到尺寸线交点。

当指定了尺寸线的位置的后，系统将按实际测量值标注出圆或圆弧的半径。通过"多行文字（M）"和"文字（T）"选项重新确定尺寸文字时，只有给输入的尺寸文字加前缀"%%D"，才能使显示出角度符号"°"，否则不显示该符号。

2. 多重引线标注

引线对象是一条线或者样条曲线，其一端带有箭头，另一端带有多行文字对象或块。一般情况下，有一条短水平线（又称为基线）将文字（或块）和特征控制框连接到引线上。

创建多重引线标注，可以在菜单中选择"标注"→"多重引线标注"；可以在"多重引线"工具栏（见图 6.21）中单击"多重引线"按钮 ，也可以用命令行输入：MLEADER→按Enter键，从而创建引线和注释，并设置引线和注释的样式。此时命令行将提示如下信息：

指定引线箭头的位置或[引线基线位置（L）/内容优先（C）/选择（O）]〈选项〉：

指定多重引线对象箭头的位置：

图 6.21 "多重引线"工具栏

在菜单中选择"标注"→"多重引线样式"；可以在"多重引线"工具栏（见图 6.21）中单击"多重引线"按钮 ，也可以用命令行输入：MLEADERSTYLE→按 Enter 键，从而打开"多重引线样式管理器"对话框，设置多重引线样式，如图 6.22 所示。单击"新建"按钮，将打开"创建新多重引线样式"对话框，用于创建新的标注样式，如图 6.23 所示。

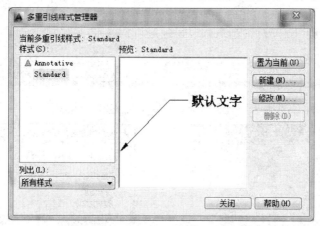

图 6.22 "多重引线样式管理器"对话框

图 6.23 "创建新多重引线样式"对话框

设置"新样式名"和"基础样式"后，单击该对话框中的"继续"按钮，将打开"修改多重引线样式"对话框，该对话框包含"引线格式""引线结构"和"内容"3 个选项卡（默认为"引线格式"选项卡），如图 6.24 所示。

（1）引线格式：在"引线格式"选项卡，包含"常规""箭头"和"引线打断"3 个选项，如图 6.24（a）所示。

①"常规"选项组：用于设置多重引线的类型、颜色、线型及线宽。

②"箭头"选项组：用于设置多重引线箭头的符号与大小。

③"引线打断"选项组：用于设置多重引线打断时的距离值。

（2）引线结构：在"引线结构"选项卡中，包含"约束""基线设置"和"比例"3个选项组，如图 6.24（b）所示。

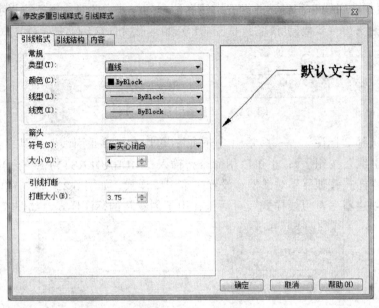

（a）

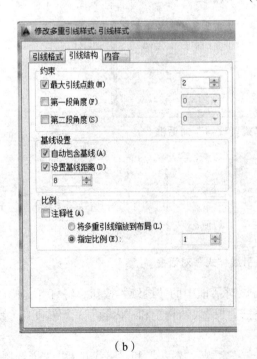

（b）

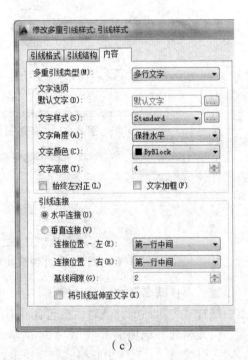

（c）

图 6.24 "修改多重引线样式"对话框

①"约束"选项组：用于控制多重引线的结构。

②"基线设置"选项组：用于设置多重引线中的基线。

③"比例"选项组：用于设置多重引线的缩放关系。

（3）内容：在"内容"选项卡中，包含"多重引线类型""文字选项"和"引线连接"3个选项组，用于设置引线标注的内容，如图6.24（c）所示。

①"多重引线类型"下拉列表框：用于设置多重引线标注的类型，列表中有"多行文字""块"和"无"3个选项；当选中"多行文字"选项时，系统将显示"文字"选项组。

②"文字选项"选项组：用于设置多重引线标注的文字内容。

③"引线连接"选项组：用于设置标注出的对象沿垂直方向相对于引线基线的位置。

用户自定义多重引线样式后，单击"确定"按钮，然后在"多重引线样式管理器"对话框将新样式置为当前样式即可使用。

3. 坐标标注

创建坐标标注，可以在菜单中选择"标注"→"坐标"；可以用工具栏按钮 ；也可以用命令行输入：DIMORDINATE→按 Enter 键，从而创建相对于用户坐标原点的坐标标注。

此时命令行将提示如下信息：

指定点坐标：

指定引线端点或[X基准（X）/Y基准（Y）/多行文字（M）/文字（T）/角度（A）]：

标注文字

命令行中一些选项的功能如下：

（1）"X基准（X）"和"Y基准（Y）"选项：分别用来标注指定点的 X、Y 坐标。

（2）"多行文字（M）"选项：用于在当前文本输入窗口输入标注的内容。

（3）"文字（T）"选项：用于输入要求输入标注的内容。

（4）"角度（A）"选项：用于确定标注内容的旋转角度。

4. 快速标注

"快速标注"是向图形中添加测量注释的过程，用户可以为各种对象沿各个方向快速创建标注。可用于快速标注的基本标注类型包括线性标注、坐标标注、半径和直径标注等。

创建快速标注，可以在菜单中选择"标注"→"快速标注"；可以用工具栏按钮 ；也可以用命令行输入：QDIM→按 Enter 键，从而创建快速标注。

此时命令行将提示如下信息：

选择要标注的几何图形：

指定尺寸线位置或[连续（C）/并列（S）/基线（B）/坐标（O）/半径（R）/直径（D）/基准点（P）/编辑（E）/设置（T）]〈连续〉：

命令行中一些选项的功能如下：

（1）"连续（C）"：选定多个标注对象，即可创建连续标注。

（2）"并列（S）"：选定多个标注对象，即可创建并列标注。

（3）"基线（B）"：选定多个标注对象，即可创建基线标注。

（4）"坐标（O）"：选定多个标注对象，即可创建坐标标注。

（5）"半径（R）"：选定多个标注对象，即可创建半径标注。

（6）"直径（D）"：选定多个标注对象，即可创建直径标注。

（7）"基准点（P）"：为基线和坐标标注设置新的基准点。

（8）"编辑（E）"：编辑多个标注。

（9）"设置（T）"：为指定尺寸界线原点设置默认捕捉对象。

5. 等距标注

设置等距标注，可以在菜单中选择"标注"→"等距标注"；可以用工具栏按钮 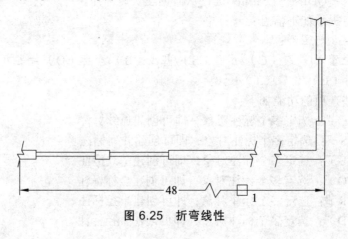；也可以用命令行输入：DIMSPACE→按 Enter 键，从而可以修改已经标注的图形中标注线的位置间距大小。

此时命令行将提示如下信息：

选择基准标注：

选择要产生间距的标注：

选择要产生间距的标注：

选择要产生间距的标注：

选择要产生间距的标注（直到选择完想操作的标注为止）：

输入值或[自动（A）]〈A〉：

6. 折断标注

设置折断标注，可以在菜单中选择"标注"→"折断标注"；可以用工具栏按钮 ；也可以用命令行输入：DIMBREAK→按 Enter 键，从而可以在标注线和图形之间产生一个隔断。

此时命令行将提示如下信息：

选择要添加/删除折断的标注或[多个（M）]：

选择要折断标注的对象或[自动（A）/手动（M）/删除（R）]〈自动〉：

7. 折弯标注

设置折弯线性，可以在菜单中选择"标注"→"折弯线性"；可以用工具栏按钮 ；也可以用命令行输入：DIMJOGLINE→按 Enter 键，从而控制所标注的对象中的折断。需要注意的是：标注值表示实际距离，而不是图形距离，如图 6.25 所示。此时命令行将提示如下信息：

选择要添加折弯的标注或[删除（R）]：

指定折弯位置（或按 Enter 键）：

图 6.25　折弯线性

6.2.4 形位公差与尺寸公差标注

在机械制图中，形位公差与尺寸公差是极为重要的，它们是机械产品进行加工和装配的依据，是实现功能和互换性的保证，AutoCAD 2014 为用户提供了形位公差与尺寸公差标注的方法。

1. 形位公差标注

形位公差（又称几何公差）主要用于机械图形，分为形状公差、方向公差、位置公差和跳动公差四种类型，通过特征控制框来添加形位公差，这些特征控制框中包含单个标注的所有公差信息。

1）形位公差的构成

形位公差可以通过特征控制框来显示形位公差信息。

2）标注形位公差

设置形位公差，可以在菜单中选择"标注"→"公差"；可以用工具栏按钮 ⊞；也可以用命令行输入：TOLERANCE→按 Enter 键，从而打开"形位公差"对话框，设置公差的符号、值和基准等参数，如图 6.26 所示。

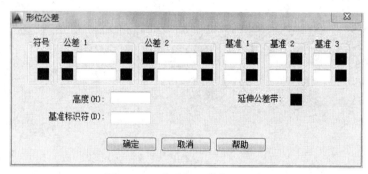

图 6.26　"形位公差"对话框

"形位公差"对话框中各个选项说明如下：

（1）"符号"选项：单击该列的■框，将打开"符号"对话框，如图 6.27 所示，在此可以为第 1 个或第 2 个公差选择几何特征符号。

（2）"公差 1"和"公差 2"选项区域：单击该列前面的■框，可以插入一个直径符号，中间的文本框可以输入公差值；单击该列后面的■框，将打开"附加符号"对话框，如图 6.28 所示，可以为公差选择"包容条件"符号。

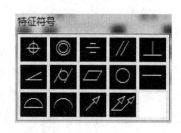

图 6.27　"符号"对话框

图 6.28　"附加符号"对话框

（3）"基准1"和"基准2"选项区域：这些选项组根据文本框用于创建基准参照值，用户直接在文本框中输入数值即可。单击文本框右边的图标■，同样将打开"附加符号"对话框，选择"包容条件"符号。

（4）"高度"文本框：在文本框中输入数值，指定公差带的高度。

（5）"延伸公差带"选项：单击该■框，可在延伸公差带值的后面插入延伸公差带符号。

（6）"基准标识符"文本框：创建由参照字母组成的基准标识符。

2. 尺寸公差标注

尺寸公差的标注形式是通过标注样式中的"公差"来设置的。

6.2.5 编辑标注对象

在 AutoCAD 中，还可以对标注中的对象进行编辑，包括编辑标注、编辑标注文字的位置、替代标注、更新标注、关联标注等；其相关操作简单明了，前面相关内容处有提到相关操作，在此不再赘述。

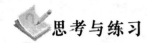

思考与练习

1. 思考题

（1）在 AutoCAD 2014 中，创建尺寸标注的步骤是什么？

（2）在 AutoCAD 2014 中，创建尺寸公差的步骤是什么？

2. 上机操作

绘制如图 6.29 所示的图形，完成其各项标注。

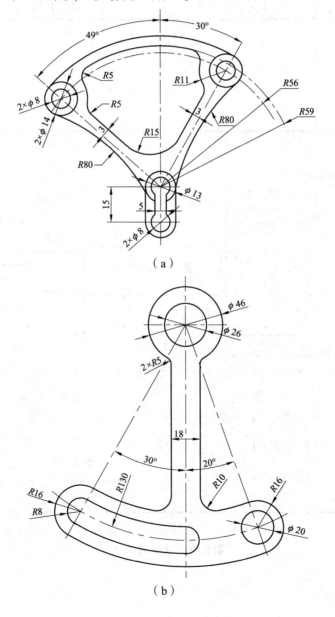

（a）

（b）

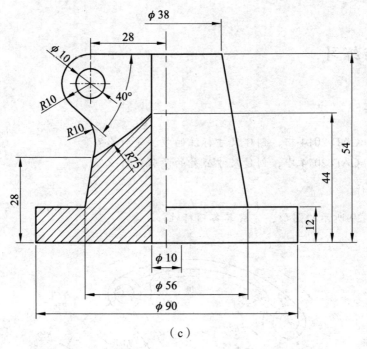

（c）

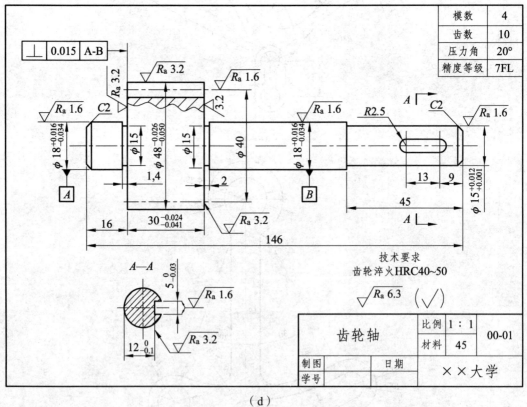

（d）

图 6.29　上机练习题

第 7 章　机械制图常用图块与图案填充

【本章导读】

　　在绘图时，经常会用到一些重复的图形，例如建筑中的家具图例、轴标号与标高符号等。机械制图中常用的一些标准件可以利用 AutoCAD 2014 的复制和修改功能来实现图形的绘制，但是对于图形的多次复制，这种操作不但烦琐，而且一旦发现源图形有错误，所有之前复制的对象都需要重新修改，效率特别低。

　　AutoCAD 2014 为用户提供了块的功能。块可以是绘制在几个图层上的不同颜色、线型和线宽等特性的对象的组合，即图形中的多个图形对象组成一个整体，给它命名并存储在图中的一个整体图形。

　　图块功能可以将重复使用的图形定义成块，可以将图块看成一个个单一的对象插入到图形里，并且可以在插入图块的工程中进行比例缩放和旋转等一系列操作，还可以将块分解成组对象。

　　图案填充用于绘制剖面符号或剖面线，表示纹理或涂色等，广泛应用于机械图、建筑图、地质构造图等各类绘图中。AutoCAD 2014 提供了"图案填充"与"渐变色"两个命令来进行图案的填充。

【本章要点】

（1）定义块。

（2）插入块。

（3）写块。

（4）定义块属性。

（5）编辑块属性。

（6）块的管理与编辑。

（7）图案填充。

块的创建、使用和编辑等命令主要集中在"绘图"菜单栏中，其中工具栏命令主要集中在"绘图"工具栏中。

7.1　定义内部图块

"定义块"命令用于创建块，并将块保存在当前图形文件中，以备重复使用。

7.1.1 命令的执行方式

（1）菜单栏："绘图"→"块"→"创建块"；
（2）工具栏：单击"绘图"工具栏按钮 ；
（3）命令行：输入"BLOCK"→按 Enter 键。
（4）快捷键："B"。

执行此命令后，系统将打开"块定义"对话框，如图 7.1 所示。应该特别注意，用该方法创建的块仅保存在当前图形中。

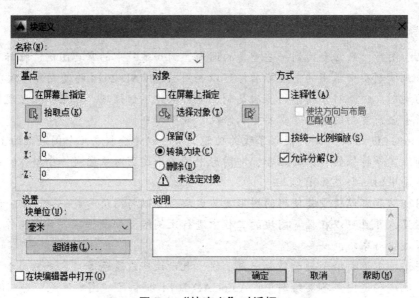

图 7.1 "块定义"对话框

7.1.2 "块定义"对话框

"块定义"对话框中各种选项含义介绍如下：

1. "名称"下拉列表

指定块的名称，块名称和块定义仅保存在当前图形中。

2. "基点"选项区域

指定块的插入基点。可以利用以下几种方式：

1）"在屏幕上指定"复选框
勾选此选项并关闭对话框时，系统将提示用户指定基点。

2）"拾取点"按钮
暂时关闭对话框以使用户能够在当前图形之中拾取基点。

3）输入坐标值

（1）"X"
指定 X 轴坐标值。

（2）"Y"

指定 Y 轴坐标值。

（3）"Z"

指定 Z 轴坐标值。

3."对象"选项区域

指定新块中要包含的对象，以及创建块后保留或者删除选定的对象，或者将它们转换成块实例。

1）"在屏幕上指定"复选项

勾选此选项并关闭对话框时，系统将提示用户指定对象。

2）"选择对象"按钮

单击该选项，将暂时关闭"块定义"对话框，并提示用户选择组成块的源对象。选择指定对象之后，点按 Enter 键可返回到该对话框。

3）"快速选择"按钮

显示"快速选择"对话框并使用该对话框定义选择集。

4）"保留"复选项

创建块后，将选定的对象保留在图形之中。

5）"转换为块"复选项

创建块后，将选定的对象转换成图形中的块实例。此选项为系统默认选项，一般常用此项选择对象。

6）"删除"复选项

创建块以后，从图形中删除选定的对象。

7）"选定的对象"显示区域

显示选定对象的数目。

4."方式"选项区域

"方式"选项用于指定块的行为，各项具体功能如下：

1）"注释性"复选项

指定块为注释性。

2）"使块方向与布局匹配"复选项

指定在图纸空间视口中，块参照的方向与布局的方向匹配。如果未选择"注释性"选项，则该选项不可用。

3）"按统一比例缩放"复选项

指定块参照是否按统一比例缩放。

4）"允许分解"复选项

指定块是否可以被分解。

5."设置"选项区域

1）"块单位"下拉列表框

用于块参照的插入单位。

2）"超链接"按钮

单击"超链接"按钮，将打开"插入超链接"对话框，使用该对话框可以将定义的超链接与块相关联。

6．"说明"文本区域

用户可在"说明"文本区域中指定块的说明信息。

7．"在块编辑器中打开"复选项

选中"在块编辑器中打开"复选框并单击确定，系统将在块编辑器中打开当前的块定义。

【例 7.1】创建如图 7.2（a）所示的粗糙度符号为块。

解析：粗糙度具体尺寸参数如图 7.2（b）所示，其中参数 H_1 和 H_2 分别如表 7.1 所示。

表 7.1　粗糙度符号尺寸

字母和数字高度 h	2.5	3.5	5	7	10	14	20
符号线宽 d'	0.25	0.35	0.5	0.7	1	1.4	2
字母线宽 d							
高度 H_1	3.5	5	7	10	14	20	28
高度 H_2	8	11	15	21	30	42	60

在一般图纸范围，标注字高一般取 3.5 mm，因此 H_1 和 H_2 的高度分别为 5 mm 和 11 mm，确定参数后可以参照以下步骤创建粗糙度符号。

（1）使用"多边形"命令，创建如图 7.2（c）所示等边三角形，尺寸大小不限。

（2）使用"直线"命令，连接直线 AB，如图 7.2（d）所示。

（3）使用缩放命令，选择如图 7.2（d）所示等边三角形进行缩放，按照下列命令提示进行操作：

命令：scale//激活命令

选择对象：//选择如图 7.2（d）所示等边三角形进行缩放

选择对象：//结束选择

指定基点：　　　　　// 指定 B 点缩放命令的基点（缩放中心）

指定比例因子或[复制（C）/参照（R）]：r　　　　　//输入 R 指定为参照方式

指定参照长度<1.0000>//拾取 A，B 两点，指定 AB 线段的长度为参照长度

指定第二点：//指定确定参照长度的第二点

指定新的长度或[点（p）]<1.0000>：5　　　//直接输入 5 作为新长度，系统按照比例因子=新长度/参照长度，对所选图形进行缩放

（4）使用"直线"命令设置极轴追踪为"60°"做出右侧 60° 斜线，如图 7.2（e）所示。

（5）过 A 点竖直向上绘制一条直线 AC，使得其长度为 6，如图 7.2（f）所示。

（6）使用"构造线"命令，通过 C 点做水平构造线，如图 7.2（g）所示。

（7）使用"修剪"命令，修剪右侧 60°斜线中处于构造线上侧的部分，然后删除构造线，如图 7.2（h）所示。

（8）添加斜线尾部的水平直线，一般长度为 12 mm 左右，至此，粗糙度符号绘制完成，如图 7.2（i）所示。

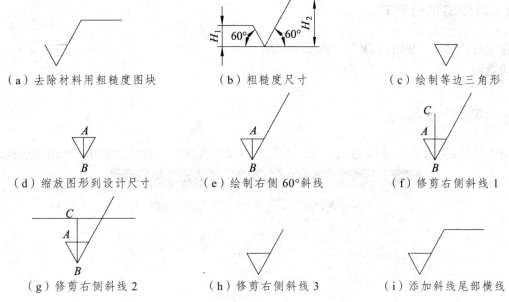

（a）去除材料用粗糙度图块　　　（b）粗糙度尺寸　　　（c）绘制等边三角形

（d）缩放图形到设计尺寸　　　（e）绘制右侧 60°斜线　　　（f）修剪右侧斜线 1

（g）修剪右侧斜线 2　　　（h）修剪右侧斜线 3　　　（i）添加斜线尾部横线

图 7.2　创建带属性的粗糙度块

（9）创建粗糙度图块。

① 单击"绘图"工具栏按键 ，打开"块定义"对话框。

② 在"名称"下拉列表中，输入要创建的图块的名称，如"去除材料用粗糙度"。

③ 单击"拾取插入基点"按钮，系统暂时关闭对话框，回到绘图窗口，从图中选择 B 点作为基点（即图块插入点），系统返回"块定义"对话框。

④ 在"对象"选项区域中，单击"选择对象"按钮，系统暂时关闭对话框，回到绘图窗口，从图中选择要做成粗糙度的图形，如图 7.2（i）所示，随后系统将返回"块定义"对话框。

⑤ 如果要在控制打印时使用"注释比例"功能，可在"方式"选项区域勾选"注释性"复选项。

⑥ 点击"确定"按钮完成粗糙度图块的创建，最终结果如图 7.2（i）所示。

7.2　定义外部图块

定义外部块也是创建块的一种。定义外部块是把用户定义的块永久地保存成一个单独的 AutoCAD 文件，以备以后使用。

内部块随时可插入到任何一个图形中使用，但是不能插入在其他的 AutoCAD 文件之中，因此定义内部块并不能极大地提高工作效率。为了弥补这种不足，AutoCAD 2014 提供了定义外部块命令，它可以将块作为一个图形文件存储在计算机之中，也可以将选择集或整个图形定义为外部块并作为一个独立的 AutoCAD 图形文件存储在计算机之中，以后该图形文件就可以作为一个块插入到其他 AutoCAD 图形文件中。这种能作为单独文件存盘的图块称为外部图块。实际上，用定义外部块命令将块保存到磁盘后，该块将以".dwg"格式保存，即 AutoCAD 图形文件格式保存，但是".dwg"图形文件中保存的并不是图块，而是定义块之前的外部块的源对象。

7.2.1 命令的执行方式

命令行：输入"WBLOCK"→按 Enter 键。

快捷键"W"。

7.2.2 "写块"对话框

当执行定义外部块（"WBLOCK"）命令后，AutoCAD 将打开"写块"对话框，如图 7.3 所示。

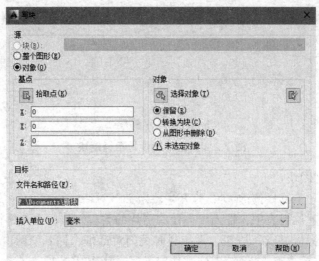

图 7.3 "写块"对话框

该对话框各选项功能如下：

1. "源"选项区域

确定组成外部块的图形的来源。

（1）"块"复选项。

将之前定义好的内部块作为外部图块存盘。选中该选项，位于右侧的下拉列表框中会列出当前图形中所有图块的名称。

（2）"整个图形"复选项。

将整个文件中的所有图形作为一个外部块。

（3）"对象"复选项。

将用户选择的图形作为外部块存盘。

① "基点"选项区域。

与"块定义"对话框功能相同，功能详情参照前一节。

② "对象"选项区域。

与"块定义"对话框功能相同，功能详情参照前一节。

2. "目标"选项区域

指定文件的所定义外部块的新名称和新位置以及插入块时所用的默认单位。

（1）"文件名和路径"文本框。

在此文本框用户可以指定图块文件的名称以及所保存的位置。

（2）"插入单位"下拉列表。

在此下拉列表中，用户可以设定插入图块时使用的默认单位。

【例 7.2】将例 7.1 中创建的粗糙度图块存盘，以便其他图形调用。

（1）在命令行输入"WBLOCK"→按 Enter 键，打开"写块"对话框。

（2）在"源"选项区域中，选择"块"复选项，其右侧的下拉列表框中选择"去除材料用粗糙度"图块。

（3）单击"目标"选项区域"文件名和路径"文本框右侧的"..."按钮，在打开的对话框中选择合适的目录，并定义存盘的图块名称（也可不重新定义名称）。

（4）单击"确定"按钮，完成图块的存盘。

7.3   插入块

前两节学习了如何定义块，可是定义了块之后如何使用呢？这时候就需要用到"插入块"命令。利用该命令既可以调用内部块，也可以调用外部块。

"插入块"命令用于在当前图形文件中插入之前已经定义好的图块（内部图块或将已存盘的".dwg"格式文件的外部块。）

命令的执行方式如下：

（1）工具栏：单击"绘图"，工具栏按钮 ；

（2）命令行：输入"INSERT"→按 Enter 键；

（3）快捷键："I"。

7.3.1   "插入"对话框

执行"INSERT"命令后，AutoCAD 将打开"插入"对话框，如图 7.4 所示。

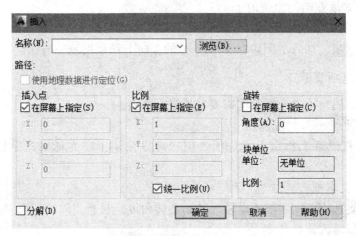

图 7.4 "插入"对话框

该对话框中各选项区域功能如下：

1. "名称" 下拉列表

指定要插入内部块的名称。

2. "浏览" 按钮

指定要的插入块的名称。点击该按钮，系统将打开 "选择图形文件" 对话框，从中可选择要插入的块。

3. "预览" 区域

显示要插入的块的预览。"预览" 区域右下角的闪电图标表示该块为动态块， 图标表示该块为注释性。

4. "插入点" 选项区域

当插入块时，需要指定在图形中块的基点的位置（即插入点）。
（1）"在屏幕上指定" 复选项。
选中该复选项，用户需要在绘图区域中指定插入点。
（2）"X" "Y" "Z" 选项。
输入插入点的 X、Y 和 Z 坐标值。只有当不勾选 "在屏幕上指定" 复选项时，该选项才可以输入坐标值。

5. "比例" 选项区域

当插入块时，用户可以根据制图的需要对块进行缩放。缩放时，在 X、Y、Z 三个方向的缩放比例可以不同，也可以相同。如果指定负的 X、Y 和 Z 缩放比例因子，系统将插入镜像的块。
（1）"在屏幕上指定" 复选项。
通过使用十字光标来指定插入图块的比例。
（2）"X" "Y" "Z" 选项。
设定 X、Y、Z 轴方向的比例因子。
（3）"统一比例" 复选项。
若勾选此复选项，插入的图块在 X、Y、Z 轴方向上都采用统一的比例。

6. "旋转" 选项区域

当插入块时，用户可以根据制图需要对块进行旋转。
（1）"在屏幕上指定" 复选项。
如果选择 "在屏幕上指定" 复选项，用户可以使用十字光标来指定插入图块的旋转角度。
（2）"角度" 文本框。
如果选择该复选项，则需要手动输入块的旋转角度。只有当取消勾选 "在屏幕上指定" 复选项时，才可以输入旋转角度。

7. "块单位"选项区域

（1）"单位"文本框。

显示有关块单位的信息。

（2）"比例"文本框。

显示有关块缩放比例的信息。

8. "分解"复选项

勾选此复选项时，将会自动分解即将插入的图块。

7.3.2 注意事项

（1）当块被插入到新图形中时，块仍将保持它原图层的定义。假如一个块中的对象最初位于名为"图层一"的层中，当它被插入时，它仍在"图层一"层上。但若图形文件的图层和块图形文件的图层相同命名时，则块中该图层的颜色和线型是按图形的同名图层来确定线型与颜色的。

（2）若块的组成对象位于"图层 0"，且对象的颜色、线型和线宽都设置为"随层"，那么把此块插入当前的图层时，该块的特性将与当前图层的特性相同。

（3）若组成块的对象的颜色、线型或线宽等特征都设置为"随块"，那么在插入此块时，这些对象特性将被设置为系统的当前值。

（4）块定义中可包含其他嵌套的块。

7.4 定义块的属性

在使用 AutoCAD 绘图时，用户经常需要插入多个带有不同名称或不同附加文本信息的图块。若依次对各个块进行单独标注，将会浪费太多的时间。因此，可以使用定义块属性的功能，在插入块的时候为图块指定相应的属性值，这样可以大大提高绘图效率。块属性实质上就是图块中已经定义好的对齐方式、文字样式、文字高度、旋转角度和位置等文本信息。

属性是块的一个组成部分。它从属于块，当用删除命令删除块时，属性也连同块一并被删除了。

一个具有属性的块，由两部分构成，分别是实体与属性两部分。一个块可以含有一个或多个属性，在每次插入块时，属性可以隐藏和显示，还可以根据制图需要改变属性值。

属性具有以下特点：

（1）属性包括两项内容，即属性标记和属性值。

（2）在定义块之前，需要先定义属性的标记、提示、默认值、显示格式、插入点等内容。

（3）属性用"ATTEXT"命令进行数据提取。

7.4.1 命令的执行方式

（1）菜单栏："绘图"→"块"→"定义属性"；

（2）命令行：输入"ATTDEF"→按 Enter 键；

（3）快捷键："ATT"。

7.4.2 "属性定义"对话框

执行"ATTDEF"命令后，AutoCAD 将打开"属性定义"对话框，如图 7.5 所示。该对话框各选项区域功能如下：

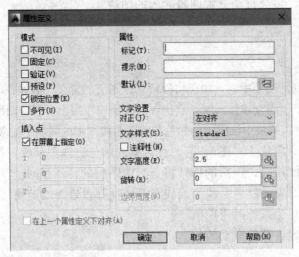

图 7.5 "属性定义"对话框

1. "模式"选项区域

设定属性文字的显示模式。

（1）"不可见"复选项。

插入块并输入该属性值后，属性值不显示在图中。

（2）"固定"复选项。

将块的属性设为一个不变的恒定值，块插入时不再提示属性信息，也不可以修改定义的属性值。

（3）"验证"复选项。

插入块时，每出现一个属性值，命令行就弹出提示，要求验证该属性输入值是否正确，若需修改该属性值，可在该提示下重新输入正确的值。

（4）"预设"复选项。

插入块时，指定块的属性为缺省值，在以后插入块时，系统将不再提示输入属性值的选项，而自动填写缺省值。

（5）"锁定位置"复选项。

锁定块参照中属性的位置。锁定后，相对于使用夹点编辑的块来说，锁定位置的块的属性将无法进行移动，也不能调整多行文字属性的大小。

（6）"多行"复选项。

允许用户指定属性的边界宽度。同时，指定属性值可以包含多行文字。

2. "属性"选项区域

设置图块属性相关的数据。

（1）"标记"文本框。

指定标识属性的名称。用户可使用除空格外的任何字符组合来输入属性标记，输入的小写字母会自动转换为大写字母，因为字母系统默认格式为大写格式。

（2）"提示"文本框。

指定在插入包含该属性定义的块时系统所显示的提示。如果不输入提示，系统将会以属性标记作为其提示。但是，若在"模式"选项区域中选择"固定"模式的时候，"属性提示"选项将不可用。

（3）"默认"文本框。

指定默认的属性值。

3. "插入点"选项区域

确定属性值在块中的插入点。用户可分别在 X、Y、Z 文本框中输入对应的坐标值，也可单击"在屏幕上指定"选项，系统将切换到绘图窗口，在弹出的命令提示窗口中输入插入点坐标，或用光标在绘图区拾取一点来作为属性值的插入点。

4. "文字设置"选项区域

设置属性文本的字体、字体高度、对齐方式和旋转角度等。

（1）"对正"下拉列表。

指定属性文字的对正方式。

（2）"文字样式"下拉列表。

指定属性文字的文字样式。

（3）"注释性"复选项。

指定属性为注释性。若此时块是注释性的，那么属性将与块的方向相匹配。

（4）"文字高度"文本框。

指定属性文字的高度。指定的高度为从原点到指定点位置的测量值。用户可以在文本框中直接输入值，也可以选择文本框右侧的"文字高度"按钮来指定高度。若选择了除"0"值以外固定高度的文字样式，或者在"对正"列表中选择了"对齐"选项，则此时"高度"选项将不再可用。

（5）"旋转"文本框。

指定属性文字的旋转角度，该旋转角度为从原点到指定的位置的测量值。用户可以在该文本框中直接输入需要旋转的值或选择文本框右侧的"旋转"按钮，来旋转文字的角度。此时应注意，若在"对正"列表中选择了"对齐"选项或"调整"选项，那么"旋转"选项将不可用。

（6）边界宽度。

指定多行文字属性中，一行文字的最大长度。若值为"0"，则表示不限制文字行的长度。

5. "在上一个属性定义下对齐"复选项

若选择该选项，系统将会使该属性标记直接置于之前定义属性的下面。此时应注意，若之前没有创建属性定义，则此选项将不可用。

【例 7.3】创建如图 7.6（a）所示的具有属性位的粗糙度符号。

（1）使用例 7.1 的方法做出如图 7.6（b）所示的图形。

（2）选择菜单栏"绘图"→"块"→"定义属性"命令，AutoCAD 系统将弹出"属性定义"对话框，按照图 7.6（c）所示的参数进行设置。

（3）单击"确定"按钮，系统将返回绘图界面。通过对象捕捉功能捕捉到如图 7.6（d）所示的端点，则块属性对象显示为块属性名称。

（4）使用"移动"命令，把块属性对象移动到合适的位置，如图 7.6（f）所示。

（5）使用"创建块"命令，把如图 7.6（f）所示图形的块属性对象和图形对象创建为一个块。在创建块后，之前图中选定的块属性对象和图形对象就将转换成图形中的块实例，如图 7.6（g）所示。因为整个图形已经转化为块，成为一个整体，块属性对象将显示为之前设置的默认值"6.3"。

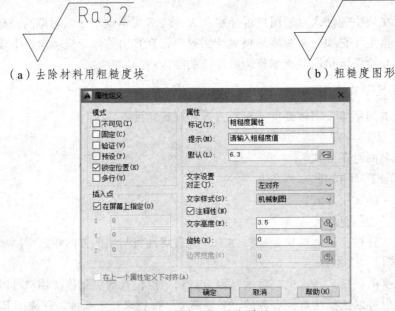

（a）去除材料用粗糙度块   （b）粗糙度图形

（c）定义粗糙度属性

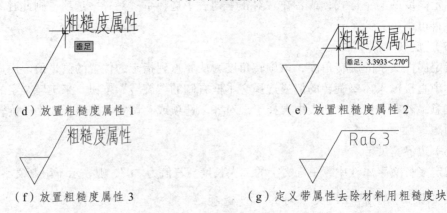

（d）放置粗糙度属性 1   （e）放置粗糙度属性 2

（f）放置粗糙度属性 3   （g）定义带属性去除材料用粗糙度块

图 7.6 创建带属性的粗糙度图块

【例 7.4】将例 7.3 中创建的带属性的粗糙度图块插入零件图中，如图 7.7（a）所示。

（1）点击"绘图"工具栏按键 ，弹出"插入"对话框，设置比例为"1"。

（2）"插入点"和"旋转"选项都选择"在屏幕上指定"选项，设置参数如图 7.7（b）所示。

（3）单击"确定"按钮，系统将弹出"选择注释比例"对话框以确认注释比例，如图 7.7（c）所示。因涉及的注释比例和打印出图有关，所以将在后面章节介绍，详见后面章节。单击"确定"按钮即可。

（4）此时，命令栏提示如下：

命令：insert

指定插入点或[基点（B）/比例（S）/X/Y/Z/旋转（R）]

//选择块的基点在图中的位置，其中，基点（B）选项可以重新设置修改块的基点，比例选项在"插入"对话框中已经设置旋转角度将通过光标在屏幕上指定

（5）如图 7.7（d）所示，通过"对象捕捉"功能选择"中点"。

（6）如图 7.7（e）所示，通过"极轴追踪"功能，合理选择旋转角度。

（7）确定旋转角度后，单击鼠标左键，系统将自动弹出"编辑属性"对话框，如图 7.7（f）所示。用户可以随意更改需要的粗糙度值。单击"确定"按钮完成插入带属性粗糙度的块。

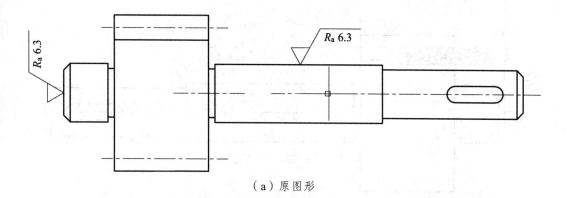

（a）原图形

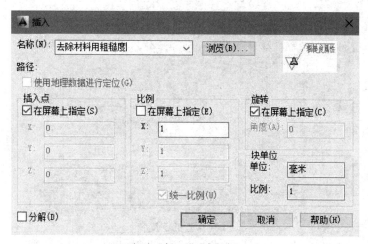

（b）"插入"对话框

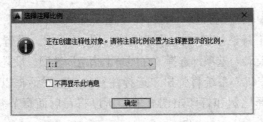

（c）"选择注释比例"对话框

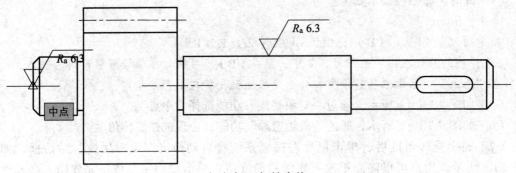

（d）插入粗糙度块

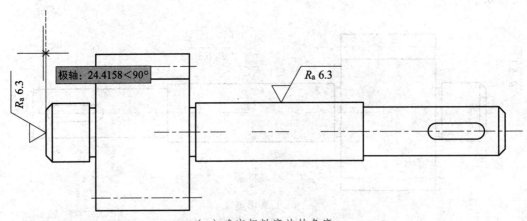

（e）确定粗糙度旋转角度

（f）确定粗糙度值

图 7.7　插入带属性的粗糙度块

7.5　编辑图块属性

"编辑文字"命令常用于修改未合并成块之前的属性，如标记名称、提示符或默认值等。而"增强属性编辑器"则可以修改单个属性块的属性，如属性值、文字样式、对正方式、文字的高度和倾斜角度以及图层特性等。

7.5.1　在未合成块之前，编辑块属性

当用户定义了块属性并且对象还没有和图形合并成块时，如果发现有需要修改的地方，如标记名称、提示符或默认值等，可以用"编辑文字"命令对属性的各个参数进行修改编辑。

1. 命令的执行方式

（1）菜单栏："修改"→"对象"→"文字"；

（2）命令行："DDEDIT"→按 Enter 键；

（3）快捷键："ED"→按 Enter 键；

（4）双击左键：在所定义的属性文本上双击鼠标左键。

2. 命令行提示

命令：ddedit//激活命令

选择注释对象或[放弃（U）]　　　　　//选择要编辑的块属性对象，系统将弹出"编辑属性定义"对话框，如图7.8所示。在对话框中可以修改属性标记的名称、提示和默认值。

图 7.8　"编辑属性定义"对话框

7.5.2　在合成块之后，编辑单个图块属性

如果用户对已经插入的具有属性的块感到不满意，想要修改如属性值、文字样式、对正方式、文字的高度和倾斜角度以及图层特性等参数，可以使用"编辑属性"命令来对已含有属性的块的各个属性参数进行修改、编辑。但是该方法需要注意的是，不能修改属性的提示说明以及标记名，并且执行此命令的前提是在当前图形中已经存在带有属性的图块。

1. 命令的执行方式

（1）菜单栏："修改"→"对象"→"属性"→"单个"；

（2）工具栏：单击"修改Ⅱ"工具栏按钮；

（3）命令行：输入"EATTEDIT"→按 Enter 键；

（4）双击左键：在带属性的块上双击鼠标左键。

2."增强属性编辑器"选项卡

激活"编辑属性"命令后，点击需要编辑的带属性的块，系统将弹出"增强属性编辑器"对话框，如图 7.9 所示。该对话框具有 3 个选项卡，分别是"属性""文字选项"和"特性"，用户可以在这 3 个选项卡中编辑需要修改的参数。

（1）"属性"选项卡：用于修改和显示块的标记、提示和值。

（2）"文字选项"选项卡：用于修改和显示属性文字的字体、字高、旋转角度和对齐方式。

（3）"特性"选项卡：用于修改和显示属性文字的图层、线型、线宽、颜色和打印样式。

（a）"属性"选项卡　　　　　　　　　　　（b）"文字选项"选项卡

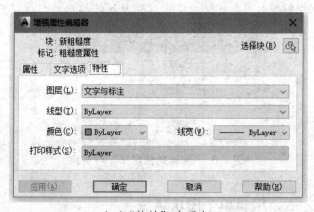

（c）"特性"选项卡

图 7.9　"增强属性编辑器"对话框

【例 7.5】将如图 7.10（a）所示图形中错误的基准标注修改为如图 7.10（b）所示的正确标注。

（1）在如图 7.10（a）所示的基准块上双击鼠标左键，打开"增强属性编辑器"对话框。

（2）在"属性"选项卡中，选择"A"。

（3）切换到"文字选项"选项卡，将"旋转"文本框中的数字"180"改为"0"，如图 7.10（c）所示。单击"确定"按钮完成修改。

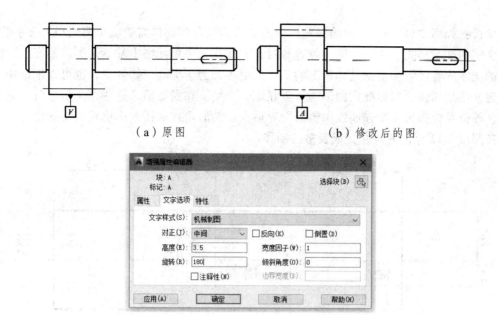

（a）原图　　　　　　　（b）修改后的图

（c）"增强属性编辑器"对话框

图 7.10　编辑图块属性实例

【例 7.6】创建如图 7.11（a）所示的标题栏图块，并设置相应的块属性，如图 7.11（b）所示。

		比例	
		材料	
制图		日期	
学号			

（a）块练习

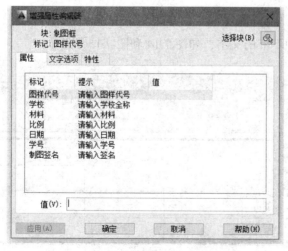

（b）图块属性

图 7.11　带属性的标题栏图块

解析：如图 7.11（a）所示的标题栏中，表格的空白单元格需要填写图纸相关文字信息，这些文字的文字样式、文字高度、位置和对正方式在相关单元格中基本是保持不变的，但是其中的文字内容经常会根据具体情况的不同而更改，为了提高工作效率，也可以把这些文字信息定义成块属性，与标题栏图形整体创建成一个块。在需要输入这些相关信息时，只需双击块，等待系统弹出"增强属性编辑器"对话框，然后再在对话框中填写需要的信息。

按照图 7.12 标记的尺寸完成表格的制作。

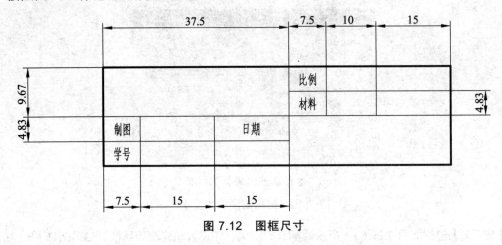

图 7.12　图框尺寸

（1）制作完成的标题栏如图 7.13 所示。

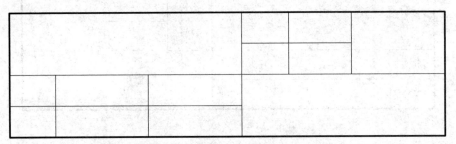

图 7.13　标题栏

（2）填写标题栏中不变的文字，如图 7.14 和图 7.15 所示。

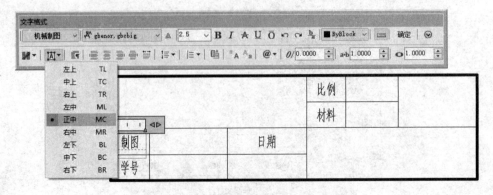

图 7.14　文字填写 1

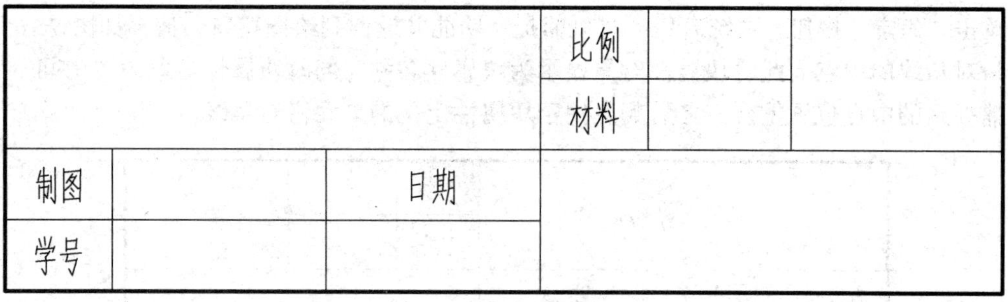

		比例		
		材料		
制图		日期		
学号				

图 7.15 文字填写 2

（3）绘制辅助线。

在"制图"单元格右侧的相邻单元格中绘制一条对角线，用于确定插入点的位置，其中对角线的中点作为块属性的插入点。

		比例		
		材料		
制图		日期		
学号				

图 7.16 绘制定义块的辅助线

（4）定义块属性。

单击"绘图"菜单栏→"块"→"定义属性"命令，系统弹出"定义属性"对话框，打开"属性定义"对话框，按照如图 7.11 所示参数设置内容。

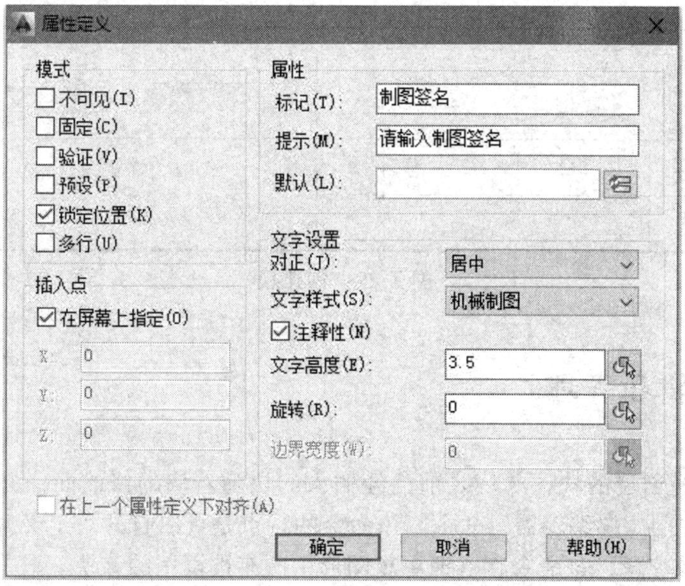

图 7.17 定义块属性

单击"确定"按钮，系统启用"对象捕捉"功能并返回到绘图窗口，捕捉如图7.16所示单元格对角线的中点。此时块属性对象显示为块属性名称，同时块属性对象的"中间"对齐点和捕捉到的中点位置重合。之后删除用于块属性定位的单元格对角线。

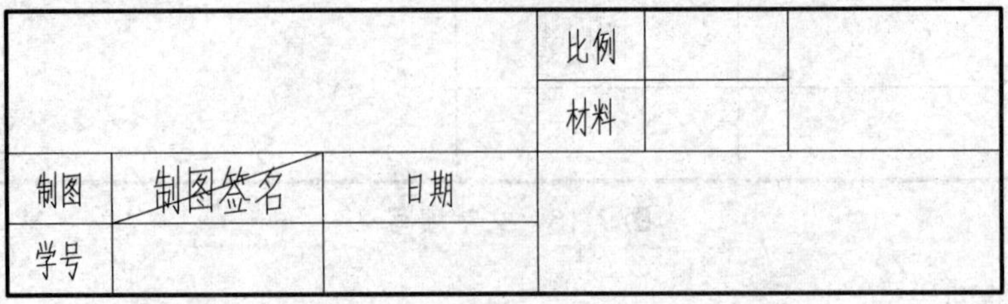

图 7.18　确定块属性的位置

（5）使用上述方法完成其他单元格块属性。

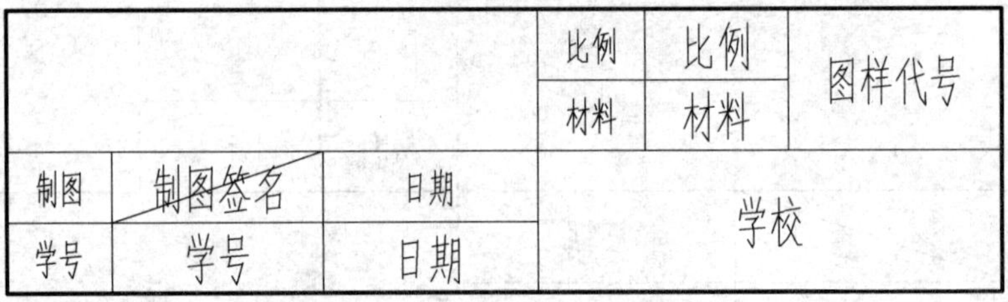

图 7.19　设置其他块属性

6）创建标题栏图块。

使用"创建块"命令，将图7.19所示的所有块属性和标题栏图形对象创建成一个块。设置图框的右下角点为块的基点。在创建块的同时，该图中选定的所有块属性和图形对象将转换成图形中的块，如图7.20所示。因为已经和图形对象转化为块，所以块属性对象在此处将不再显示为块属性名称，而是显示为空白内容（即默认值）。

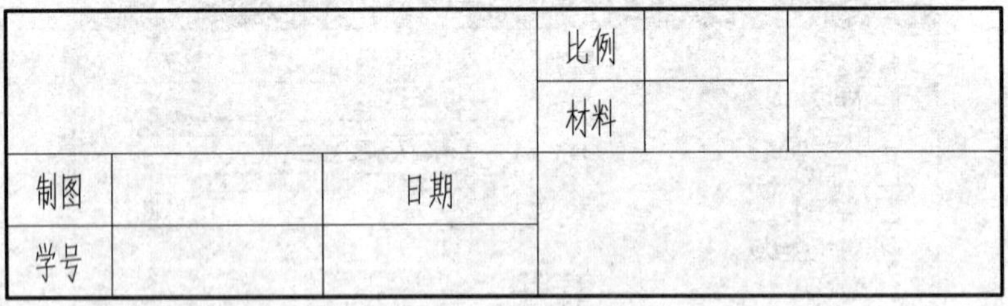

图 7.20　创建块

7.6　块的编辑和管理

若要编辑已经创建的块，并使之前已经插入的块随着块的修改而一并更改，需要用到 AutoCAD 2014 中的"块编辑器"命令。该命令的特点是可以打开块定义并对块定义进行编辑修改，一旦修改完成，该命令将立即更新图形中所有被调用的该块。

注意：对块是可以使用复制、镜像、旋转等编辑命令的，但是不能直接使用延伸、修剪、偏移、拉长、拉伸、倒圆、倒角等命令对块的内部图形进行编辑。

若要对图块的内部图形编辑，需要使用下列方法修改块定义。

7.6.1　在前图形修改块定义

1. 使用"块编辑器"命令对块定义进行修改

"块编辑器"提供了在当前图形中修改块的最简单方法。

1）"块编辑器"功能

"块编辑器"用于对当前图形进行创建和更改块定义，它是一个独立的工作模块。"块编辑器"还可以向块中添加动态行为，进而创建动态块。

在"块编辑器"中对块进行的所有更改将应用到现有块定义，并且将立即对此图形中所有被调用的块进行自动更新。

在"块编辑器"中，具体可进行如下操作：

（1）绘制和编辑图形；

（2）进行尺寸标注；

（3）定义块；

（4）添加动作参数；

（5）添加几何约束或标注约束；

（6）定义属性；

（7）管理可见性状态；

（8）测试和保存块定义；

2）"块编辑器"命令的执行方式

工具栏：单击"标准"工具栏按钮 ；

命令行：输入"BEDIT"→按 Enter 键；

快捷键："BE"。

执行命令后，系统将自动弹出"编辑块定义"对话框，如图 7.21（a）所示。

从列表中任意选择一个需要修改的块定义（若想要打开的块定义为当前图形，那么请选择"<当前图形>"）选项。接着单击"确定"按钮，系统将自动关闭"编辑块定义"对话框，显示"块编辑器"界面。

"块编辑器"是一个独立的模块，在该环境中所有的操作只对该图块起作用。块编辑器提供了"块编写"选项板和"块编辑器"两个功能选项，如图 7.21（b）所示。

3）"块编辑器"工具栏

"块编辑器"工具栏提供了在"块编辑器"中设置可见性状态和创建动态块的功能。

4）"块编写"选项板

"块编写"选项板中包含用于创建动态块的工具。"块编写"选项板窗口包含以下选项卡：

（1）参数；

（2）动作；

（3）参数集；

（4）约束。

5）退出"块编辑器"环境

若需要退出"块编辑器"环境，用户可以单击位于"块编辑器"工具栏上的"关闭块编辑器"按钮，此时系统将弹出"块-未保存更改"对话框，如图 7.21（c）所示。在该对话框中，用户可以对刚才操作进行保存（或不保存）。使用"块编辑器"修改块之后，当前图形中已经插入的对应的块都将自动更新修改。

6）注意

（1）在列表中选择了某个块定义后，该块定义将显示在"块编辑器"中并且可以编辑。

（2）在块编辑器中 UCS 命令将被禁用，UCS 图标的原点即为块的基点。

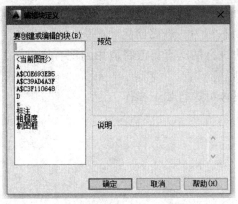

（a）"编辑块定义"对话框

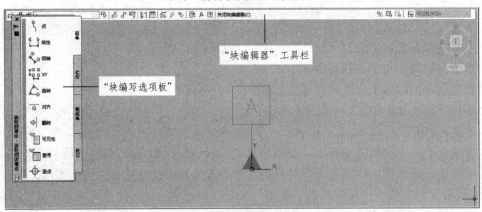

（b）"块编辑器"界面

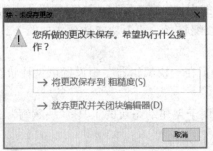

（c）"块-未保存更改"对话框

图 7.21 使用"块编辑器"命令修改块

2. 重新创建新的同名块定义

另一种修改块定义的方法是创建新的块定义，但要输入现有块定义的名称。下面以修改粗糙度块为例，介绍重新创建新的同名块定义的步骤：

（1）使用"插入块"命令，在图中插入之前已经创建好的块（去除材料用粗糙度块），如图 7.22（a）所示。

（2）单击"修改"工具栏按钮 ，将"分解"命令激活，选择刚刚插入在图中的"去除材料用粗糙度"块，图块分解为定义图块之前的模样（源对象）。

（3）修改图形，使图形变为图 7.22（b）所示的图形。

（4）单击"绘图"工具栏按钮 ，将"创建块"命令激活，系统自动弹出"块定义"对话框，在"名称"下拉列表中选择"去除材料用粗糙度"如图 7.22（c）所示。

（5）按照例 7.3 的方法重新创建"去除材料用粗糙度"图块。

（6）单击"确定"按钮，使系统弹出"块-重定义块"对话框，如图 7.22（d）所示。系统提示原有的"去除材料用粗糙度""块定义已更改，是否要重新定义此块"。

（7）单击"重定义"按钮，系统将重新定义该名称的块，同时绘图区域中之前定义块的源对象立即转换成为块实体，如图 7.22（e）所示。打开"插入块"对话框可以看到，当在"名称"下拉列表中选择"去除材料用粗糙度"时，预览窗口将显示重新定义好的该名称块，如图 7.22（f）所示。

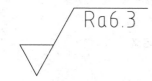

（a）新标准"去除材料用粗糙度"

（b）旧标准"去除材料用粗糙度"

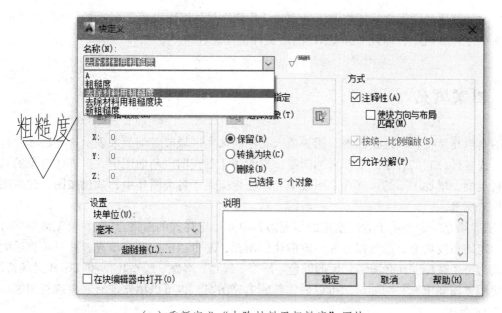

（c）重新定义"去除材料用粗糙度"图块

（d）"块-重定义块"对话框

（e）旧标准"去除材料用粗糙度"图块

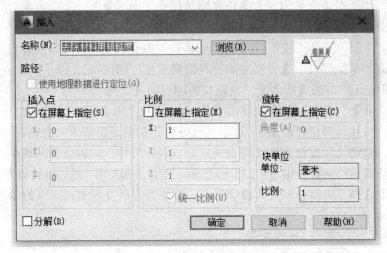
（f）旧标准"去除材料用粗糙度"图块验证

图 7.22　重新创建新的同名块定义

7.6.2　在源图形中修改外部块定义

修改外部块源图形之后即修改了外部块，并且修改外部块以后，外部块仍然将以".dwg"格式保存在计算机中，即以 AutoCAD 图形文件格式保存。

7.7　图案填充

图案填充是指在二维绘图中，用于填入图中的某些区域或者剖面来表示这类物体的构成材料，或者区分它的各个组成部分的图案。它常用于剖视图或断面图中，以表达对象的结构和材料类型，增加图形的可读性。图案填充广泛地应用于各类图样中，如机械图、建筑图、地质构造图等。

"图案填充"命令用于为所指定的填充边界填充一定样式的图案，"图案填充命令"可以按照一定的角度填充，也可以按照一定的比例填充，还可以进行渐变填充，并且填充后的图案将成为一个整体，具有图形对象的颜色、图层、线型、线宽、线型比例和打印样式等特性。

使用"图案填充"功能时，可以创建新的填充图案，也可以填充现有对象或封闭区域，如图 7.23 所示。

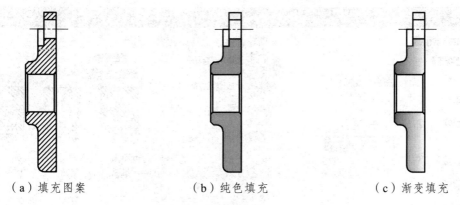

（a）填充图案   （b）纯色填充   （c）渐变填充

图 7.23 图案填充类型

7.7.1 命令的执行方式

（1）菜单栏："绘图"→"图案填充"；
（2）工具栏：单击"绘图"，工具栏按钮▨；
（3）命令行：输入"BHATCH"→"Enter"键 或 "HATCH"→按 Enter 键；
（4）快捷键："BH"或"H"。

7.7.2 "图案填充和渐变色"对话框

执行命令后，系统将弹出"图案填充和渐变色"对话框，该对话框中包含"图案填充"和"渐变色"两个选项卡，如图 7.24（a）所示。单击对话框右下角⊗图标，将展开对话框更多的选项，如图 7.24（b）所示。

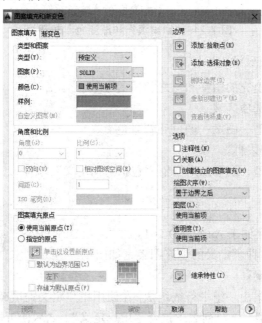

（a）"图案填充和渐变色"对话框

（b）完整的对话框

图 7.24 "图案填充和渐变色"对话框

1."图案填充"选项卡

该选项卡可以定义填充的图案和与之相关的参数。

1)"类型和图案"选项区域

指定图案填充的类型、图案、颜色和背景色。

（1）"类型"下拉列表框。

用于设置图案的类型，该下拉列表框中包括"预定义""用户定义"和"自定义"三种填充类型。

① "预定义"图案。

默认的图案类型，存储于 AutoCAD 2014 的"ACADISO.PAT"或"ACAD.PAT"文件中，每一个文件中共包含 68 种预定义的填充图案，如图 7.25 所示。

② "用户定义"图案。

用户定义的填充图案由一组平行线组成。在使用用户定义的填充图案之前，需要先从"图案填充"选项卡的"类型"下拉列表中选择"用户定义"。之后便可以使用该选项卡中的"角度"和"间距"选项，调整图案的角度与图案中直线间的距离，如图 7.26 所示。

（a）"ANSI"选项卡　　　　　　　（b）"ISO"选项卡

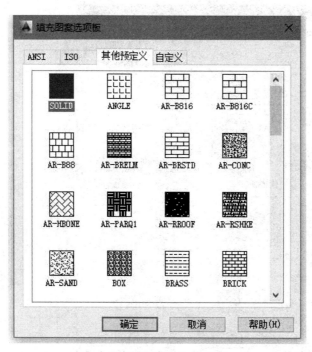

（c）"其他预定义"选项卡

图 7.25　"预定义"图案

（a）对话框设置 （b）填充效果

图 7.26 "用户定义"图案 1

注意：若选择了"双向"复选项，那么将同时使用与第一组直线垂直的另一组平行线，如图 7.27 所示。

（a）对话框设置 （b）填充效果

图 7.27 "用户定义"图案 2

③"自定义"图案。

类型下拉列表中的第三类为"自定义"填充图案。自定义的填充图案保存在单独的填充图案文件中，即"*. PAT"文件。

若想要使用自定义的填充图案，需要先从"类型"下拉列表中选择"自定义"选项，然后再单击位于"自定义图案"下拉列表框右侧的"…"按钮（也可单击"填充图案选项板"对话框中的"自定义"选项卡），如图 7.28 所示。AutoCAD 2014 将会自动搜寻支持文件（"*.PAT"文件），并将自定义填充图案文件的名称显示在选项卡的左部。

图 7.28 "自定义"选项卡

在选中自定义填充图案文件的名称之后，单击"确定"按钮，系统将自动返回"图案填充和渐变色"对话框中的"图案填充"选项卡，通过控制"角度"和"比例"选项，可以控制图案的尺寸和角度。

（2）"图案"下拉列表框。

"图案"下拉列表框显示了当前图案的名称。单击右边的小三角，系统会列出图案名称，列表框中包含了"ANSI""ISO"或其他行业标准填充图案。用户可以根据需要选择任意一种填充图案，如果想要的图案不在显示出的列表中，可以通过滑块上下搜索。

此时需注意，只有当"类型"下拉列表框设定为"预定义"选项和"图案"，此选项才可用。

（3）图案"…"按钮。

该按钮位于"图案"下拉列表框的右侧，用于打开"填充图案选项板"对话框，在对话框中可以预览所有预定义的图案。

单击该按钮，系统弹出"填充图案选项板"对话框，如图 7.25 所示。该对话框有 4 个选项卡，其中"ANSI""ISO"和"其他预定义"3 个选项卡显示了所有 AutoCAD 预定义图案，"自定义"选项卡显示已添加到搜索路径的自定义图案。若未添加自定义图案到搜索路径，则不显示预览图，如图 7.28 所示。

（4）"颜色"下拉列表框。

指定填充图案和实体填充的颜色。

（5）"背景色"按钮。

指定新图案填充对象的背景颜色。选择"无"可关闭背景色。

（6）"样例"框。

显示选定填充图案的预览图像。单击"样例"框将会弹出"填充图案选项板"对话框。

（7）"自定义图案"框。

列出可用的自定义图案，最顶部显示的是最近使用的自定义图案。使用"自定义图案"对话框需要注意的是，若未添加自定义图案到搜索路径，则不显示预览图，若未将"类型"下拉列表框设定为"自定义"选项，"自定义图案"选项不可用。

（8）自定义图案"…"按钮。

打开"填充图案选项板"对话框的"自定义"选项卡并预览所有自定义的图案。

2）"角度和比例"选项区域

指定选定填充图案的角度和比例。

（1）"角度"组合框。

指定填充图案时图案相对当前 UCS 坐标系的 X 轴的旋转角度。用户有两种方式可以定义旋转角度：第一是直接输入角度值；第二是从下拉列表中直接选择角度。

（2）"比例"组合框。

指定填充图案时的图案比例值，比例值的大小反映了填充图案的疏密程度。用户有两种方法可以定义比例值：一种是直接输入比例值；另一种是从下拉列表中直接选择。此时应注意，只有当"类型"下拉列表设定为"预定义"或"自定义"，此选项才可用。

（3）"双向"复选项。

对于"用户定义"的图案，生成一组与原始直线相垂直的另一组直线，从而构成交叉线。"双向"复选项只有在"类型"下拉列表框设定为"用户定义"时，该选项才可用。

（4）"间距"文本框。

指定"用户定义"图案中的两直线的间距。只有当"类型"下拉列表框设定为"用户定义"时，该选项才可用。

（5）"相对图纸空间"复选项。

该选项仅适用于布局，它可以按适合于布局的比例显示填充图案。该选项常用于相对于图纸空间单位缩放填充图案。

（6）"ISO 笔宽"下拉列表框。

基于选定笔宽缩放 ISO 预定义图案。只有当"类型"下拉列表框设定为"预定义"，并将"图案"选项设定为可用的 ISO 图案时，此选项才可用。

3）"图案填充原点"选项区域

控制填充图案生成的起始位置。砖块图案等其他与之类似的图案，可能在边界处的填充效果并不理想，此时可以使填充原点与图案填充边界上的一点对齐，如指定填充边界的角点作为填充原点。默认情况下，所有图案填充原点都对应于当前的 UCS 原点。

（1）"使用当前原点"复选项。

使用存储在"HPORIGIN"系统变量中的图案填充原点。

（2）"指定的原点"选项区域。

可以分为以下三种图案填充原点：

①"单击以设置新原点"按钮：直接指定新的图案填充原点。

②"默认为边界范围"下拉列表框：计算机根据图案填充对象边界的矩形范围来计算新原点，用户可以选择该范围的中心和四个角点。

③"存储为默认原点"复选项：将新图案填充原点的值存储在"HPORIGIN"系统变量中。

2."图案填充和渐变色"对话框

共有选项包括"图案填充"和"渐变色"两个选项卡中共有的边界和特性设置，这些项在都存在于"图案填充和渐变色"对话框中，如图7.29所示。

图 7.29　"图案填充和渐变色"对话框

1）"边界"选项区域

AutoCAD 2014 是可以自动识别进行图案填充的，只需要选择要填充的对象或通过指定内部点，系统便会自动创建图案填充。图案填充边界可以是直线、圆、圆弧和多段线等组成的封闭区域的组合。

（1）"添加：拾取点"按钮。

通过现有对象来确定边界，该对象需要是围绕指定点构成的封闭区域。

单击该按钮，系统将暂时关闭"图案填充和渐变色"对话框，命令行将显示如下提示：

拾取内部点或[选择对象（S）/删除边界（B）]　//单击鼠标左键要进行图案填充的封闭区域的内部，也可输入相应的字母，进入备选选项，还可以点击 Enter 键，返回"图案填充和渐变色"对话框

拾取内部点或 [选择对象（S）/删除边界（B）]　//单击鼠标左键要进行图案填充的封闭区域的内部，也可输入相应的字母，还可点击 Enter 键，返回"图案填充和渐变色"对话框

指定要进行图案填充区域的内部点之后，AutoCAD 会自动分析图形，根据已存在的对象所组成的封闭的区域来确定填充的边界，并将边界部分高亮显示。填充时，可以选择多个内部点，来指定多个填充区域。若完成了内部点的指定，可按 Enter 键返回到"图案填充和渐变色"对话框。

在保持默认值的情况下，若边界内部有其他封闭对象或文本对象，那么这些对象也将高亮显示。若要修改显示，需在"孤岛"选项区域设置。"孤岛"选项区域将在后面章节学习，此处不多做赘述。

（2）"添加：选择对象"。

根据选定构成封闭区域的对象确定边界。单击该按钮后，"图案填充和渐变色"对话框将临时关闭，系统将会提示用户选择对象。命令行提示如下：

选择对象或[拾取内部点（K）/删除边界（B）]：//单击鼠标左键选择要进行图案填充的构成对象（需要是封闭的区域），或输入对应的字母，或点击 Enter 键，返回"图案填充和渐变色"对话框

选择对象或[拾取内部点（K）/删除边界（B）]　//继续选择要进行图案填充的构成对象（需要是封闭的区域），或输入对应的字母，或点击 Enter 键，返回"图案填充和渐变色"对话框。在这种方式操作下，需要对"孤岛"选项框进行设置，否则系统将不会自动检测包含在内部的对象

（3）"删除边界"按钮。

从边界定义中删除之前添加的所有对象。

（4）"重新创建边界"按钮。

围绕选定的图案填充或填充对象创建多段线或面域，并可以使其与图案填充对象相互关联。

（5）"查看选择集"按钮。

显示当前定义的边界，该边界是当前图案填充或填充设置显示的。注意，仅当定义了边界时，此选项才可用。

2）"选项"区域

控制几个常用的填充选项和图案填充。

（1）"注释性"复选项。

指定图案填充为注释性。此特性是通过设定注释比例来使系统自动完成缩放注释过程，从而使图案在打印图纸或显示图上能以正确大小显示。

（2）"关联"复选项。

指定填充为关联图案填充。"关联"是指 AutoCAD 将填充图案和边界关联为一个整体，当边界发生缩放、拉伸等变化时，关联图案填充会随着边界的更改而自动调整更新，"关联"选项为系统的缺省方式，如图 7.30 所示。

用户可以在任何时候根据需要删除图案的关联性，或者使用"TATCH"命令创建无关联的填充。如图 7.31 所示。

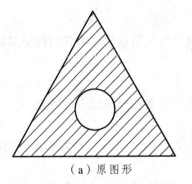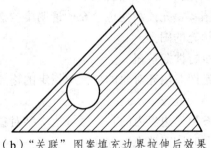

（a）原图形 （b）"关联"图案填充边界拉伸后效果

图 7.30 "关联"图案填充

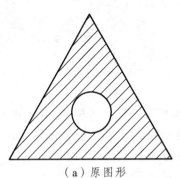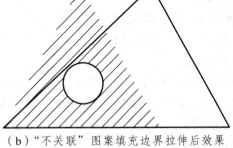

（a）原图形 （b）"不关联"图案填充边界拉伸后效果

图 7.31 "不关联"图案填充 1

若如删除了任一个边界对象，创建了开放的边界，AutoCAD 2014 将自动删除关联性，失去自动调整更新的能力，如图 7.32 所示。

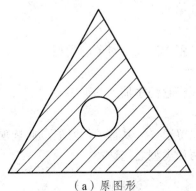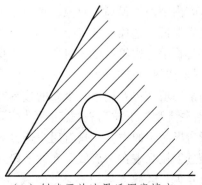

（a）原图形 （b）创建开放边界后图案填充

图 7.32 "不关联"图案填充 2

（3）"创建独立的图案填充"复选项。

当指定了几个单独的闭合边界时，指定创建单个还是多个图案填充对象。

（4）"绘图次序"下拉列表框。

图案填充次序并未做硬性要求，它可以放在所有其他对象之后，也可以放在所有其他对象之前。图案填充还可以在图案填充边界之后或图案填充边界之前。

（5）"图层"下拉列表框。

指定新的图案填充所在的图层。若要使用当前图层，可以选择"使用当前值"。

（6）"透明度"下拉列表框。

指定新图案填充或渐变色填充的透明度。选择"使用当前值"可将当前图层设置的透明度应用于新填充的图案。

3）"继承特性"按钮

使用选定图案填充对象的特性对指定的边界进行图案填充或渐变色填充。

4）"孤岛"区域

位于图案填充边界内的封闭区域或文字对象称为孤岛。"孤岛"选项区域主要用于指定当存在"孤岛"时图案填充的方式。

"孤岛"的填充方式有"普通""外部"和"忽略"三种。位于"孤岛显示样式"选项组上方的三个图像按钮表明了它们的填充效果。

（1）"孤岛检测"复选项

设置系统是否检测内部孤岛。

（2）"孤岛显示样式"选项组。

①"普通"选项。

系统默认从填充区域的最外部边界往最内部边界开始填充，当遇到内部"孤岛"时停止填充，直到遇到更内层的"孤岛"再次开始填充。对于嵌套的"孤岛"，采用"填充"与"不填充"的方式交替进行，这是 AutoCAD 2014 的默认方式。

②"外部"选项。

系统默认从填充区域的最外部边界往最内部边界开始填充，当遇到内部"孤岛"时停止进行填充。此选项只填充最外层结构，不会填充内部"孤岛"。

③"忽略"选项。

忽略所有内部的"孤岛"对象，填充图案全部填充。

5）"边界保留"选项区域

指定是否将填充边界保留为对象。若不保留，则无法确定对象的类型。

（1）"保留边界"复选项。

根据图案的填充边界创建一个新的边界对象并将它们添加到图形中。

（2）"对象类型"下拉列表框。

指定新边界对象的类型。只有用户选择了"保留边界"复选项的时候，此选项才可用。用户可以通过下拉列表在"面域"和"多段线"两种类型之间选择。

6）"边界集"区域

"边界集"选项区域为用户提供了定义边界集的方法。当用户采用"添加：拾取点"的方法来确定图案填充的封闭边界时，系统将从一个边界集中挑选若干对象来作为封闭边界。

在系统默认状态下，系统是以当前视图窗口中所有可见的对象作为边界选择集的，填充时，系统将从当前图形窗口所有可见的对象中进行分析，并建立封闭边界。用户还可单击右侧"新建"按钮重新定义边界集。单击"新建"按钮，系统将暂时关闭"图案填充和渐变色"对话框，并从绘图窗口重新选择组成边界的新的选择集，点击回车键后返回"图案填充和渐变色"对话框。这种方法特别适用于大图形，重定义边界集可以加快生成边界的速度。

7）"允许的间隙"区域

设定将对象用作图案填充边界时，可以忽略的最大间隙，默认值为"0"。对于没有封闭的图形，AutoCAD 2014 是允许将实际没有封闭的边界用作填充边界的。"允许的间隙"文本框中的设定值（0~5 000）就是 AutoCAD 2014 中可以忽略的最大间隙。若间隙值小于等于设定值的间隙，都将被系统视为封闭。

8）"继承选项"区域

控制当用户使用"继承特性"选项创建图案填充时，是否继承图案填充原点。

（1）"使用当前原点"复选项。

使用当前的图案填充原点的设置进行填充。

（2）"使用源图案填充的原点"复选项。

使用源图案填充的图案填充原点进行填充。

3. "渐变色"选项卡

在 AutoCAD 2014 中，用户可以使用渐变填充在二维图形中表示实体。"渐变色"选项卡主要用于设置渐变色的填充类型、填充方式以及填充角度等，如图 7.33 所示。

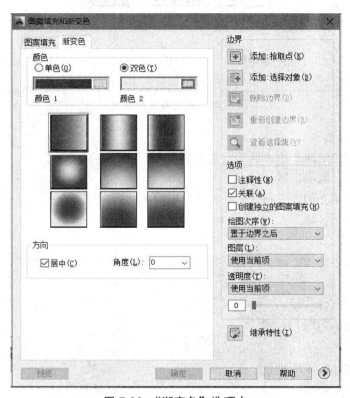

图 7.33 "渐变色"选项卡

1）"颜色"选项区域

指定使用单色明暗渐变还是使用双色颜色渐变填充边界。

（1）"单色"复选项。

指定使用一种颜色在亮度明暗之间过渡。

选中该复选项后，"双色"复选项下方的"颜色2"选择框消失，变为"渐浅"滑块，用户可以通过拖动该滑块，指定一种颜色的亮度，用于渐变填充，如图 7.34 所示。

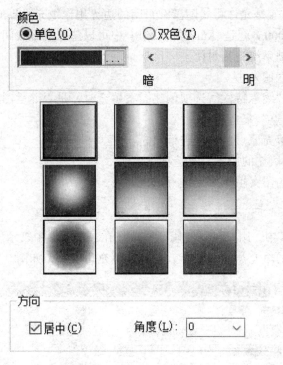

颜色
⦿ 单色(O)   ◯ 双色(T)

暗   明

方向

☑ 居中(C)   角度(L): 0

图 7.34　单色渐变色填充

（2）"双色"复选项。

指定在两种颜色之间平滑过渡的双色渐变填充。

2）"渐变图案"选项区域

显示用于渐变填充的线性扫掠状、球状和抛物面状固定图案。

3）"方向"选项区域

（1）"居中"复选项。

指定对称渐变色配置。如果没有选定此选项，渐变填充将朝左上方变化，并创建光源在对象左边的图案。

（2）"角度"组合框。

指定渐变填充的角度。

7.7.3　图案填充的一般步骤

（1）单击"绘图"工具栏按钮 ▨，系统弹出"图案填充和渐变色"对话框。

（2）在"类型"下拉列表框中，选择要使用的图案填充的类型，默认为"预定义"选项。一般情况下都是使用 AutoCAD 2014 "预定义"填充，用户也可根据实际情况的不同选择不同选项。

（3）单击"图案"下拉列表框右侧的"…"按钮，打开"填充图案选项板"对话框，选择所需的填充图案。

（4）在"边界"选项区域中，单击"添加：拾取点"按钮，选择"拾取内部点"方式确定图案填充边界，此时"图案填充和渐变色"对话框临时关闭，系统将返回绘图窗口。

（5）在需要图案填充的区域内部拾取一点或多个点进行填充。

完成拾取点之后，按 Enter 键，返回"图案填充和渐变色"对话框。

（6）在"角度和比例"选项区域选择合适的角度和比例。

（7）单击"确定"按钮，完成图案填充。

7.7.4 图案填充注意事项

（1）使用当前图案填充或填充设置显示当前定义的边界对话框。在绘图区域中按 Esc 键返回到对话框，单击鼠标右键或按 Enter 键接受图案填充或填充。

（2）建议用户在非特殊情况下不要分解图案填充。因为使用"分解"命令将其分解，图案填充将分解成许多相互独立的线条，分解的图案填充将大大增加文件的数据量，不便于后期编辑。

（3）在图案填充命令执行过程中，一些功能可以通过快捷菜单完成。

（4）选择项卡中选择"预定义"类型填充图案，在"填充图案选项板"对话框的"其他预定义"选项卡中选择"SOLID"图案，可以实现纯色填充，具体颜色可以在"图案填充和渐变色"对话框"颜色"下拉列表框中选择。

7.7.5 编辑图案填充

可以通过以下几种方式编辑图案填充：

1. 通过"快捷特性"选项板编辑

将光标中的拾取框放在填充图案的线条上，双击鼠标左键填充图案，打开"快捷特性"选项板，在其中进行相关编辑，如图 7.35 所示。

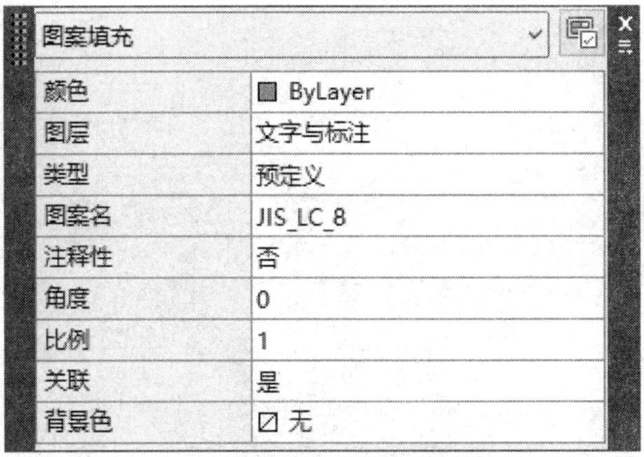

图案填充	
颜色	■ ByLayer
图层	文字与标注
类型	预定义
图案名	JIS_LC_8
注释性	否
角度	0
比例	1
关联	是
背景色	☑ 无

图 7.35　通过"快捷特性"选项板编辑图案填充

2. 通过"图案填充编辑"对话框编辑

选中填充图案，单击鼠标右键，在系统弹出的右键快捷菜单中选择"图案填充编辑"，从而打开"图案填充编辑"对话框，可在其中进行相关编辑。

3. 通过"特性"选项板编辑

选中填充图案，右键单击，在弹出右键快捷菜单中选择"特性"选项，打开"特性"选项板，可在其中进行编辑。

7.8 本章小结

熟练掌握块功能，可以提高用户使用 AutoCAD 绘图与设计的效率。本章通过实例介绍了图块的定义、插入、存盘和编辑以及机械设计中常用的图块的制作方法等内容。希望读者熟练掌握，提高计算机绘图效率。

思考与练习

1. 思考题

（1）如何在剖面图形中使用图案填充？

（2）关联图案填充和不关联图案填充有何区别？

（3）"孤岛"的定义是什么？"孤岛"显示样式中的三个样式分别对应着怎样的图案填充？

2. 练习题

（1）创建带块属性的基准符号图块。

（2）绘制如图 7.36 所示的图形，完成填充与标注。

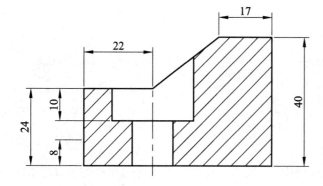

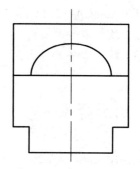

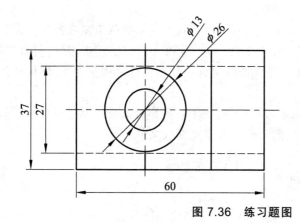

图 7.36　练习题图

第8章　机械制图工程图实例

【本章导读】

通过前面章节的学习，相信读者对如何使用 AutoCAD 2014 绘图有了比较全面的认识。在本章中，我们将学习如何创建 AutoCAD 图形样板，并使用创建的图形样板绘制一些简单的零件图。通过绘制这些零件，来学习绘制二维零件的基本绘图步骤，熟悉一些常用的绘图命令和编辑命令。

【本章要点】

（1）AutoCAD 2014 图形样板。
（2）绘制零件平面图。
（3）绘制零件三视图。

8.1　图形样板

在使用 AutoCAD 2014 绘图的过程中，一般需要耗费大量的时间和精力去设定绘图环境、图层、文字样式、标注样式、制作图块等工作。如果每次画图时都要做这些工作，绘图效率将会特别低，而且增加了绘图过程的烦琐性。

因此，若采用 AutoCAD 2014 样板文件，就可以有效避免烦琐的重复性操作，提高绘图效率。样板文件中包含一些通用设置（图形界限、图层、文字样式、绘图单位、标注样式及表格样式等），还包含一些常用的图形对象（图框、标题栏及各种常用块等）。样板文件是扩展名为 ".dwt" 的 AutoCAD 文件。

AutoCAD 2014 在系统的 "Template" 目录下提供了一些样板文件，但是该目录下的样板文件并不符合我国的国家标准，因此我们需要自行建立样板文件。

8.1.1　制作图形样板文件的准则

绘制零件图的图形样板文件必须注意以下几点：
（1）严格遵守国家标准的有关规定。
（2）所有线条都使用标准线型。
（3）按照标准的图纸尺寸打印图形。
（4）设置适当的图纸界限，以便能包含最大操作区。

8.1.2 创建样板前的设置

创建图形样板前，首先应采用"无样板打开-公制"的方式建立一个图形文件，并在该图形文件中进行下列设置：

1. 图形界限

图形界限是绘图区域的范围，即栅格区域的大小，设置图形界限的目的主要是为了避免绘制的图形超出某个范围。

"图形界限"命令的执行方式有以下两种：

（1）菜单栏："格式"→"图形界限"；

（2）命令行：输入"limits"→按 Enter 键。

图形界限有"开（ON）"和"关（OFF）"两种状态。

"开（ON）"：选择该选项，系统将进行图形界限检查，不允许在超出图形界限的区域绘图。

"关（OFF）"：选择该选项，系统将不会进行图形界限检查，允许在超出图形界限的区域绘图，即可以在 AutoCAD 绘图界面的任何地方绘图。此时可以将其理解为模型空间是无限大的。

当图形界限处于"开（ON）"状态时，只有在图形界限内才能绘制图形。这一功能是为了配合"打印-模型"对话框（见图 8.1）中"打印范围"为"图形界限"的选项而设置的，虽然"打印-模型"对话框中还保留这种打印范围的选项，但实际上这种方式已经被淘汰了。

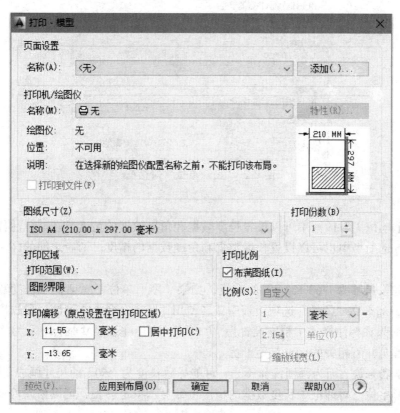

图 8.1 "图形界限"打印方式

由此可以看出图形界限功能不但没有用处，相反一旦其处于开（ON）状态，限制了绘图区域，反而将会给绘图造成很大的束缚。因此，建议读者将图形界限设置保存为默认值[处于关（OFF）状态]。

2. 图形单位

（1）图形单位命令的执行方式。

① 菜单栏："格式"→"单位"；

② 命令行：输入"UNITS"→按 Enter 键；

③ 快捷键："un"。

执行此命令后系统将弹出"图形单位"对话框，在对话框中可以设置长度、角度等数据的精度和显示类型，可以定义正角度值的方向是逆时针方向还是顺时针方向，还可以定义零角度的方向，如图 8.2 所示。上述内容一般采用默认设置，无须更改。

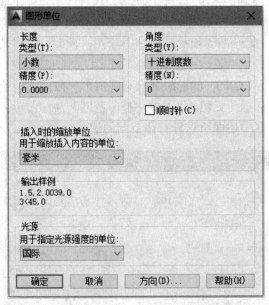

图 8.2 "图形单位"对话框

（2）说明。

在"图形单位"对话框中可以设置长度数据和角度数据的精度，在"标注样式管理器"的"主单位"选项卡中也可以设置长度数据和角度数据的精度。两者之间的区别通过下面例子说明：

例如，一段尺寸为"60.123 4"的直线，如果"图形单位"对话框中长度数据的精度设置为"0.00"，那么在"特性"选项面板中或者使用"距离"命令查询该线段长度时会显示为"60.12"；而如果在标注样式中精度设置为"0.000"，则标注该尺寸时会显示为"60.123"。由此可见，两者是并不相关的，也互不干扰。

对于初学者来说，因为画图操作不当，可能导致长度为"50"的尺寸画成了"50.123 4"。但如果"图形单位"对话框中长度数据的精度位数显示得足够长，可以据此检查出画图中出现的错误。

对于工程图来说，在标注样式中必须合理设置数据显示的精度。一般在机械制图标注样式中精度常常设置为"0.00"，角度数据的精度也常常设置为"0.00"。

3. 设置图层

默认情况下，每个图形文件都会有"0"图层，另外画图过程中系统会自动产生一个"Defpoints"图层，但由于绘图需要，用户还会添加一些常用的图层，如图 8.3 所示。

状	名称	开.	冻结	锁..	颜色	线型	线宽	透明度	打印...	打.	新.	说明
	0				白	Continu...	默认	0	Color_7			
	Defpoints				白	Continu...	默认	0	Color_7			
	粗实线				白	Continu...	0.5...	0	Color_7			
	剖面符号				绿	Continu...	默认	0	Color_3			
	文字与标注				洋...	Continu...	默认	0	Color_6			
	细点画线				红	JIS_08_15	默认	0	Color_1			
	细实线				绿	Continu...	默认	0	Color_3			
	细虚线				黄	JIS_02_...	默认	0	Color_2			

图 8.3　创建图层

各层的参数设置可以参照表 8.1 进行设置。

表 8.1　图层参数设置

图层名	线性	线宽	颜色
0	Continuous	默认	白
Defpoints	Continuous	默认	白
粗实线	Continuous	0.5	白
剖面符号	Continuous	默认	绿
文字与标注	Continuous	默认	洋红
细点画线	JIS_08_15	默认	红
细实线	Continuous	默认	绿
细虚线	JIS_02_4.0	默认	黄

4. 文字样式

默认情况下，每个图形文件都会有样式名为"Annotative"和"Standard"的文字样式。其中，"Annotative"文字样式勾选了"注释性"选项，可以通过注释比例方便控制打印输出前文字的比例。

只有两个文字样式是不能满足绘图需要的，因此还需设置一些常用的文字样式。由于接下来建立的文字样式均需要勾选"注释性"选项，因此可以删除"Annotative"文字样式。增加的文字样式的参数设置可参考表 8.2。

表 8.2　文字样式设置参数表

样式名	字体名	大字体名	注释性	高度	宽度因子
Standard	gbenor.shx	gbcbig.shx	勾选	0	1
机械制图	gbenor.shx	gbcbig.shx	勾选	0	1

5. 标注样式

默认情况下，每个图形文件都会有样式名为"Annotative"和"ISO-25"的标注样式。其中，"Annotative"文字样式勾选了"注释性"选项，用于通过控制注释比例方便地控制打印输出前标注样式的比例。"Annotative"和"ISO-25"这两种标注样式一般不需要修改其设置，而是新建一个样式名为"标注"的标注样式，如图 8.4（a）所示。

"标注"的标注样式中需要修改的参数设置可参考下述描述：

（1）"线"选项卡，如图 8.4（b）所示。

① "基线间距"设置为"10"。

② "起点偏移量"设置为"0"。

（2）"文字"选项卡，如图 8.4（c）所示。

① 文字样式选择"机械制图"文字样式。

② 字体高度设置为"3.5"。

（3）"调整"选项卡，如图 8.4（d）所示。

"标注特征比例"选项选择"使用全局比例"并设置参数为 1。

（4）"主单位"选项卡，如图 8.4（e）所示。

① "小数分隔符"选项选择"'.'（句点）"选项。

② "测量单位比例"选项区域中"比例因子"设为"1"。

③ "角度标注"选项区域"精度"设置为"0.00"。

④ "消零"选项区域选择"后续"复选项。

（5）"公差"选项卡，如图 8.4（f）所示。

① "方式"选项设置为"无"。

② "精度"选项设置为"0.00"。

③ "高度比例"选项设置为"1"。

④ "垂直位置"选项设置为"中"。

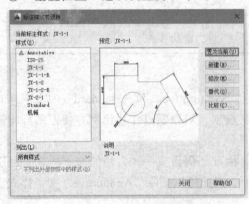

（a）"标注样式管理器"

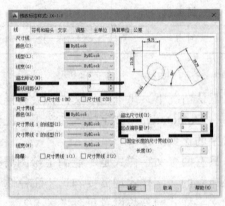

（b）"线"选项卡

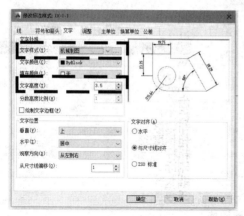
（c）文字选项卡

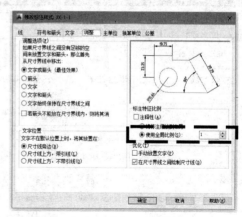
（d）"调整"选项卡

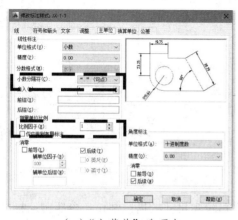
（e）"主菜单"选项卡

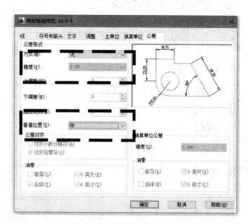
（f）"公差"选项卡

图 8.4　创建标注样式

（6）说明。

① 在 AutoCAD 样板中的标注样式中"全局比例"和"测量单位比例因子"均设置为"1"。在使用样板创建图形文件后，可根据具体的图纸比例和具体的模型空间打印方式，选择设置"全局比例"和"测量单位比例因子"。

② "公差"选项卡"方式"选项中应设置为"无"，若设置为"极限偏差"，那么用该标注样式标注的尺寸将全部只标注上极限偏差。若遇到个别尺寸需要设置极限偏差时，可以通过"特性"选项板单独设置。类似地，如果某些尺寸前需要加符号"ϕ"，也是可以通过使用"特性"选项板或者同时配合"特性匹配"命令单独进行设置。

③ 对某些参数的设置，只有在"方式"选项中选择"极限偏差"后才可以设置，如"精度""高度比例""垂直位置"等选项。因此应先设置好这些选项后，再把"方式"选项设置为"无"。

6. 创建图块

为提高工作效率，可以将一些使用频率高的图创建为图块预存到样板文件中（见图 8.5）。

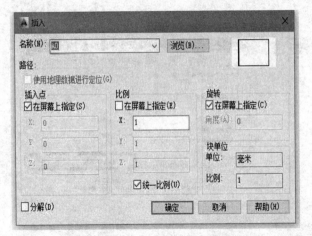

图 8.5 创建图块

（1）机械制图中常用的块。

① 基准符号。

② 剖切符号。

③ 向视图符号。

④ 去除材料用粗糙度。

⑤ 不去除材料用粗糙度。

⑥ 粗糙度基本符号。

⑦ A4 ~ A0 的图框。

⑧ 学校用标题栏。

（2）说明。

① 创建上述图块时一定要严格按照标准符号形状和尺寸的描述制作（参照国家标准）。

② 创建上述图块时，用户可以通过图层来控制线宽，还可以通过"特性"工具条来单独设置某些线条的线宽。不管用哪种方法都一定要注意图形的线条宽度。

7. 创建表格样式和多重引线样式

表格样式和多重引线样式使用频率不是特别高，读者可以根据需要自行设定。

8.1.3　建立样板图文件

通过以上操作，设置样板图所需要的环境已经设置建立完成，这时候可以将其保存成样板图文件。可以将其保存为".dwt"格式文件或使用"另存为…"命令保存。现以"另存为…"命令为例，打开"图形另存为"对话框，在其中输入或者指定保存文件的路径、文件名和文件类型（.dwt），然后单击"确定"保存文件，如图 8.6 所示。

为了方便用户绘图，建议读者将样板文件保存在容易找到的位置，或者拷贝在 U 盘里。这样可以避免在系统默认文件夹里的一堆文件中寻找自己需要的样板文件。当读者在其他计算机上绘图的时候，可以打开 U 盘找出自己的样板文件绘图，提高绘图的效率。

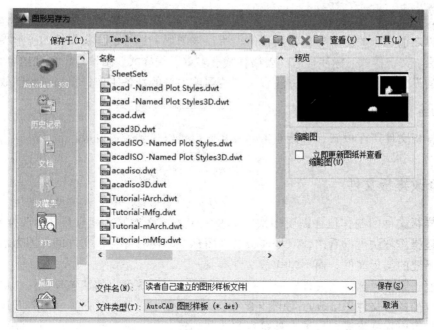

图 8.6 "另存为"图形样板文件

8.1.4 样板文件的使用

1. 通过"新建"命令使用样板

在新建图形文件时,系统将弹出"选择样板"对话框,如图 8.7 所示。读者根据自己的需要选择样板文件(以刚才新建的图形样板-"读者自己建立的图形样板"为例),单击"打

图 8.7 "选择样板"对话框

开"按钮，系统会以选中的样板文件作为模板新建一个图形文件（其后缀为".dwg"）。由于该图形是以之前选中的图形样板为模板的，所以该图形和选中的样板文件的图形界限、图形单位、图层、文字样式、标注样式、表格样式、多重引线样式、图块等设置和内容完全相同，即样板中的设置全部存在。这种方法省去了绘图前大量的准备工作，提高了绘图效率。

2. 双击样板文件使用样板

找到样板文件所在位置，直接双击样板文件也可以达到上述效果。

8.1.5　修改样板文件

一个样板文件的制作往往需要多次的修改完善，那么如何才能打开并修改样板文件呢？通过从上述操作方法可以看出，双击样板文件图标是不能打开样板文件的，因为双击它打开的是一个新建的图形文件，而不是样板文件本身。

可以通过菜单栏选择"文件"→"打开"命令。在系统弹出的"选择文件"对话框中选择所需修改的样板文件（.dwt），如图 8.8 所示。再单击"打开"按钮，便可打开选择的样板文件，用户可以根据需要对样板文件进行修改和编辑。

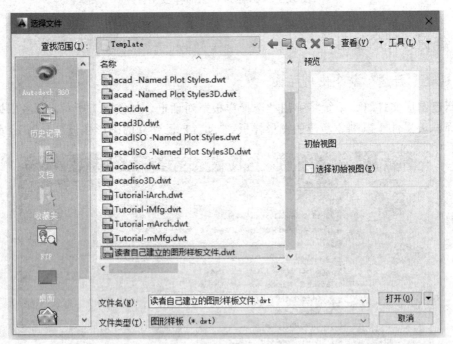

图 8.8　"选择文件"对话框

8.2　绘制零件三视图

一个视图往往是不足以反应物体的结构形状的。因此绘制零件需要绘制其三视图。因为三视图是从三个不同方向对同一个物体进行投射的结果，能较完整地表达物体的结构。加上三视图，还有局部视图、斜视图、剖视图、断面图等作为辅助，基本能通过二维图展示物体的三维结构。

8.2.1 三视图的投影规律

三视图的投影规律可以简单概括为：主俯视图长对正，主左视图高平齐，俯左视图宽相等。根据三视图投影规律，可以使用"构造线"命令构造线条实现视图中对齐的效果。

8.2.2 绘制零件三视图步骤

本小节将以图 8.9 为例向大家介绍绘制零件三视图的步骤，该零件图图纸比例为"1∶1"，拟采用模型空间打印方式的方法打印出图。

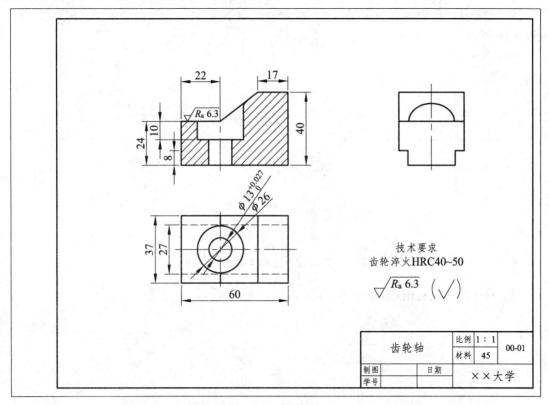

图 8.9　零件图

1. 使用样板文件创建图形文件

双击之前已经制作好的样板文件，使 AutoCAD 2014 以该样板文件作为模板新建一个后缀为".dwg"的图形文件。其中的图形界限、图形单位、图层、文字样式、标注样式、表格样式、多重引线样式、图块等已经全部设置好，此处不用再单独设置。

2. 打印方式说明

打印比例设为"1∶1"，打印时 AutoCAD 2014 会将图形文件中的所有对象都按照"1∶1"

的比例打印在纸质图纸上。如需满足图形以"2：1"的图纸比例输出在图纸上，需先把图形放大为原来的2倍，再按照"1：1"的打印比例输出。

图形放大为2倍，即100个单位的线段，放大后为200个单位。按照标注原则，不管采用什么比例绘图，仍应该标注实物真实的尺寸，即应该标注为100个单位，因此在标注样式中要把测量单位比例因子设定为"0.5"。标注样式中标注组成要素的尺寸（如文字高度、箭头大小、基线间距、尺寸线超出尺寸线的距离、尺寸界线起点从图形中偏移的距离、文字从尺寸线偏移的距离等）按照纸质图纸上的要求设定，打印比例为1：1，因此全局比例仍为默认值1。

3. 绘制和编辑图形

1）绘制主视图

（1）创建中心轴线。

将"中心线层"设为当前图层，然后绘制一条水平构造线"x"和一条竖直构造线"y"，如图 8.10 所示。

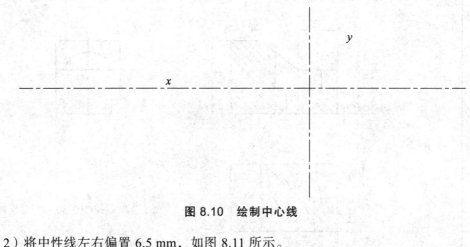

图 8.10　绘制中心线

（2）将中性线左右偏置 6.5 mm，如图 8.11 所示。

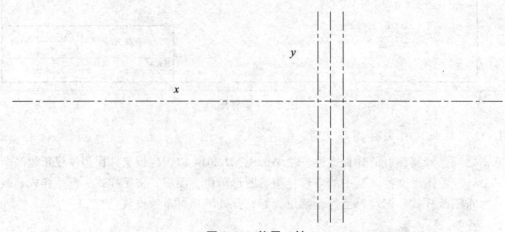

图 8.11　偏置 y 轴

（3）将 x 轴向上偏置 10 mm，向下偏置 14 mm，如图 8.12 所示。

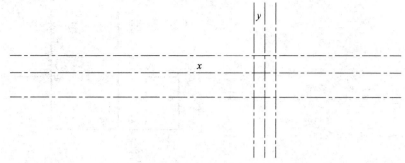

图 8.12　偏置 x 轴

（4）再将 y 轴向左偏置 22 mm，向右偏置 38 mm，初步绘制主视图的轮廓，如图 8.13 所示。

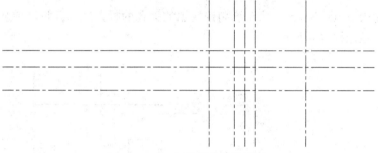

图 8.13　初步绘制主视图轮廓

（5）修剪轮廓，如图 8.14 所示。

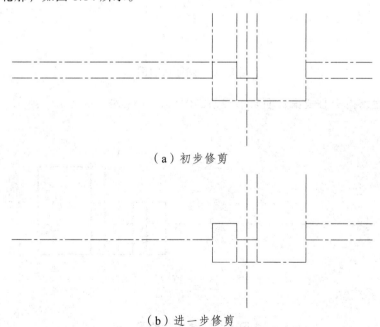

（a）初步修剪

（b）进一步修剪

图 8.14　修剪轮廓

（6）选中轮廓，修改图层，如图 8.15 所示。

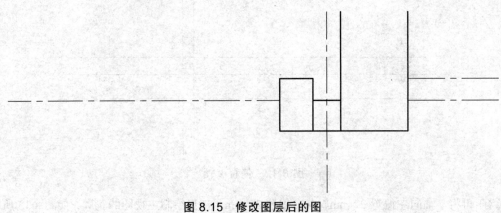

图 8.15　修改图层后的图

（7）左右偏置 y 轴 13 mm，从而绘制俯视图的大孔的投影线，并将之前替换了图层的底线偏置 40 mm，如图 8.16 所示。

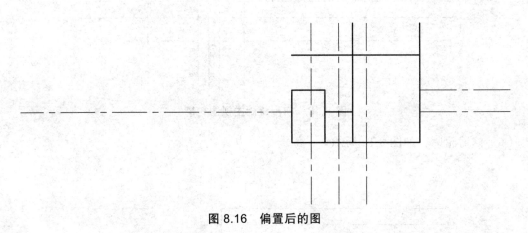

图 8.16　偏置后的图

（8）替换之前由中心线偏置而来的线条的图层，并修剪，如图 8.17 所示

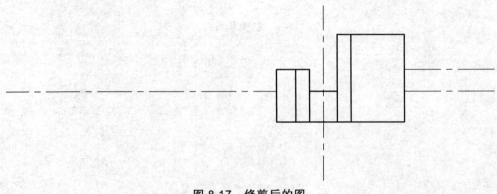

图 8.17　修剪后的图

（9）将图进行修剪和调整，如图 8.18 所示。

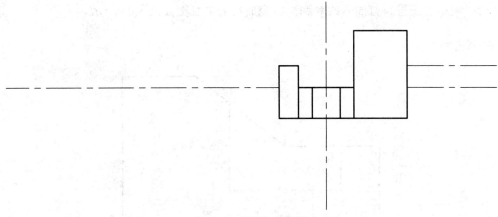

图 8.18　调整后的图

（10）将正视图的上面部分继续完善，如图 8.19 所示。

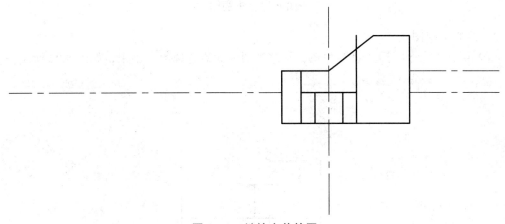

图 8.19　继续完善的图

（11）修剪掉不必要的线条，如图 8.20 所示。

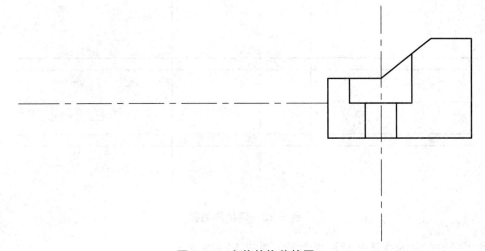

图 8.20　完善并修剪的图

（12）对中心线进行打断修改和调整，完成后的主视图如图 8.21 所示。

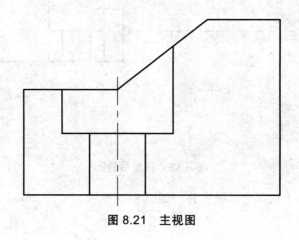

图 8.21　主视图

2）绘制俯视图

（1）用直线命令，通过投影关系，将俯视图的大概轮廓绘制出来，如图 8.22 所示。

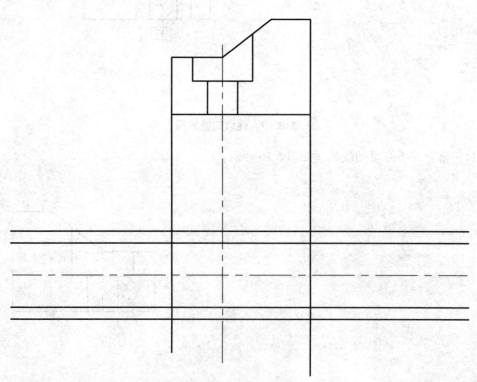

图 8.22　俯视图边界

（2）修剪多余的线条并绘制两个圆，如图 8.23 所示。

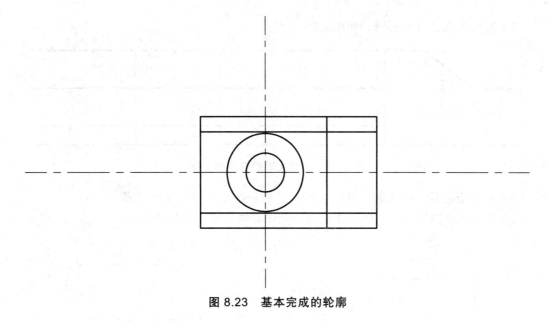

图 8.23　基本完成的轮廓

（3）修改线条的图层并修剪多余的线条，完成后的俯视图如图 8.24 所示。

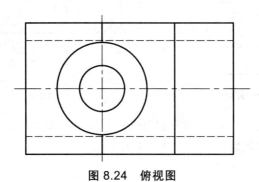

图 8.24　俯视图

3）绘制左视图

（1）按照之前绘制好的主视图的投影关系绘制左视图，如图 8.25 所示。

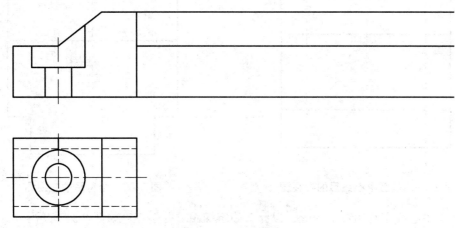

图 8.25　左视图边界

（2）对相关线条进行偏置，如图 8.26 所示。

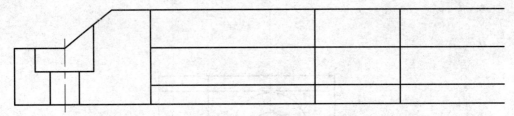

图 8.26　继续完善的左视图轮廓

（3）初步修剪多余的线条，得到如图 8.27 所示的左视图的大概轮廓。

（4）通过水平方向上的线段的中点来绘制中心线，如图 8.28 所示。

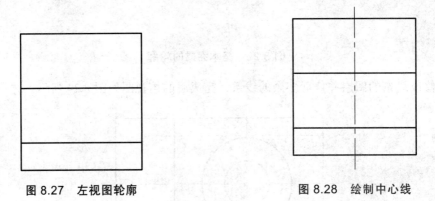

图 8.27　左视图轮廓　　　　　　　　　　**图 8.28　绘制中心线**

（5）左右偏置中心线 8.5 mm，对左视图进一步完善，如图 8.29 所示。

（6）修剪完成左视图轮廓的绘制，如图 8.30 所示。

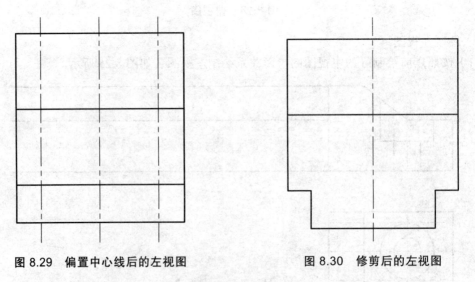

图 8.29　偏置中心线后的左视图　　　　**图 8.30　修剪后的左视图**

（7）将中心线左右偏置 13 mm，以此来确定椭圆弧的端点，如图 8.31 所示。

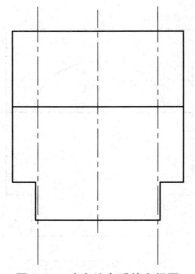

图 8.31　确定端点后的左视图

（8）依照投影关系，将左视图中圆弧的定点找出，如图 8.32 所示。

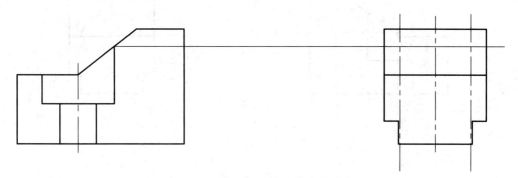

图 8.32　按照投影关系确定圆顶点

（9）使用椭圆弧命令，绘制椭圆弧，如图 8.33 所示。

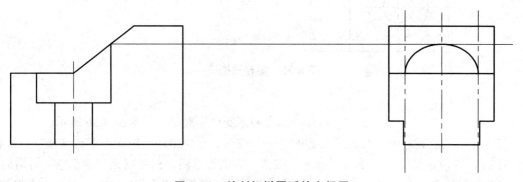

图 8.33　绘制好椭圆弧的左视图

（10）修剪多余的线条，完成左视图的绘制，如图 8.34 所示。

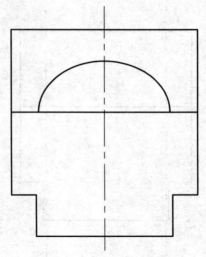

图 8.34　修剪完善的左视图

（11）绘制好的三视图轮廓如图 8.35 所示。

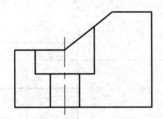 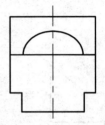

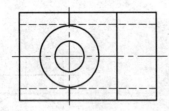

图 8.35　零件三视图

4）图案填充

（1）激活"图案填充"命令，打开"图案和渐变色"对话框，如图 8.36 所示。

（2）单击"图案"下拉列表框右侧的"…"按钮，在弹出的"填充图案选项板"对话框中选择图 8.37 所示的图案，单击"确定"按钮，系统将返回"图案填充和渐变色"对话框。点击"添加：拾取点"按钮，系统将暂时关闭"图案填充和渐变色"对话框，返回绘图窗口，在需要图案填充的图形内部单击鼠标左键以确定内部拾取点，按 Enter 键，返回"图案填充和渐变色"对话框，单击"确定"按钮完成图案填充，如图 8.38 所示。

图 8.36　图案填充

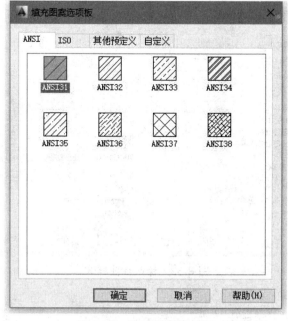

图 8.37　填充图案选项板

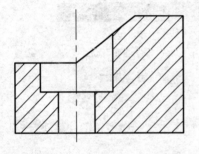
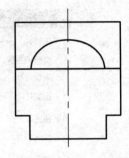
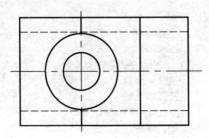

图 8.38　填充后的主视图

4. 标注尺寸

（1）设定测量单位比例因子。

将"注释"标注样式置为当前标注样式，修改当前标注样式中的测量单位比例为"1"，如图 8.39 所示。

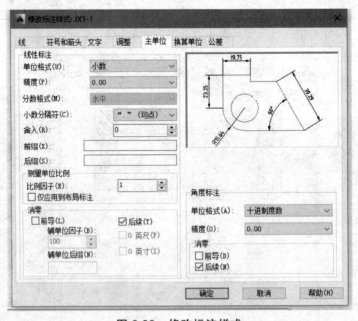

图 8.39　修改标注样式

（2）标注尺寸。

标注好的尺寸如图 8.40 所示。

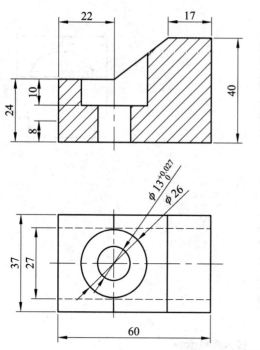

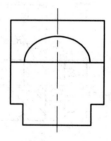

图 8.40　标注尺寸

（3）修改个别标注。

对于某些需要单独修改的标注，例如在标注数字前面加上"ϕ"，可以通过选中需要修改的地方，然后单击鼠标右键的"特性"选项卡对相关标注参数进行单独修改，如图 8.41 所示。

图 8.41　修改个别标注

5. 插入粗糙度块

插入粗糙度块的时候，将比例设置为"0.8"，如图 8.42 所示。

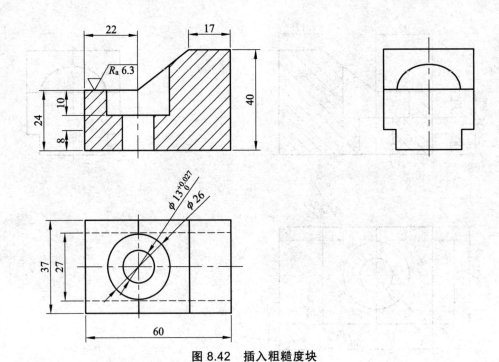

图 8.42 插入粗糙度块

6. 单独文字介绍

在图中，技术要求等文字，均采用之前建好的"机械制图"文字格式，字高设置为"7"（可根据实际要求更改），如图 8.43 所示。

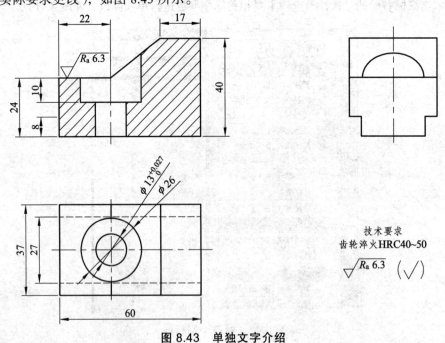

技术要求
齿轮淬火HRC40~50

图 8.43 单独文字介绍

7. 插入图框，标题栏图块

（1）在图中插入图框，标题栏等内容，如图 8.44 所示。

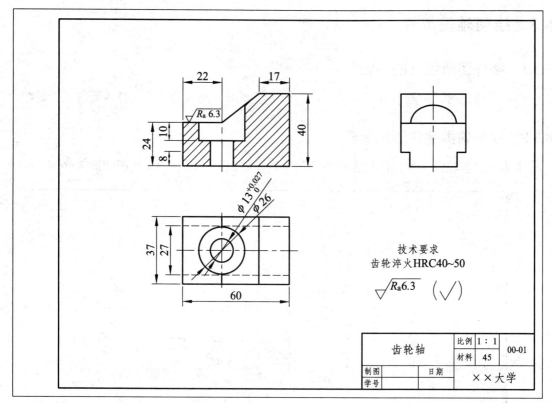

图 8.44　插入图框

8.2.3　打印图形

选择"文件"→"打印"命令，系统弹出"打印-模型"对话框后，按照如图 8.45 所示的参数进行设置。其中"打印机"选项区域的"名称"可根据实际需要自行修改。

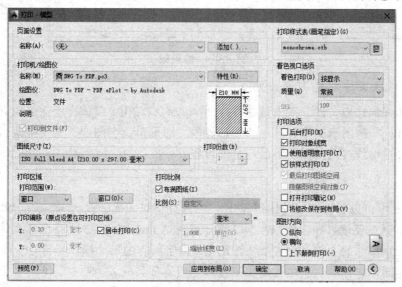

图 8.45　打印-模型

8.3 绘制轴类零件

8.3.1 零件图所包含的内容

绘制零件图时，一般包含了四项内容，即一组图形、完整的尺寸、技术要求、标题栏。

8.3.2 绘制轴类零件图的步骤

本小节以齿轮轴为例，向大家介绍如何绘制零件图，绘制好的零件图如图 8.46 所示。

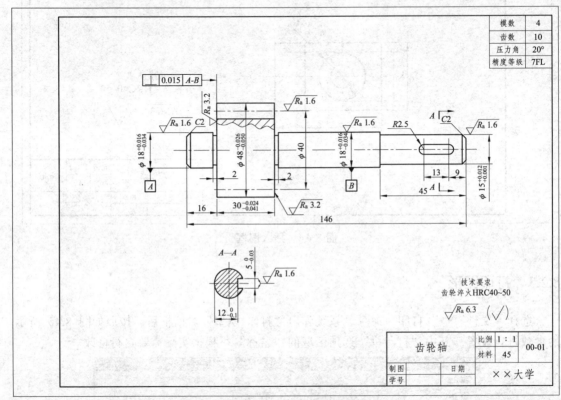

图 8.46 齿轮轴

1. 使用样板文件创建图形文件

找到制作好的样板文件，双击该文件，使 AutoCAD 2014 以该样板文件作为模板新建一个后缀为 ".dwg" 的图形文件。其中的图形界限、图形单位、图层、文字样式、标注样式、表格样式、多重引线样式、图块等已经全部设置好。

2. 打印方式说明

从图 8.46 中可以看出图形的比例为 1：1，因此将打印比例设为 1：1。但若遇到比例为 2：1 的时候，就需要把打印比例修改为 2：1。此时 AutoCAD 2014 会将图形文件中的所有对象都放大为实物尺寸的 2 倍打印在纸质图纸上。由于所有的尺寸标注、剖切符号、基准符号、粗糙度符号、图框、标题栏、单独的文字注释等内容都会放大为图中尺寸的 2 倍，而这些内容是按照国标中推荐或规定的尺寸要求绘制的，如标注的字体高度为 "3.5"，箭头的大小为

"2.5"，将其放大 2 倍打印在纸质图纸上分别变成了"7 mm"和"5 mm"，对于图形来说，这种做法虽然满足了图纸比例 2：1 的要求，但是不满足标注尺寸的要求。因此，要在打印之前将这些内容都缩小为原来的 1/2，之后再放大 2 倍打印在纸质图纸上，从而还原为 AutoCAD 2014 图中设定的尺寸，符合图纸要求。

3. 绘制步骤

1）创建中心线

将"中心线层"设为当前图层，然后绘制一条水平构造线，如图 8.47 所示。

2）绘制矩形

在绘制图形时，如果把图形分解成独立的一根根线条去绘图，需要计算出每根线条的长度和角度，这需要耗费较多的时间和精力。

在一般机械图形中，很多图线都可以看作由矩形组成的，或是由部分线条被修剪过的矩形组成。这些矩形的长、宽尺寸在图中都是已知的，或是经过简单计算可以推算出来的。所以在绘图过程中，常常先将矩形画出来，再移动到正确的位置以节约绘图时间，提高绘图效率。

（1）将"粗实线"设置为当前图层。

（2）绘制一个长 14、高 18 的矩形，如图 8.48 所示。

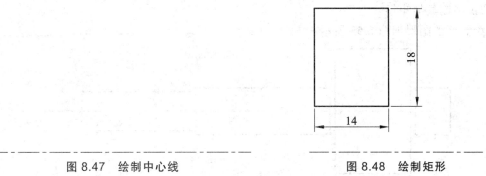

图 8.47　绘制中心线　　　　　　　　图 8.48　绘制矩形

3）移动矩形

使用移动命令，然后选择矩形框的左侧竖直边线的中点为基点移动到中心线上，如图 8.49 和图 8.50 所示。

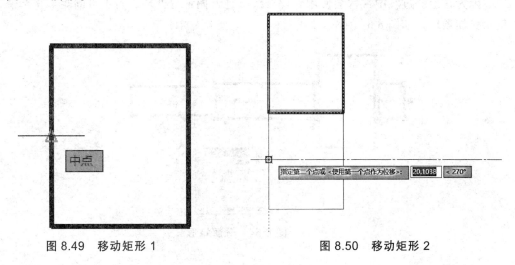

图 8.49　移动矩形 1　　　　　　　　图 8.50　移动矩形 2

当矩形移动好后，会以中心线为对称轴成对称图形，移动好的矩形框如图 8.51 所示。

图 8.51　移动好的矩形

4）绘制第二个矩形框

绘制一个长 2、宽 15 的矩形，如图 8.52 所示。

图 8.52　绘制第二个矩形

5）绘制其他矩形

绘制好的图形如图 8.53 所示。

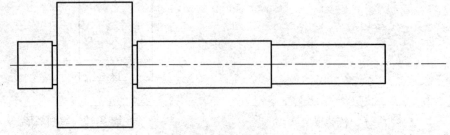

图 8.53　绘制其他矩形

6）打断矩形

因为在绘图过程中常常会使用到现有线条进行偏置等处理，若不打断矩形将会使得绘图变得更加烦琐，如图 8.54 所示。

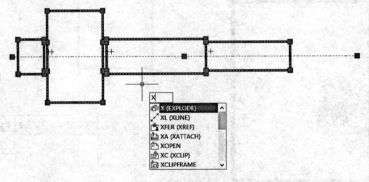

图 8.54　分解矩形

7）绘制倒角

在图 8.54 的基础上绘制倒角。将图中轴的左右边线各自向左和向右偏置 2，接着进行适当修改，绘制好的图如图 8.55 所示。

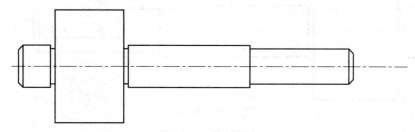

图 8.55　绘制倒角

8）绘制键槽

（1）在水平方向上，绘制一个直径为 5 的圆，并在水平方向上，以圆心为端点插入一条长 13 的线段，如图 8.56 所示。

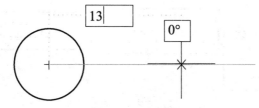

图 8.56　绘制圆

（2）绘制第二个等直径的圆，并绘制键槽轮廓，如图 8.57 所示。

（3）修剪多余的线条，如图 8.58 所示。

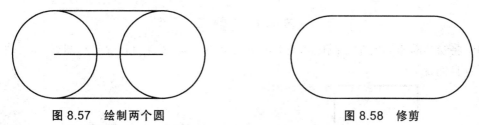

图 8.57　绘制两个圆　　　　　　　　　　图 8.58　修剪

（4）确定键槽所在位置。以图 8.59 的右边线为基础，向左绘制一条长 6.5 的辅助线，如图 8.58 所示。

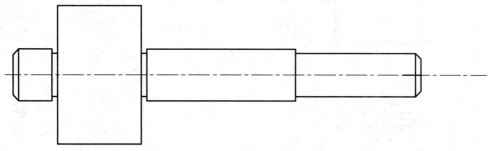

图 8.59　绘制辅助线

（5）移动键槽，完成键槽绘制。绘制好的图如图 8.60 所示。

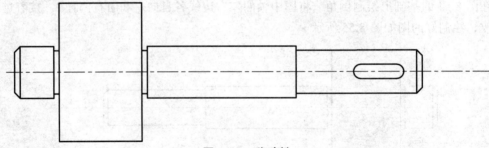

图 8.60　移动键

9）绘制断面图

（1）画上断面图的两条中心线。

（2）以两条中心线交点为圆心，画一个直径为 15 的圆。如图 8.61 所示。

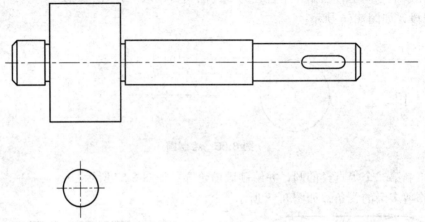

图 8.61　绘制断面

（3）将绘制断面用的中心线做如图 8.62 所示的偏置。竖直中心线向右偏置 3，水平中心线上下各自偏置 2.5。

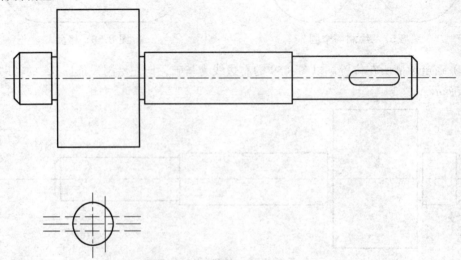

图 8.62　偏置断面的中心线

（4）修剪并替换图层为"粗实线"图层，完成效果如图 8.63 所示。

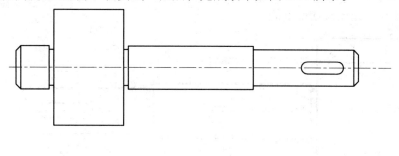

图 8.63　修剪断面

（5）加入断面符号，如图 8.64 所示。

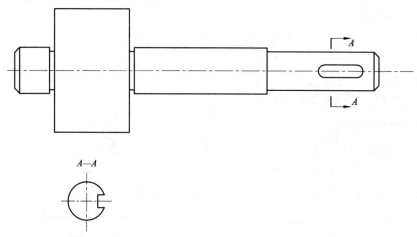

图 8.64　插入断面符号

（6）填充截面，填充好的图如图 8.65 所示。

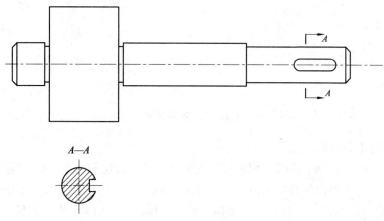

图 8.65　填充断面

10）其他细节绘制

按照图 8.66，完成其他细节的绘制。

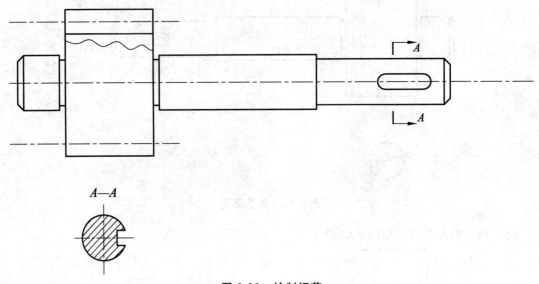

图 8.66　绘制细节

11）完善细节

继续完善修改，修改后如图 8.67 所示。

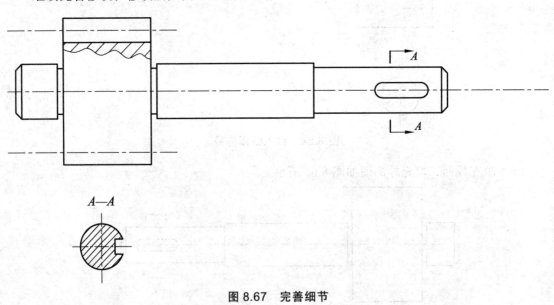

图 8.67　完善细节

12）标注尺寸

由于本图比例为 1：1，所以不用对标注做额外设置。若比例为 1：2，则需要单击"样式"工具栏中的"标注样式管理器"按钮，在弹出的"标注样式管理器"对话框中选取当前标注样式，单击"修改"按钮，再打开"修改标注样式：标注"对话框。在"调整"选项卡的"标注特征比例"选项区域中，选择"使用全局比例"选项，并在其右侧的文本框中将"全局比例"修改为 0.5，如图 8.68 所示。

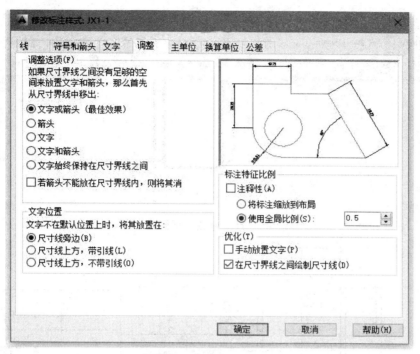

图 8.68 修改标注样式

（1）标注视图尺寸，如图 8.69 所示。

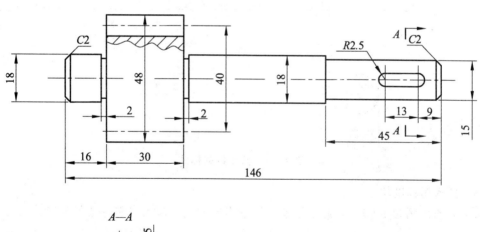

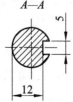

图 8.69 标注尺寸

（2）修改个别标注，如图 8.70 和图 8.71 所示。

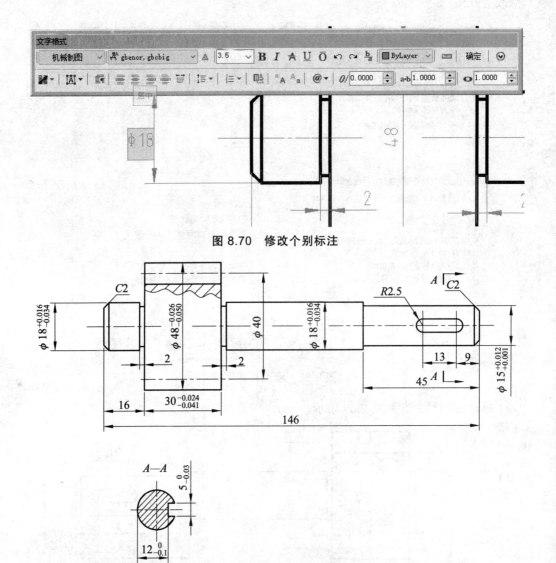

图 8.70　修改个别标注

图 8.71　修改好的标注

13）插入粗糙度块

由于本图比例为 1∶1，因此不用特别设置粗糙度块。插入完成后见图 8.72。

4. 添加注释文字

零件图中往往需要添加一些单独的文字注释，如技术要求、视图名称等。这些文字注释需要用"单行文字"或"多行文字"进行添加。其字体高度等参数可以按照不同图纸上对字体的要求而设定。

5. 添加图框和标题栏

绘制好的零件图如图 8.73 所示。

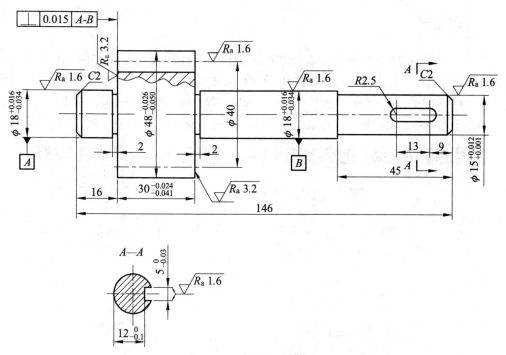

图 8.72　插入粗糙度块

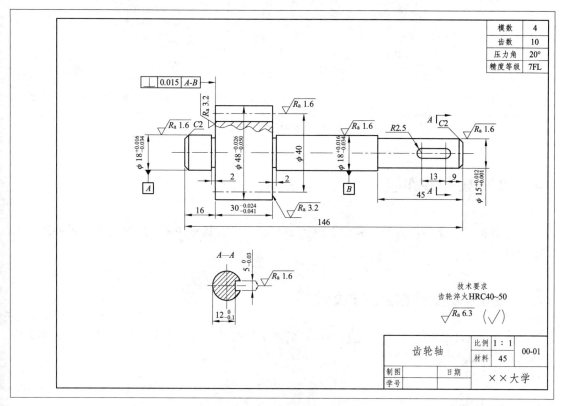

模数	4
齿数	10
压力角	20°
精度等级	7FL

技术要求
齿轮淬火 HRC40~50

$\sqrt{Ra\,6.3}$ $(\sqrt{\quad})$

齿轮轴	比例	1：1	00-01
	材料	45	
制图		日期	××大学
学号			

图 8.73　绘制好的轴类零件图

8.3.3 打印图形

选择"文件"→"打印"命令，系统将弹出"打印-模型"对话框，按照图8.74所示的参数设置该对话框。其中"打印机"选项区域的"名称"下拉列表用户可以根据实际情况选择打印机名称。在"打印范围"下拉列表中选择"窗口"选项，等系统返回模型空间绘图窗口后，点击图框外框的两个对角点。之后系统将再次弹出"打印-模型"对话框，点击"打印"按钮即可打印。

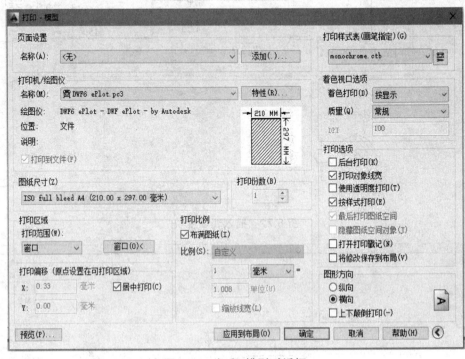

图 8.74　打印-模型对话框

8.4　绘制盘类零件

本小节将以盘类零件为例，向读者讲述如何进一步绘制零件图，绘制完成的零件图如图8.75所示。

8.4.1　使用样板文件创建图形文件

按照上一小节的方法，找到之前制作好的样板文件并双击它，使系统打开一个建好了绘图环境的".dwg"文件。

8.4.2　打印方式

按照上一小节的提示进行相应设置。

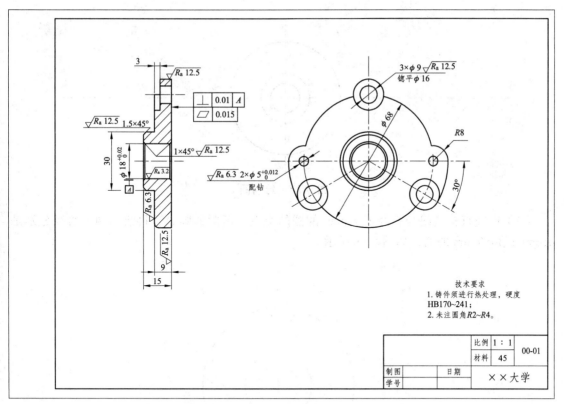

图 8.75　盘类零件图

8.4.3　绘图步骤

1. 创建中心线

将中心线层设为当前图层，然后绘制一条水平构造线，再绘制一条与水平构造线相交且垂直的竖直构造线，如图 8.76 所示。

图 8.76　创建中心线

2. 绘制圆

通过对盘类零件的分析，我们可以知道，先绘制侧视图比较有利于提高绘制图效率和方便利用透视关系绘图。

（1）将"粗实线"设为当前图层。

（2）绘制三个直径分别为 $\phi 18$ mm、$\phi 30$ mm 和 $\phi 68$ mm 的圆，其圆心为两条中心线的交点。如图 8.77 所示。

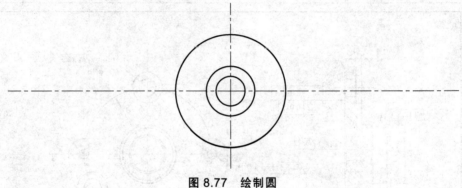

图 8.77　绘制圆

（3）以竖直构造线与直径 ϕ68 mm 的圆的交点为新圆的圆心，再绘制两个直径分别是 ϕ16 mm 和 ϕ9 mm 的圆，如图 8.78 所示。

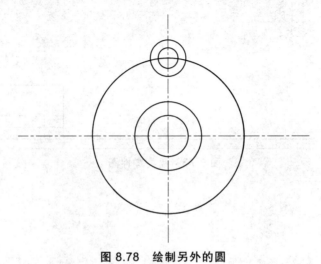

图 8.78　绘制另外的圆

（4）对图 8.78 绘制的上方的两个圆进行阵列，使得阵列后的三个图形间距为 120°，如图 8.79 所示。

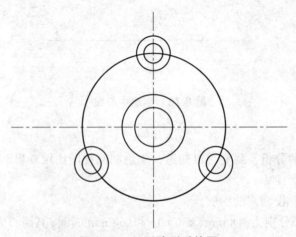

图 8.79　矩形阵列后的图

（5）绘制刚才阵列好的圆的中心线，并对图形做适量修剪，如图8.80所示。

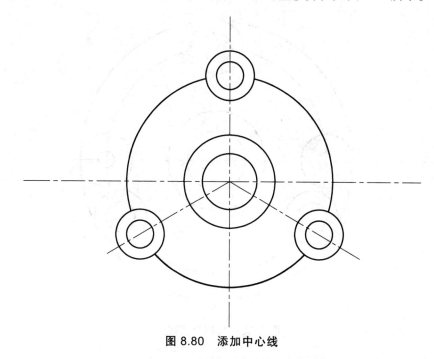

图 8.80　添加中心线

（6）以图 8.80 中水平构造线与最大圆圆弧的交点为圆心，绘制两个直径为 $\phi 5$ mm 和 $\phi 16$ mm 的同心圆，如图 8.81 所示。

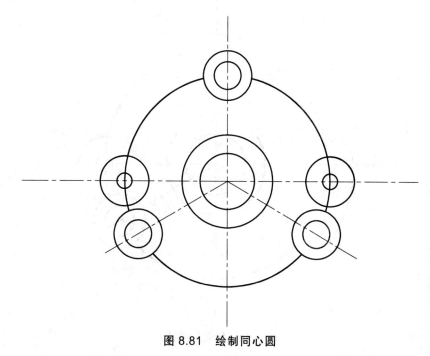

图 8.81　绘制同心圆

（7）绘制一个与前一步绘制的 $\phi 16$ mm 的圆相切的圆，如图 8.82 所示。

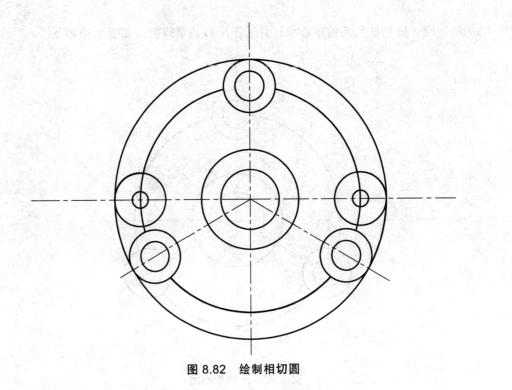

图 8.82　绘制相切圆

（8）进行适当修剪，修剪好的图如图 8.83 所示。

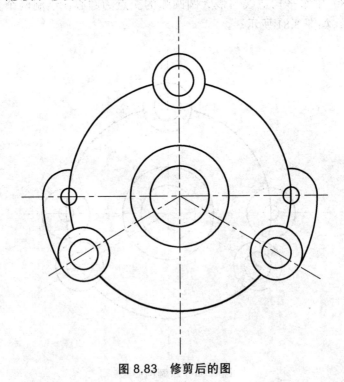

图 8.83　修剪后的图

（9）打断部分机构，并将图层替换为"中心线"，如图 8.84 所示。

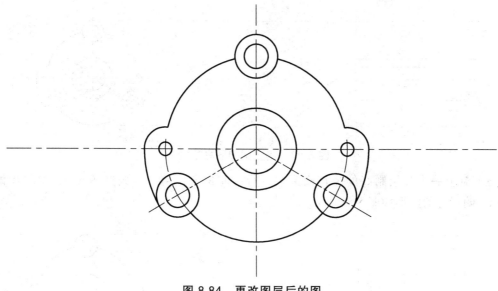

图 8.84　更改图层后的图

3. 绘制剖视图

（1）利用透视关系初步确定其轮廓。

（2）绘制中心线，如图 8.85 所示。

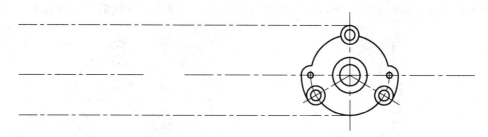

图 8.85　确定剖视图轮廓

（3）对中心线进行上下偏置，第一次偏置 9 mm，第二次偏置 15 mm，如图 8.86 所示。

图 8.86　偏置中心线

（4）绘制一条竖直线，初步确定剖视图的右边线，如图 8.87 所示。

图 8.87 确定剖视图右边线

（5）对上一步骤绘制好的竖直构造线进行向左偏置，第一步偏置 9 mm，第二步偏置 15 mm，偏置好的图形如图 8.88 所示。

图 8.88 继续偏置后的视图

（6）对之前绘制好的线条进行适当修剪和替换图层，修改过的图如图 8.89 所示。

图 8.89 修剪线条和替换图层

（7）通过透视关系，绘制位于顶部的圆的中心线，如图 8.90 所示。

图 8.90 绘制顶部圆中心线

（8）按照标注进一步完善图形，如图 8.91 所示。

图 8.91　完善的视图

（9）对图 8.91 进行倒圆角处理，倒斜角值为 1.5 mm，倒圆角值为 2~4 mm。如图 8.92 所示。

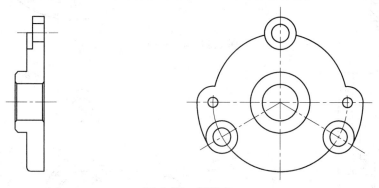

图 8.92　倒圆角

（10）利用投影关系，将剖视图的倒角投影到另一个视图中，并做相应修改，修改好的图见图 8.93。

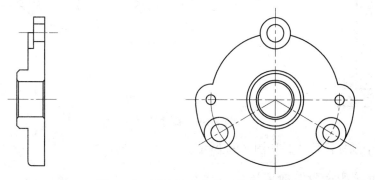

图 8.93　继续修改完善后的视图

4. 填充图案

将图层置于"填充符号"图层，使用填充命令填充图案，如图 8.94 所示。

5. 标注尺寸

（1）在"样式"工具栏下的"标注样式控制"下拉列表中选择"机械制图"。

（2）修改全局比例。因为本图比例为 1:1，不做修改。若要修改可以通过设置当前标注样式中的全局比例来修改其与打印相关的比例。

（3）按照如图 8.95 所示进行标注。

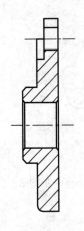

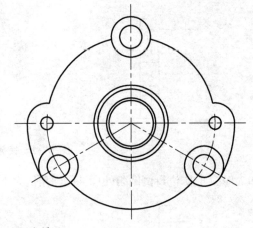

图 8.94　图案填充

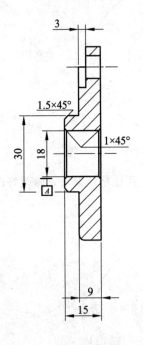

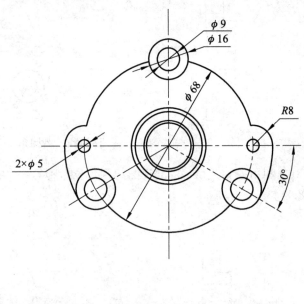

图 8.95　标注尺寸

（4）修改个别标注尺寸，如图 8.96 所示。

6. 插入粗糙度块和添加文字

插入粗糙度块和添加文字，如图 8.97 所示。

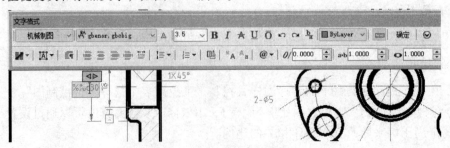

图 8.96　修改个别标注

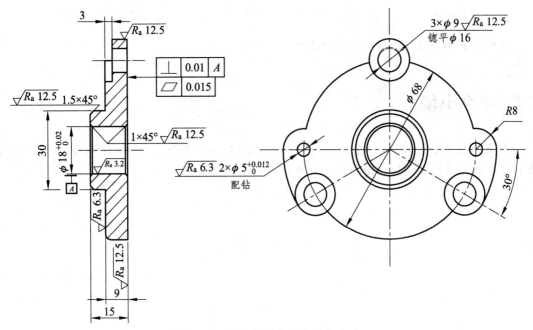

图 8.97　插入粗糙度块和添加文字

7. 添加图框和标题栏

添加完毕后如图 8.98 所示。

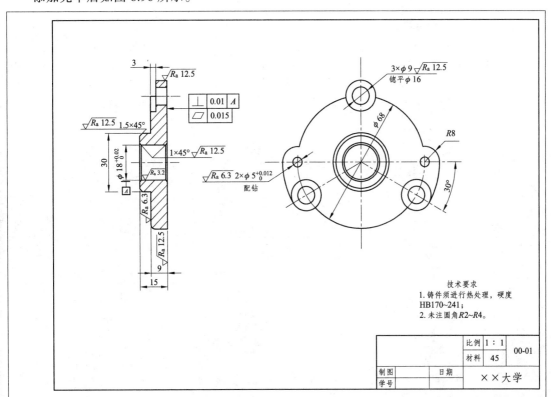

图 8.98　添加图框和标题栏

8. 打印设置

按照绘制轴类零件时的打印设置即可。

8.5　本章小结

本章通过几个实例，从样板文件建立到图形绘制、尺寸标注、文字标注和特殊符号标注，介绍了二维图从绘制到打印出图的所有过程。

思考与练习

1. 思考题

（1）什么是样板文件？当我们需要修改样板文件时，应该如何打开样板文件？

（2）打印出图有哪几种方法？

2. 练习题

（1）按照前两小节绘图步骤绘制图 8.99 所示的零件图。

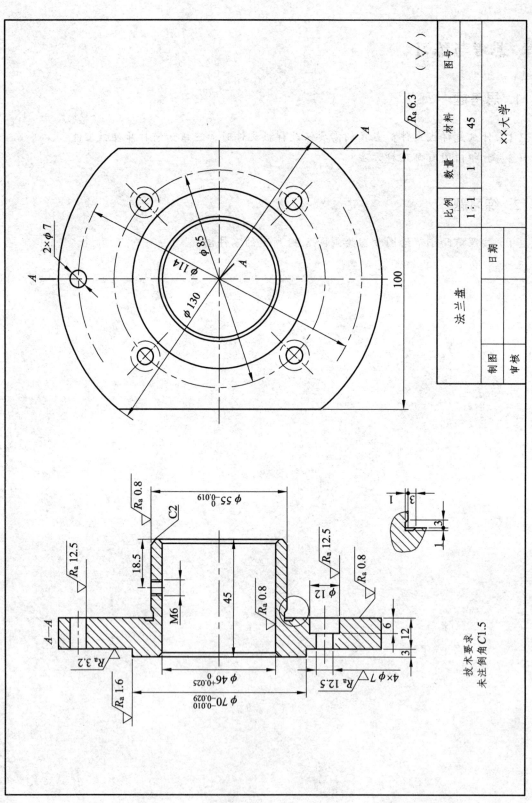

图 8.99 法兰盘

第 9 章　三维实体建模与工程图生成

【本章导读】

　　AutoCAD 2014 除具有强大的二维绘图功能外，还具备基本的三维造型能力。若物体并无复杂的外表曲面及多变的空间结构关系，则使用 AutoCAD 可以很方便地建立物体的三维模型。本章将介绍 AutoCAD 三维绘图的基本知识。

【本章要点】

（1）三维模型的分类及三维坐标系。
（2）三维图形的观察方法。
（3）创建基本的三维实体。
（4）由二维对象生成三维实体。
（5）编辑实体、实体的面和边。

9.1　三维几何模型分类

　　在 AutoCAD 中，用户可以创建 3 种类型的三维模型：线框模型、表面模型及实体模型。这 3 种模型在计算机上的显示方式是相同的，即以线架结构显示出来，但用户可用特定命令使表面模型及实体模型的真实性表现出来。

9.1.1　线框模型（Wireframe Model）

　　线框模型是一种轮廓模型，它是用线（3D 空间的直线及曲线）表达三维立体，不包含面及体的信息，不能使该模型消隐或着色。又由于其不含有体的数据，用户也不能得到对象的质量、重心、体积、惯性矩等物理特性，不能进行布尔运算。图 9.1 显示了立体的线框模型，在消隐模式下也能看到后面的线。线框模型结构简单，易于绘制。

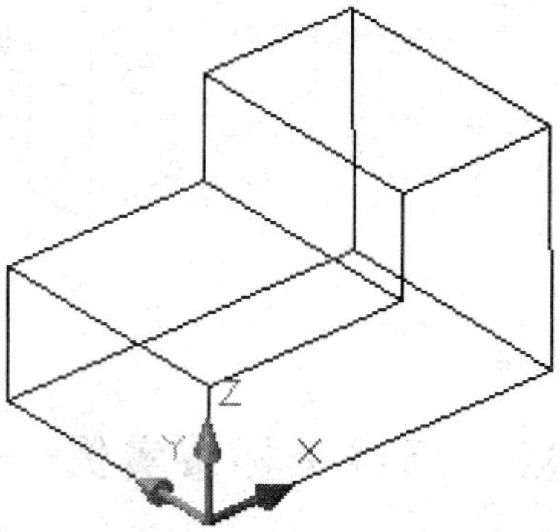

图 9.1　线框模型

9.1.2　表面模型（Surface Model）

　　表面模型是用物体的表面表示物体。表面模型具有面及三维立体边界信息。表面不透明，能遮挡光线，因而表面模型可以被渲染及消隐。对于计算机辅助加工，用户还可以根据零件的表面模型形成完整的加工信息，但是不能进行布尔运算。如图 9.2 所示是两个表面模型的消隐效果，前面的薄片圆筒遮住了后面长方体的一部分。

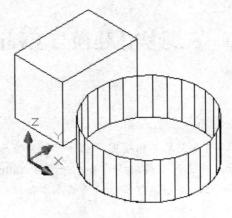

图 9.2　表面模型

9.1.3　实体模型

实体模型具有线、表面、体的全部信息。对于此类模型，可以区分对象的内部及外部，可以对它进行打孔、切槽和添加材料等布尔运算，对实体装配进行干涉检查，分析模型的质量特性，如质心、体积和惯性矩。对于计算机辅助加工，用户还可利用实体模型的数据生成数控加工代码，进行数控刀具轨迹仿真加工等。如图 9.3 所示是实体模型。

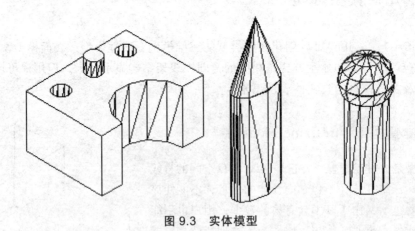

图 9.3　实体模型

9.2　三维坐标系实例——三维坐标系、长方体、倒角等

三维坐标系的应用直接决定了绘制三维图形的效率和准确程度，本小节就以实例方式介绍三维坐标系的使用。

9.2.1　三维坐标系介绍

AutoCAD 2014 的坐标系统是三维笛卡儿直角坐标系，分为世界坐标系（WCS）和用户坐标系（UCS），前面章节介绍了具体的含义。如图 9.4 所示的是两种坐标系下的图标。图 9.4 中 "X" 或 "Y" 的剪头方向表示当前坐标轴 X 轴或 Y 轴的正方向，Z 轴正方向用右手定则判定。

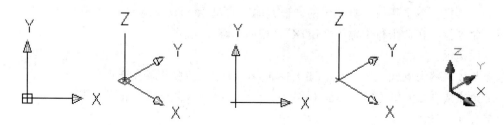

图 9.4　表示坐标系的图标

缺省状态时，AutoCAD 的坐标系是世界坐标系。世界坐标系是唯一的，固定不变的，对于二维绘图，在大多数情况下，世界坐标系就能满足作图需要，但若是创建三维模型，就不太方便了，因为用户常常要在不同平面或是沿某个方向绘制结构。在世界坐标系下是不能完成的。此时需要以绘图的平面为 XY 坐标平面，创建新的坐标系，然后再调用绘图命令绘制图形。

9.2.2　三维坐标系实例

下面通过一个例题来完成三维坐标系、长方体、倒角、删除面等操作的介绍。

【例 9.1】绘制如图 9.5 所示的图形。

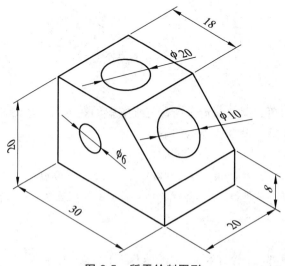

图 9.5　所需绘制图形

分析：通过绘制此图形，主要目的是学习长方体命令、实体倒角命令、删除面命令和用户坐标系的建立方法。在学习之前应该掌握基本绘图命令和对象捕捉、对象追踪等应用。

下面介绍绘图步骤：

1. 绘制长方体

调用长方体命令：

（1）菜单栏：选择"绘图"→"建模"→"长方体"命令；

（2）工具栏：单击建模工具栏中的"长方体"按钮 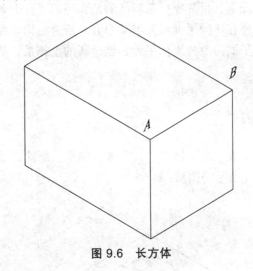；

（3）命令行：在命令行中输入"BOX"，按回车键。

命令栏提示：

指定长方体的角点或 [中心点（CE）] <0，0，0>：   //在屏幕上任意点单击

指定角点或 [立方体（C）/长度（L）]：L   //选择给定长宽高模式

指定长度：30✓

指定宽度：20✓

指定高度：20✓

绘制出长 30，宽 20，高 20 的长方体，如图 9.6 所示。

图 9.6 长方体

2. 倒　角

用于二维图形的倒角、圆角编辑命令在三维图中仍然可用。单击"编辑"工具栏上的倒角按钮，调用倒角命令后，命令栏提示如下：

命令：_chamfer

（"修剪"模式）当前倒角距离 1 = 0.0000，距离 2 = 0.0000

选择第一条直线或 [多段线（P）/距离（D）/角度（A）/修剪（T）/方式（M）/多个（U）]：

//在 AB 直线上单击

基面选择…

输入曲面选择选项 [下一个（N）/当前（OK）] <当前>：✓   //选择默认值。

指定基面的倒角距离：12✓

指定其他曲面的倒角距离 <12.0000>：✓   //选择默认值 12
选择边或 [环（L）]：   //在 *AB* 直线上单击
倒角后结果如图 9.7 所示。

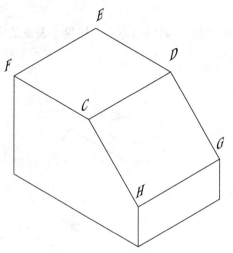

图 9.7　倒角后的长方体

3. 移动坐标系，绘制上表面圆

因为 AutoCAD 只可以在 *XY* 平面上画图，要绘制上表面上的图形，则需要建立用户坐标系。由于世界坐标系的 *XY* 面与 *CDEF* 面平行，且 *X* 轴、*Y* 轴又分别与四边形 *CDEF* 的边平行，因此只要把世界坐标系移动到 *CDEF* 面上即可。移动坐标系，只改变坐标原点的位置，不改变 *X*、*Y* 轴的方向，如图 9.8 所示。

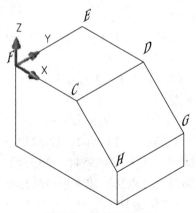

图 9.8　移动坐标系

（1）移动坐标系。

在命令窗口输入命令动词"UCS"，AutoCAD 提示如下：

命令：ucs

当前 UCS 名称：*世界*

输入选项[新建（N）/移动（M）/正交（G）/上一个（P）/恢复（R）/保存（S）/删除（D）/应用（A）/?/世界（W）]<世界>：M ✓   //选择移动选项

指定新原点或 [Z 向深度（Z）] <0，0，0>：<对象捕捉开>　//选择 F 点单击

也可点击 UCS 工具栏上"移动坐标系"图标 ⌐ 或者菜单栏选择"工具"→"移动 UCS"命令，直接调用"移动坐标系"命令。

（2）绘制表面圆。

打开"对象追踪""对象捕捉"，调用圆命令，捕捉上表面的中心点，以 5 为半径绘制上表面的圆，结果如图 9.9 所示。

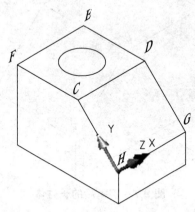

图 9.9　绘制上表面圆

4. 三点法建立坐标系，绘制斜面上圆

（1）三点法建立用户坐标系。

命令窗口输入命令动词"UCS"，命令栏提示如下：

命令：ucs

当前 UCS 名称：*没有名称*

输入选项 [新建（N）/移动（M）/正交（G）/上一个（P）/恢复（R）/保存（S）/删除（D）/应用（A）/?/世界（W）] <世界>：N✔　　　　　　//新建坐标系

指定新 UCS 的原点或[Z 轴（ZA）/三点（3）/对象（OB）/面（F）/视图（V）/X/Y/Z] <0，0，0>：3✔　　//选择三点方式

指定新原点 <0，0，0>：　　　　//在 H 点上单击

在正 X 轴范围上指定点 <50.9844，-27.3562，12.7279>：　　　　//在 G 点单击

在 UCSXY 平面的正 Y 轴范围上指定点 <49.9844，-26.3562，12.7279>：　//在 C 点单击

也可用下面两种方法直接调用"三点法"建立用户坐标系：

① 菜单栏：选择"工具"→"新建 UCS"→"三点（3）"命令；

② 工具栏：单击 UCS 工具栏中的"新建 UCS"按钮 ⌐。

（2）绘制圆。

方法同第 3 步。

5. 以所选实体表面建立 UCS，在侧面上画圆

（1）选择实体表面建立 UCS。

在命令窗口输入 UCS，调用用户坐标系命令如下：

命令：ucs

当前 UCS 名称：*世界*

输入选项 [新建（N）/移动（M）/正交（G）/上一个（P）/恢复（R）/保存（S）/删除（D）/应用（A）/?/世界（W）] <世界>：N✓

指定 UCS 的原点或[Z 轴（ZA）/三点（3）/对象（OB）/面（F）/视图（V）/X/Y/Z]<0, 0, 0>：F✓

选择实体对象的面：　　//在侧面上接近底边处拾取实体表面

输入选项 [下一个（N）/X 轴反向（X）/Y 轴反向（Y）]<接受>：✓　　//接受图示结果

结果如图 9.10 所示。

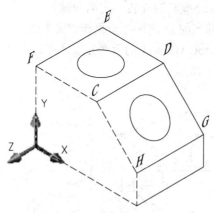

图 9.10　绘制侧面上的圆

（2）绘制圆。

方法同上步，完成图 9.5 所示图形。

9.2.3　知识补充

1. 建立坐标系的其他方法

本例介绍了建立用户坐标系常用的三种方法，在 UCS 命令中有许多选项：

[新建（N）/移动（M）/正交（G）/上一个（P）/恢复（R）/保存（S）/删除（D）/应用（A）/?/世界（W）]

各选项功能如下：

（1）新建（N）：创建一个新的坐标系。选择该选项后，AutoCAD 继续提示如下：

指定新 UCS 的原点或 [Z 轴（ZA）/三点（3）/对象（OB）/面（F）/视图（V）/X/Y/Z]<0, 0, 0>：

① 指定新 UCS 的原点：将原坐标系平移到指定原点处，新坐标系的坐标轴与原坐标系的坐标轴方向相同。

② Z 轴（ZA）：通过指定新坐标系的原点及 Z 轴正方向上的一点来建立坐标系。

③ 三点（3）：用三点来建立坐标系，第一点为新坐标系的原点，第二点为 X 轴正方向上的一点，第三点为 Y 轴正方向上的一点。

④ 对象（OB）：根据选定三维对象定义新的坐标系。此选项不能用于下列对象：三维实体、三维多段线、三维网格、视口、多线、面域、样条曲线、椭圆、射线、构造线、引线、多行文字。对于非三维面的对象，新 UCS 的 XY 平面与绘制该对象时生效的 XY 平面平行，但 X 轴和 Y 轴可作不同的旋转。如选择圆为对象，则圆的圆心成为新 UCS 的原点。X 轴通过选择点。

⑤ 面（F）：将 UCS 与实体对象的选定面对齐。在选择面的边界内或面的边上单击，被选中的面将亮显，UCS 的 X 轴将与找到的第一个面上的最近的边对齐。

⑥ 视图（V）：以垂直于观察方向的平面为 XY 平面，建立新的坐标系。UCS 原点保持不变。

⑦ X/Y/Z：将当前 UCS 绕指定轴旋转一定的角度。

（2）移动（M）：通过平移当前 UCS 的原点重新定义 UCS，但保留其 XY 平面的方向不变。

（3）正交（G）：指定 AutoCAD 提供的六个正交 UCS 之一。这些 UCS 设置通常用于查看和编辑三维模型，如图 9.11 所示。

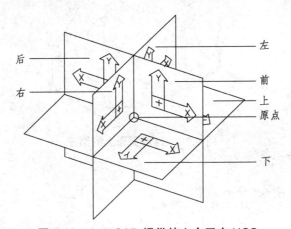

图 9.11　AutoCAD 提供的六个正交 UCS

（4）上一个（P）：恢复上一个 UCS。AutoCAD 保存创建的最后 10 个坐标系。重复"上一个"选项逐步返回上一个坐标系。

（5）恢复（R）：恢复已保存的 UCS 使它成为当前 UCS；恢复已保存的 UCS 并不重新建立在保存 UCS 时生效的观察方向。

（6）保存（S）：把当前 UCS 按指定名称保存。

（7）删除（D）：从已保存的用户坐标系列表中删除指定的 UCS。

（8）应用（A）：其他视口保存有不同的 UCS 时，将当前 UCS 设置应用到指定的视口或所有活动视口。

（9）?：列出用户定义坐标系的名称，并列出每个保存的 UCS 相对于当前 UCS 的原点以及 X、Y 和 Z 轴。

（10）世界（W）：将当前用户坐标系设置为世界坐标系。

2. 删除面操作

如果倒角或圆角所创建的面不合适，可使用"删除面"命令删除，调用删除面命令方法如下：

①菜单栏：选择"修改"→"实体编辑"→"删除面"命令；

②工具栏：单击实体编辑工具栏中的"删除面"按钮▨。

9.3 观察三维图形——绘制球、视图、三维动态观察器、布尔运算

在绘制三维图形过程中，常常要从不同方向观察图形，AutoCAD 2014 默认视图是 *XY* 平面，方向为 Z 轴的正方向，看不到物体的高度。AutoCAD 提供了多种创建 3D 视图的方法，可沿不同的方向观察模型，比较常用的是用标准视点观察模型和三维动态旋转方法。这里只介绍这两种常用方法。标准视图观察实体工具栏如图 9.12 所示。

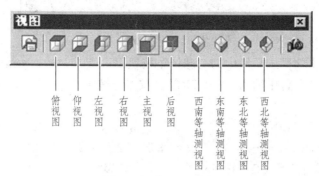

图 9.12　视图工具栏

9.3.1　观察三维图形实例

下面通过一个实例来介绍绘制球、视图、三维动态观察器、布尔运算等操作。

【例 9.2】绘制如图 9.13 所示的物体。

分析：本例题的目的是通过绘制此物体，掌握用标准视点和用三维动态观察器旋转方法观察模型，使用圆角命令、布尔运算等编辑三维实体的方法。在学习之前，需要熟悉 AutoCAD 基本绘图命令、使用对象捕捉、建立用户坐标系等操作。

下面介绍具体操作过程。

图 9.13　骰子

1．绘制正方体

（1）新建两个图层，如表 9.1 所示，并将实体层作为当前层。单击"视图"工具栏上"西南等轴测"按钮，将视点设置为西南方向。

表 9.1　图层建立

层	名	颜色	线
实体层	白色	Continues	默认
辅助层	黄色	Continues	默认

（2）绘制正方体。

如例 9.1 所示调用长方体命令，命令行有如下显示：

命令：_box

指定长方体的角点或 [中心点（CE）] <0，0，0>：　　//在屏幕上任意一点单击

指定角点或 [立方体（C）/长度（L）]：C✔　　//绘制立方体

指定长度：20✔

结果如图 9.14 所示。

2. 挖上表面的一个球面坑

（1）移动坐标系到上表面。

（2）绘制球。

调用球命令如下：

① 菜单栏：选择"绘图"→"建模"→"球体"命令；

② 工具栏：单击建模工具栏中的"球体"按钮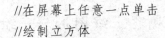；

③ 命令行：在命令行中输入"SPHERE"，按回车键。

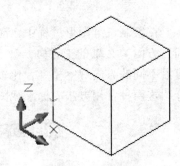

图 9.14　正方体

命令：_sphere

当前线框密度：ISOLINES=4　　//说明当前轮廓素线网格线数为 4

指定球体球心 <0，0，0>：　　//利用双向追踪捕捉上表面的中心

指定球体半径或 [直径（D）]：5✔

结果如图 9.15 所示。

（3）布尔运算。

差集运算：通过减操作从一个实体中去掉另一些实体得到一个实体。

调用命令方法：

① 菜单栏：选择"修改"→"实体编辑"→"差集运算"命令；

② 工具栏：单击实体编辑工具栏中的"差集运算"按钮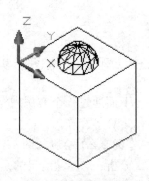；

③ 命令行：在命令行中输入"SUBTRACT"，按回车键。

图 9.15　绘制球体

命令栏提示如下：

命令：_subtract 选择要从中减去的实体或面域…

选择对象：找到 1 个　　//在立方体上单击

选择对象：回车　　//结束被减去实体的选择

选择要减去的实体或面域..

选择对象：找到 1 个　　//在球体上单击

选择对象：回车　　//结束差运算

结果如图 9.16 所示。

3. 在左侧面上挖两个点的球面坑

（1）旋转 UCS。

调用 UCS 命令：

命令：_ucs

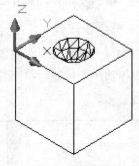

图 9.16　挖坑

当前 UCS 名称：*没有名称*

输入选项

[新建（N）/移动（M）/正交（G）/上一个（P）/恢复（R）/保存（S）/删除（D）/应用（A）/?/世界（W）]

<世界>：N✓

指定新 UCS 的原点或[Z 轴（ZA）/三点（3）/对象（OB）/面（F）/视图（V）/X/Y/Z] <0, 0, 0>：X✓

指定绕 X 轴的旋转角度 <90>：✓

（2）确定球心点。

在"草图设置"对话框中选择"端点"和"节点"捕捉，并打开"对象捕捉"。

选择辅助层，调用直线命令，连接对角线。

选择菜单"绘图"→"点"→"定数等分"命令，将辅助直线 3 等分，结果如图 9.17（a）所示。

（3）绘制球。

捕捉辅助线上的节点为球心，以 4 为半径绘制两个球。

（4）差集运算。

调用"差集"命令，以立方体为被减去的实体，两个球为减去的实体，进行差集运算，结果如图 9.17（b）所示。

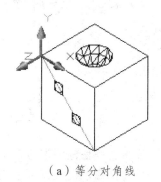
（a）等分对角线

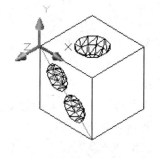
（b）完成图形

图 9.17　挖两点坑

以同样的方法绘制前表面上的三点坑，如图 9.18 所示。

4. 绘制底面上六个点的球面坑

（1）单击"三维动态观察器"工具栏上的"三维动态观察"按钮 ，激活三维动态观察器视图，屏幕上出现弧线圈，将光标移至弧线圈内，出现球形光标，向上拖动鼠标，使立方体的下表面转到上面全部可见位置。按 Esc 键或 Enter 键退出，或者单击鼠标右键显示快捷菜单退出，如图 9.19 所示。

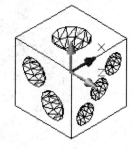
图 9.18　绘制三点坑

（2）同创建两点坑一样，将上表面作为 *XY* 平面，建立用户坐标系，绘制作图辅助线，定出六个球心点，再绘制六个半径为 3 的球，然后进行布尔运算，结果如图 9.20 所示。

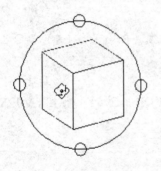

图 9.19　动态观察

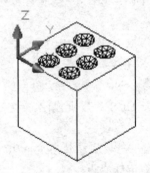

图 9.20　挖六点坑

5. 完成绘图

用同样的方法，调整好视点，挖制另两面上的四点坑和五点坑，结果如图 9.21 所示。

6. 各棱线圆角

（1）倒上表面圆角。

单击"编辑"工具栏上的"圆角"按钮，调用圆角命令如下：

命令：_fillet

当前设置：模式 = 修剪，半径 = 6.0000

选择第一个对象或 [多段线（P）/半径（R）/修剪（T）/多个

（U）]：选择上表面一条棱线

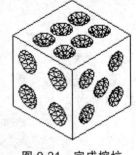

图 9.21　完成挖坑

输入圆角半径 <6.0000>：2✔

选择边或 [链（C）/半径（R）]：选择上表面另三条棱线

选择边或 [链（C）/半径（R）]：✔

已选定 4 个边用于圆角。结果如图 9.22 所示。

（2）倒下表面圆角。

单击"三维动态观察器"工具栏上的"三维动态观察"按钮，调整视图方向，使立方体的下表面转到上面四条棱线全可见位置。然后调用圆角命令，选择四根棱线，倒下表面的圆角，结果如图 9.23 所示。

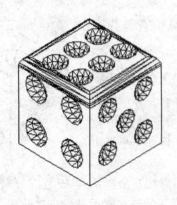

图 9.22　长方体圆角（一）

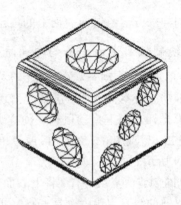

图 9.23　长方体圆角（二）

（3）再次调用圆角命令，同时启用"三维动态观察"功能，选择侧面的四条棱线，以半径为2倒圆角。

（4）删除辅助线层上的所有辅助线和辅助点，完成图如图9.13所示。

注意：这里倒圆角时不可以为12条棱线一次倒圆角，因为AutoCAD内部要为圆角计算，会发生运算错误，导致圆角失败。

7. 观察图形

打开视图菜单下的消隐模式，分别单击图9.12所示的"视图工具栏"上的各按钮，以不同方向观察图形的变化。

9.3.2　知识补充

1. 改变三维图形曲面轮廓素线

系统变量"ISOLINES"是用于控制显示曲面线框弯曲部分的素线数目。有效整数值为0到2047，初始值为4。如图9.24是"ISOLINES"值为4和12时圆柱的"线框"显示形式。

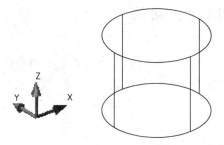

图9.24　调节线框模型

2. 布尔运算

在AutoCAD中，三维实体可进行并集、差集、交集三种布尔运算，创建复杂实体。

（1）并集运算：将多个实体合成一个新的实体，如图9.25（b）所示。命令调用方式如下：

① 菜单栏：选择"修改"→"实体编辑"→"并集运算"命令；

② 工具栏：单击实体编辑工具栏中的"并集运算"按钮 ；

③ 命令行：在命令行中输入"UNION"，按回车键。

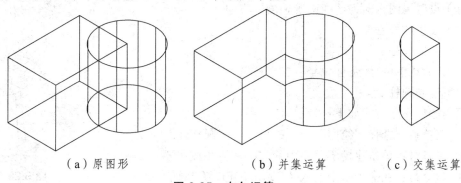

（a）原图形　　　　　　　　（b）并集运算　　　　　　　（c）交集运算

图9.25　布尔运算

（2）交集运算：从两个或多个实体的交集创建复合实体并删除交集以外的部分，如图 9.25（c）所示。命令调用方式如下：

① 菜单栏：选择"修改"→"实体编辑"→"交集运算"命令；
② 工具栏：单击实体编辑工具栏中的"交集运算"按钮 ◍；
③ 命令行：在命令行中输入"INTERSECT"，按回车键。

3. 三维动态观察器

单击"三维动态观察器"工具栏上的"三维动态观察"按钮，激活三维动态观察器视图时，屏幕上出现弧线圈，当光标移至弧线圈内、外和四个控制点上时，就会出现不同的光标形式：

① ✥ 光标位于观察球内时，拖动鼠标可旋转对象。
② ⦿ 光标位于观察球外时，拖动鼠标可使对象绕通过观察球中心且垂直于屏幕的轴转动。
③ –⊙– 光标位于观察球上下小圆时，拖动鼠标可使视图绕通过观察球中心的水平轴旋转。
④ ⦶ 光标位于观察球左右小圆时，拖动鼠标可使视图绕通过观察球中心的垂直轴旋转。

9.4 创建基本三维实体实例——圆柱、圆锥

圆柱、圆锥、圆球是在 AutoCAD 三维建模中最常用到的实体元素，如何准确快速地绘制及操作，对用户有极大的影响，本节就以一个例子来介绍。

9.4.1 圆柱、圆锥实例

【例 9.3】绘制如图 9.26 所示的实体。

分析：该图形是由圆柱、圆锥、球组合而成的，球的中心、圆柱、圆锥的轴线在同一中心线上。通过绘制此图形，可以学习圆柱、圆锥命令的使用。在学习该例题之前，应该熟悉三维操作球体、视图、布尔运算等命令。

主要绘图步骤如下：

1. 绘制基座——圆柱

（1）设置视图方向为"西南等轴测"方向。
（2）设置线框密度。
命令：isolines↙
输入 ISOLINES 的新值 <4>：20
（3）绘制圆柱。
调用圆柱命令方式如下：
① 菜单栏：选择"绘图"→"建模"→"圆柱体"命令；
② 工具栏：单击建模工具栏中的"圆柱体"按钮 🛢；
③ 命令行：在命令行中输入"CYLINDER"，按回车键。

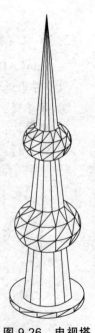

图 9.26 电视塔

命令行提示如下：

命令：_cylinder

当前线框密度：ISOLINES=20

指定圆柱体底面的中心点或 [椭圆（E）]<0，0，0>：✓　//选择默认

指定圆柱体底面的半径或 [直径（D）]：80

指定圆柱体高度或 [另一个圆心（C）]：10

2. 绘制圆锥

调用圆锥命令方式如下：

① 菜单栏：选择"绘图"→"建模"→"圆锥体"命令；

② 工具栏：单击建模工具栏中的"圆锥体"按钮 🔺；

③ 命令行：在命令行中输入"CONE"，按回车键。

命令行提示如下：

命令：_cone

当前线框密度：ISOLINES=20

指定圆锥体底面的中心点或 [椭圆（E）]<0，0，0>：0，0，10✓　//底面中心在圆柱上表面中心

指定圆锥体底面的半径或 [直径（D）]：50✓

指定圆锥体高度或 [顶点（A）]：800✓

3. 绘制球

调用球命令，命令行提示如下：

命令：SPHERE

当前线框密度：ISOLINES=20

指定球体球心 <0，0，0>：0，0，250✓

指定球体半径或 [直径（D）]：80✓　　//完成底下球的绘制

命令：空格　　　　　　　　//再次调用球命令

命令：SPHERE

当前线框密度：ISOLINES=20

指定球体球心 <0，0，0>：0，0，450✓

指定球体半径或 [直径（D）]：50✓

4. 布尔运算

单击实体编辑工具栏上的并集按钮，调用并集命令，命令行提示如下：

命令：_union

选择对象：窗口选择各个对象找到 4 个

选择对象：✓

完成图如图 9.26 所示。

9.4.2 补充知识

1. 圆柱命令中的选项

椭圆（E）：绘制截面为椭圆的柱体或锥体。

另一个圆心（C）：根据圆柱体另一底面的中心位置创建圆柱体，两中心点连线方向为圆柱体的轴线方向。

2. 圆锥命令中的选项

椭圆（E）：同圆柱命令。

顶点（A）：根据圆锥体顶点与底面的中心连线方向为圆锥体的轴线方向创建圆锥体。

创建这种较规则的实体模型时，最好利用坐标点确定位置，这样操作起来较为方便。

9.5 创建基本三维实体实例——环

在绘制图形时，有可能会用到环形，本节用一实例来介绍建模环的操作。

【例9.4】绘制如图9.27所示的实体。

分析：通过绘制此图形，学习绘制环命令的使用。学习该例题之前，必须熟练视图、布尔运算等操作。

具体操作步骤如下：

1. 绘制大圆环

（1）将视图调整到"西南等轴测"方向。

（2）调用环命令方式如下：

① 菜单栏：选择"绘图"→"建模"→"圆环体"命令；

② 工具栏：单击建模工具栏中的"圆环体"按钮；

③ 命令行：在命令行中输入"TORUS"，按回车键。

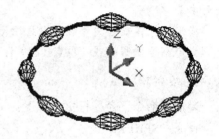

图9.27 环

命令行提示如下：

命令：_torus

当前线框密度：ISOLINES=4

指定圆环体中心 <0，0，0>：✓

指定圆环体半径或 [直径（D）]：100✓

指定圆管半径或 [直径（D）]：2✓

2. 绘制环珠

（1）调整坐标系方向，如图9.28所示。

（2）绘制橄榄球。

调用环命令提示如下：

命令：_torus

当前线框密度：ISOLINES=4

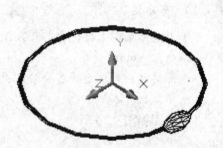

图9.28 绘制环珠

指定圆环体中心 <0, 0, 0>: 100, 0, 0↙
指定圆环体半径或 [直径（D）]: -20↙
指定圆管半径或 [直径（D）]: 30↙

3. 阵列环珠

调整视图方向到俯视图方向，如图 9.29 所示。调用菜单"修改"→"阵列"→"环形阵列"命令，以大环的中心为阵列中心，在 360°范围内阵列环珠，个数为 8 个，完成图如图 9.27 所示。

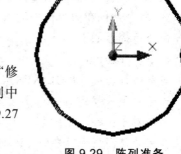

图 9.29　阵列准备

在绘制环形的时候特别需要注意：

（1）在绘制环时，如果给定环半径大于圆管半径，则绘制的是正常的环。如果给定环的半径为负值，并且圆管半径大于环半径的绝对值，则绘制的是橄榄形。

（2）阵列对象时，如果阵列对象分布在一个平面上，则可将 *XY* 平面调整到该平面上，利用平面的"阵列"命令阵列对象，这样比用 3D 阵列命令（后面介绍）方便得多。

9.6　拉伸实例

在创建三维实体时，有时直接通过建模再加上布尔操作来完成图形的步骤是十分繁杂的，这个时候就可以考虑一些其他的辅助绘制三维图形的方法，比如本节所述的三维拉伸操作，该操作主要通过延伸二维或三维曲线创建三维实体或曲面。

9.6.1　拉伸成实体

下面用一个例子来简要说明其用法。

【例 9.5】绘制如图 9.30 所示的实体。

分析：该例题可以用一个长方体和一个圆柱形求差集完成，也可以用拉伸命令完成，在这里介绍后一种方法。在学习该例题之前，需熟练二维操作和视图、布尔运算。

具体操作步骤如下：

1. 画端面图形

（1）调整视图方向到俯视图方向。

（2）用多段线一次完成端面图形，或用线段和圆弧等命令完成端面图形后用合并命令把所有元素合并到一块（需是一个整体）。

（3）绘制完端面图形后调整视图方向，如图 9.31 所示。

2. 拉伸面域

调用拉伸命令方式如下：

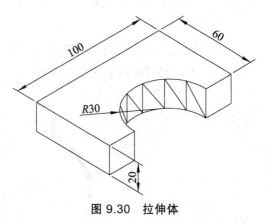

图 9.30　拉伸体

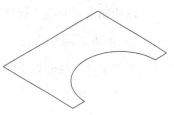

图 9.31　端面图形

① 菜单栏：选择"修改"→"实体编辑"→"拉伸"命令；

② 工具栏：单击建模工具栏中的"拉伸"按钮 ；

③ 命令行：在命令行中输入"EXTRUDE"，按回车键。

命令行提示如下：

命令：_extrude

当前线框密度：ISOLINES=4

选择对象：找到 1 个 //点击端面图形

选择对象：✓

指定拉伸高度或 [路径（P）]：20✓

指定拉伸的倾斜角度 <0>：✓

完成图形如图 9.30 所示。

9.6.2 补充知识

1. 命令选项

路径（P）：对拉伸对象沿路径拉伸。可以为路径的对象有直线、圆、椭圆、圆弧、椭圆弧、多段线、样条曲线等。

2. 可操作对象

可以拉伸的对象有圆、椭圆、正多边形、用矩形命令绘制的矩形、封闭的样条曲线、封闭的多段线、面域等。

3. 路径拉伸

路径与截面不能在同一平面内，二者一般分别在两个相互垂直的平面内，如图 9.32 中圆为拉伸对象，样条曲线和矩形为路径。

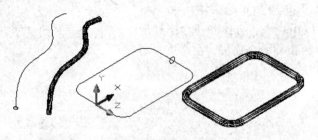

图 9.32 路径拉伸

该功能也可通过"扫掠"命令来完成。

4. 拉伸方向

当指定拉伸高度为正时，沿 Z 轴正方向拉伸；当给定高度值为负时，沿 Z 轴反方向拉伸。

5. 拉伸角度

拉伸的倾斜角度：在 − 90°和 ＋ 90°之间。

6. 忽略线宽

含有宽度的多段线在拉伸时宽度被忽略，沿线宽中心拉伸。含有厚度的对象，拉伸时厚度被忽略。

9.7 旋转实例

与拉伸操作一样，在创建三维实体时，有时直接通过建模再加上布尔操作来完成图形的步骤是十分繁杂的，除了可以考虑拉伸操作外，还可以考虑旋转操作，该操作主要通过绕轴扫掠对象创建三维实体或曲面。

9.7.1 旋转操作实例

下面通过一个例题来介绍旋转操作。

【例 9.6】绘制如图 9.33 所示的实体模型。

分析：如果该实体模型用基本建模加上布尔操作完成的话步骤十分烦琐，因此，在本例题中考虑用旋转操作。在学习本例题之前，应该熟练掌握二维绘图和视图相关内容。

具体操作如下：

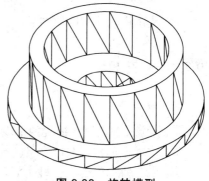

图 9.33　旋转模型

1. 画回转截面

（1）新建一张图，视图方向调整到主视图方向。

（2）调用"多段线"命令，绘制如图 9.34（a）所示的封闭图形，再绘制辅助直线 *AC*、*BD*，如图 9.34（b）所示。

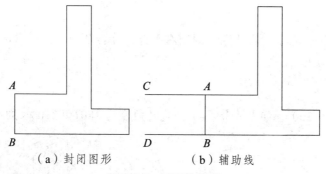

（a）封闭图形　　　　（b）辅助线

图 9.34　画回转截面

2. 旋转生成实体

调用旋转命令方式如下：

① 菜单栏：选择"修改"→"实体编辑"→"旋转"命令；

② 工具栏：单击建模工具栏中的"旋转"按钮 ；

③ 命令行：在命令行中输入"REVOLVE"，按回车键。

命令栏提示：

命令：_revolve

当前线框密度：ISOLINES=4

选择对象：找到 1 个　　　　　　　　//选择封闭线框

选择对象：✔　　　　　　　　　　//结束选择

指定旋转轴的起点或

定义轴依照 [对象（O）/X 轴（X）/Y 轴（Y）]：选择端点 C　　//按定义轴旋转

指定轴端点：选择端点 D

指定旋转角度 <360>：✔　　　　//接受默认，按 360°旋转。

3. 将辅助线 *AC*、*BD* 删除

绘制结果如图 9.33 所示。

9.7.2　补充知识

1. 命令选项

（1）定义轴依照：捕捉两个端点指定旋转轴，旋转轴方向从先捕捉点指向后捕捉点。

（2）对象（O）：选择一条已有的直线作为旋转轴。

（3）X 轴（X）或 Y 轴（Y）：选择绕 *X* 或 *Y* 轴旋转。

2. 旋转轴方向

（1）捕捉两个端点指定旋转轴时，旋转轴方向从先捕捉点指向后捕捉点。

（2）选择已知直线为旋转轴时，旋转轴的方向从直线距离坐标原点较近的一端指向较远的一端。

3. 旋转方向

旋转角度正向符合右手螺旋法则，即用右手握住旋转轴线，大拇指指向旋转轴正向，四指指向为旋转角度方向。

4. 旋转角度

旋转角度为 0°～360°，如图 9.35 所示为旋转角度为 180°和 270°时的情况。

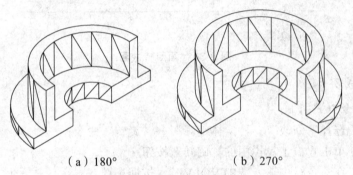

（a）180°　　　　　　　　（b）270°

图 9.35　旋转角度

9.8　编辑实体——剖切

在建模过程中经常建立的是一个完整的图形，比如完整的球或者完整的长方体，但是如果只需要其中一部分，这个时候就可以借助于剖切命令。

剖切指的是通过剖切现有对象，创建新的三维实体和曲面。

下面通过一个实例来介绍剖切命令。

【例 9.7】绘制如图 9.36 所示的实体模型。

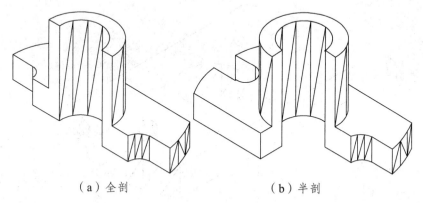

（a）全剖　　　　　　　（b）半剖

图 9.36　剖切实体

分析：通过绘制此图形，可以学习剖切命令的使用。在学习该命令之前，应该熟悉视图、面域、拉伸、布尔运算等操作。

具体步骤如下：

1. 绘制底板实体

（1）按图 9.37 所示尺寸绘制外形轮廓。

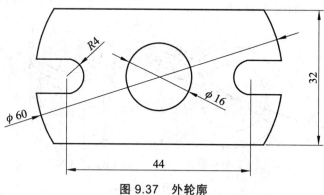

图 9.37　外轮廓

（2）创建面域。

调用面域命令，选择所有图形，生成两个面域。

再调用"差集"命令，用外面的大面域减去中间圆孔面域，完成面域创建。

（3）拉伸面域。

调用拉伸命令，命令行提示如下：

命令：_extrude

当前线框密度：ISOLINES=4

选择对象：找到 1 个　　　　//选择刚刚创建的面域

选择对象：✓

指定拉伸高度或 [路径（P）]：8✓

指定拉伸的倾斜角度 <0>：✓

结果如图 9.38 所示。

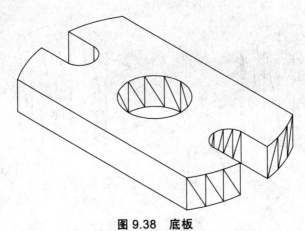

图 9.38　底板

2. 创建圆筒

（1）调用圆命令，绘制如图 9.39（a）所示的图形。

（2）创建环形面域。

（3）拉伸实体。

调用"实体工具栏"上的"拉伸"命令，选择环形面域，以高度为 22，倾斜角度为 0°拉伸面域，生成圆筒，如图 9.39（b）所示。

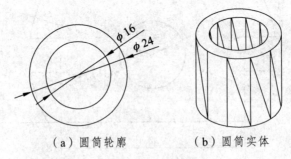

（a）圆筒轮廓　　　　（b）圆筒实体

图 9.39　圆筒

3. 合成实体

（1）组装模型。

调用移动命令，命令行提示如下：

命令：_move

选择对象：找到 1 个　　　　//选择圆筒

选择对象：✓　　　　　　　　//结束选择

指定基点或位移：选择圆筒下表面圆心

指定位移的第二点或 <用第一点作位移>：　　//选择底板上表面圆孔圆心

（2）并集运算。

调用并集运算命令，选择两个实体，合成为一个。完成后如图9.40所示。

将创建的实体复制两份备用。

4. 创建全剖实体模型

调用剖切命令方式如下：

① 菜单栏：选择"修改"→"三维操作"→"剖切"命令；

② 命令行：在命令行中输入"SLICE"，按回车键。

命令栏行提示如下：

命令：_slice

选择对象：找到 1 个　　　//选择实体模型

选择对象：✓　//结束选择对象

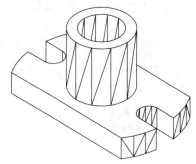

图 9.40　完成实体

指定切面上的第一个点，依照 [对象（O）/Z 轴（Z）/视图（V）/XY 平面（XY）/YZ 平面（YZ）/ZX 平面（ZX）/三点（3）]<三点>：3 ✓

指定平面上的第一个点：//选择左侧U形槽上圆心

指定平面上的第二个点：//选择圆筒上表面圆心

指定平面上的第三个点：//选择右侧U形槽上圆心

在要保留的一侧指定点或 [保留两侧（B）]：//在图形的右上方单击，后侧保留

结果如图9.36（a）所示。

5. 创建半剖实体模型

（1）选择前面复制的完整轴座实体，重复剖切过程，当系统提示："在要保留的一侧指定点或 [保留两侧（B）]:"时，选择"B"选项，则剖切的实体两侧全保留。结果如图9.41所示，虽然看似一个实体，但已经分成前后两部分，并且在两部分中间过 *ABC* 已经产生一个分界面。

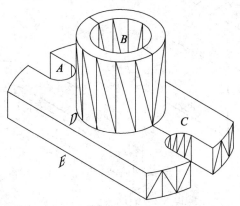

图 9.41　将实体分为两部分

（2）将前部分左右剖切。

再调用"剖切"命令，命令行提示如下：

命令：_slice

选择对象：选择前部分实体找到 1 个

选择对象：✓　　　　　　　　　　　　　//结束选择。

指定切面上的第一个点，依照 [对象（O）/Z 轴（Z）/视图（V）/XY 平面（XY）/YZ 平面（YZ）/ZX 平面（ZX）/三点（3）]<三点>：3

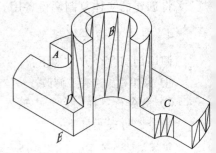

指定平面上的第一个点：　//选择圆筒上表面圆心 B

指定平面上的第二个点：　//选择底座边中心点 D

指定平面上的第三个点：　//选择底座边中心点 E

在要保留的一侧指定点或 [保留两侧（B）]：　//在图形左上方单击

结果如图 9.42 所示。

（3）合成。

图 9.42　半剖组成

调用"并集"运算命令，选择两部分实体，将剖切后得到的两部分合成一体，结果如图 9.36（b）所示。

9.9　编辑实体的面——拉伸面

拉伸命令只能用于线框或者面域的拉伸，有时实体已经建成，此时若需修改，则该使用拉伸面命令。拉伸面命令可以拉伸、移动、旋转、偏移、倾斜、复制、删除面、为面指定颜色以及添加材质，还可以复制边以及为其指定颜色。可以对整个三维实体对象（体）进行压印、分割、抽壳、清除，以及检查其有效性。

下面通过一个实例来介绍其用法。

【例 9.8】将图 9.43（a）所示的实体模型修改成图 9.43（b）所示的图形。

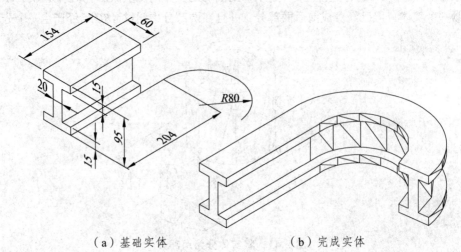

（a）基础实体　　　　　　　　　　（b）完成实体

图 9.43　拉伸面实体

分析：通过绘制此图形，学习拉伸面命令的使用。在学习该例题之前，需要掌握 UCS、视图、拉伸等操作。

1. 创建基础实体

新建一张图纸，调整到主视图方向，调用"多段线"命令，按图示尺寸绘制"工"字形断面，再选择"实体工具栏"上的"拉伸"命令，视图方向调至西南等轴测方向，创建如图9.43（a）所示的实体。

2. 拉伸面

（1）绘制拉伸路径。

将坐标系的 *XY* 平面调整到底面上，坐标轴方向与"工"字形棱线平行，调用"多段线"命令，绘制拉伸路径线。

（2）拉伸面。

调用拉伸面命令方式如下：

① 菜单栏：选择"修改"→"实体编辑"→"拉伸面"命令；

② 工具栏：单击实体编辑工具栏中的"拉伸面"按钮 。

命令行提示如下：

命令：_solidedit

实体编辑自动检查：SOLIDCHECK=1

输入实体编辑选项 [面（F）/边（E）/体（B）/放弃（U）/退出（X）] <退出>：_face

输入面编辑选项

[拉伸（E）/移动（M）/旋转（R）/偏移（O）/倾斜（T）/删除（D）/复制（C）/着色（L）/放弃（U）/退出（X）] <退出>：_extrude

选择面或 [放弃（U）/删除（R）]：找到一个面　　//选择工字型实体右端面

选择面或 [放弃（U）/删除（R）/全部（ALL）]：✓　//结束选择

指定拉伸高度或 [路径（P）]：p✓

选择拉伸路径：在路径线上单击

已开始实体校验

已完成实体校验

结果如图9.43（b）所示。

在拉伸面时应该注意：

（1）命令选项中"指定拉伸高度"的使用方法与"拉伸"命令中的"指定拉伸高度"选项是相同的，这里不再赘述。

（2）选择面时常常会把一些不需要的面选择上，此时应选择"删除"选项删除多选择的面。

9.10 编辑实体的面——移动面、旋转面、倾斜面

在 AutoCAD 2014 中，面的操作会带来很大的便利，本节就用一个例题来介绍移动面、旋转面、倾斜面的操作。

【**例 9.9**】将图 9.44（a）所示的实体模型修改成图 9.44（b）所示的图形。

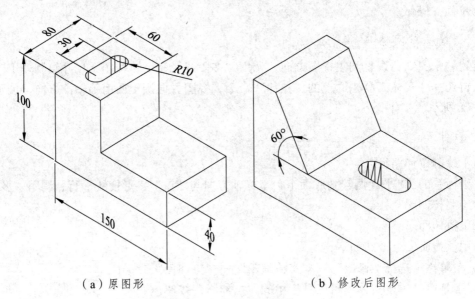

（a）原图形   （b）修改后图形

图 9.44   面操作实体

分析：在原图上进行修改，与完全重新建模是有非常大的区别的，通过本例，可以学习移动面、旋转面、倾斜面命令的使用。在学习该例题之前，用户应该熟悉 UCS、视图、拉伸、布尔运算等操作。

具体操作过程如下：

1. 绘制原图形

运用拉伸、差集操作等完成如图 9.44（a）所述的原图形，在这里就不做详述。

2. 移动面

调用移动面命令方式如下：

① 菜单栏：选择"修改"→"实体编辑"→"移动面"命令；

② 工具栏：单击实体编辑工具栏中的"移动面"按钮 。

命令行提示如下：

命令：_solidedit

实体编辑自动检查：SOLIDCHECK=1

输入实体编辑选项 [面（F）/边（E）/体（B）/放弃（U）/退出（X）]<退出>：_face

输入面编辑选项[拉伸（E）/移动（M）/旋转（R）/偏移（O）/倾斜（T）/删除（D）/复制（C）/着色（L）/放弃（U）/退出（X）]<退出>：_move

选择面或 [放弃（U）/删除（R）]：找到一个面。//在孔边缘线上单击

选择面或 [放弃（U）/删除（R）/全部（ALL）]：找到 2 个面。//在孔边缘线上单击

选择面或 [放弃（U）/删除（R）/全部（ALL）]：找到 2 个面。//在孔边缘线上单击

选择面或 [放弃（U）/删除（R）/全部（ALL）]：找到 2 个面。//在孔边缘线上单击

选择面或 [放弃（U）/删除（R）/全部（ALL）]：R✓

删除面或 [放弃（U）/添加（A）/全部（ALL）]：找到一个面，已删除 1 个。//选择多选择的表面

删除面或 [放弃（U）/添加（A）/全部（ALL）]：✔ 　　　//当只剩下要移动的内孔面时，结束选择，如图 9.45（a）所示

指定基点或位移：　　//选择 *CD* 的中点

指定位移的第二点：　　//选择 *EF* 的中点

已开始实体校验

已完成实体校验

结果如图 9.45（b）所示。

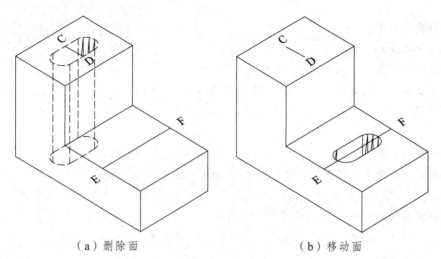

（a）删除面　　　　　　　　　　（b）移动面

图 9.45　移动面

3. 旋转面

调用旋转面命令：

① 菜单栏：选择"修改"→"实体编辑"→"旋转面"命令；

② 工具栏：单击实体编辑工具栏中的"旋转面"按钮 。

命令行提示如下：

命令：_solidedit

实体编辑自动检查：SOLIDCHECK=1

输入实体编辑选项 [面（F）/边（E）/体（B）/放弃（U）/退出（X）]<退出>：_face

输入面编辑选项[拉伸（E）/移动（M）/旋转（R）/偏移（O）/倾斜（T）/删除（D）/复制（C）/着色（L）/放弃（U）/退出（X）]<退出>：_rotate

选择面或 [放弃（U）/删除（R）]：找到 2 个面。//选择内孔表面

删除面或 [放弃（U）/添加（A）/全部（ALL）]：✔ 　　　//同上步一样选择全部内孔表面，当只剩下要移动的内孔面时，结束选择

指定轴点或 [经过对象的轴（A）/视图（V）/X 轴（X）/Y 轴（Y）/Z 轴（Z）]<两点>：Z✔

指定旋转原点 <0，0，0>：//选择 *EF* 的中点

指定旋转角度或 [参照（R）]：90✔

已开始实体校验

已完成实体校验

结果如图 9.46 所示。

4. 倾斜面

调用倾斜命令方式如下：

① 菜单栏：选择"修改"→"实体编辑"→"倾斜面"命令；

② 工具栏：单击实体编辑工具栏中的"倾斜面"按钮 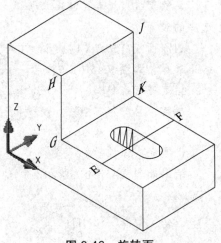。

命令行提示如下：

命令：_solidedit

实体编辑自动检查：SOLIDCHECK=1

输入实体编辑选项 [面（F）/边（E）/体（B）/放弃（U）/退出（X）] <退出>: _face

输入面编辑选项[拉伸（E）/移动（M）/旋转（R）/偏移（O）/倾斜（T）/删除（D）/复制（C）/着色（L）/放弃（U）/退出（X）] <退出>: _taper

选择面或 [放弃（U）/删除（R）]: 找到一个面。//选择 GHJK 表面

选择面或 [放弃（U）/删除（R）/全部（ALL）]: ↙

指定基点: 选择 G 点

指定沿倾斜轴的另一个点: 选择 H 点

指定倾斜角度: 30↙

已开始实体校验

已完成实体校验

删除辅助线结果如图 9.44（b）所示。

图 9.46　旋转面

9.11　编辑三维实体——抽壳、复制边、对齐、着色边

本节将以一个实例来介绍抽壳、复制边、对齐、着色边。

【例 9.10】创建如图 9.47 所示的实体。

分析：该例题如果单纯用建模加布尔操作来完成，步骤十分繁杂，该例题介绍了抽壳等操作，可以使得整个过程更容易理解。在学习该例题之前，用户需熟悉拉伸、UCS、布尔运算等操作。

绘图步骤如下：

1. 创建长方体

新建一个图形，调用长方体命令，绘制长 400、宽 250、高 120 的长方体。

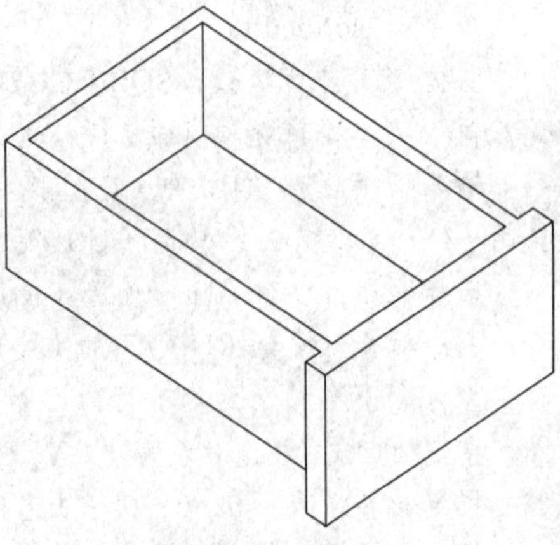

图 9.47　抽壳实例

2. 抽　壳

以下面任意一种方法调用抽壳命令：

① 菜单栏：选择"修改"→"实体编辑"→"抽壳"命令；

② 工具栏：单击实体编辑工具栏中的"抽壳"按钮 。

命令行提示如下：

命令：_solidedit

实体编辑自动检查：SOLIDCHECK=1

输入实体编辑选项 [面（F）/边（E）/体（B）/放弃（U）/退出（X）]＜退出＞：_body

输入体编辑选项[压印（I）/分割实体（P）/抽壳（S）/清除（L）/检查（C）/放弃（U）/退出（X）]＜退出＞：_shell

选择三维实体：　//选择长方体

删除面或 [放弃（U）/添加（A）/全部（ALL）]：找到一个面，已删除 1 个。　//选择长方体上表面

删除面或 [放弃（U）/添加（A）/全部（ALL）]：找到一个面，已删除 1 个。//选择长方体前表面

删除面或 [放弃（U）/添加（A）/全部（ALL）]：✔

输入抽壳偏移距离：18✔

已开始实体校验

已完成实体校验

结果如图 9.48 所示。

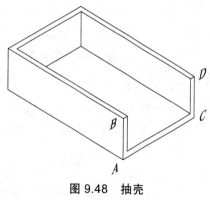

图 9.48　抽壳

3. 复制边

以下面任意一种方法调用复制边命令：

① 菜单栏：选择"修改"→"实体编辑"→"复制边"命令；

② 工具栏：单击实体编辑工具栏中的"复制边"按钮 。

命令行提示如下：

命令：_solidedit

实体编辑自动检查：SOLIDCHECK=1

输入实体编辑选项 [面（F）/边（E）/体（B）/放弃（U）/退出（X）]＜退出＞：_edge

输入边编辑选项 [复制（C）/着色（L）/放弃（U）/退出（X）]＜退出＞：_copy

选择边或 [放弃（U）/删除（R）]：//选择 AB 边

选择边或 [放弃（U）/删除（R）]：//选择 AC 边

选择边或 [放弃（U）/删除（R）]：//选择 CD 边

选择边或 [放弃（U）/删除（R）]：✔

指定基点或位移：//选择点 A

指定位移的第二点：//选择目标点

再按"Esc"键，结束命令。

得到复制的边框线 A_1B_1，A_1C_1，C_1D_1，如图 9.49 所示。

4. 创建抽屉面板

（1）新建 UCS，将原点置于 A_1 点，A_1C_1 作为 OX 轴方向，A_1B_1 作为 OY 轴方向。

（2）调用偏移命令，将直线 A_1B_1、A_1C_1、C_1D_1 向外偏移 20，如图 9.50 所示，得 EF、EH、HG，再编辑成矩形，创建成面域。

（3）调用拉伸命令，给定高度 20，拉伸成长方体。

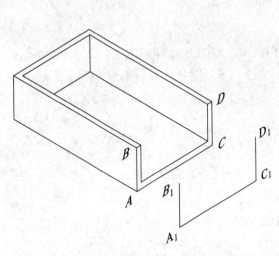

图 9.49　复制边

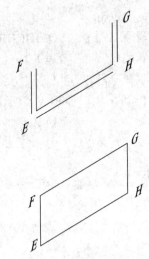

图 9.50　创建抽屉面板面域

5. 对　齐

调用着色边对齐命令方式如下：

菜单栏：选择"修改"→"三维操作"→"对齐"命令。

命令行提示如下：

命令：_align

选择对象：找到 1 个　　//选择面板

选择对象：✓

指定第一个源点：　　　　//选择 FG 中点

指定第一个目标点：　　　//选择 BD 中点

指定第二个源点：　　　　//选择 E 点

指定第二个目标点：　　　//选择 A 点

指定第三个源点或 <继续>：　//选择 G 点

指定第三个目标点：　　　　//选择 D 点

过程如图 9.51 所示。

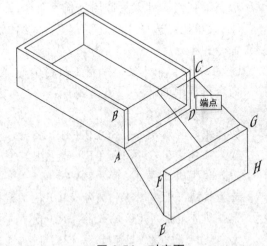

图 9.51　对齐面

6. 布尔运算

删除辅助线 BD。

调用"并集"运算命令，选择抽壳体和面板，合并成一个实体。

7. 着色边

AutoCAD 2014 可以改变实体边的颜色，这样为在线框模式和消隐模式下编辑实体时，区分不同面上的线提供了方便。

着色边调用命令的方法如下：

① 菜单栏：选择"修改"→"实体编辑"→"着色边"命令；

② 工具栏：单击实体编辑工具栏中的"着色边"按钮 。

执行结果同着色面。

在抽壳等过程当中，还应注意：

（1）对齐命令在二维和三维下均可以使用。

（2）如果只指定了一点对齐，则把源对象从第一个源点移动到第一个目标点。

（3）如果指定两个对齐点，则相当于移动、缩放。

（4）当指定三个对齐点时，则命令结束后，3 个原点定义的平面将与 3 个目标点定义的平面重合，并且第一个原点要移动到第一个目标点位置。

9.12 编辑实体——压印、三维阵列、三维镜像、三维旋转

在三维建模过程中有许多命令在二维里面也有类似的命令，如三维阵列、三维镜像、三维旋转与二维修改过程当中使用的阵列、镜像、旋转命令类似，用户使用时需要注意两者的区别。

9.12.1 压印等实例

本小节用一个实例来介绍压印、三维阵列、三维镜像、三维旋转等操作。

【例 9.11】创建图 9.52（a）、（b）所示的实体并把其旋转成图 9.52（c）所示的方向。

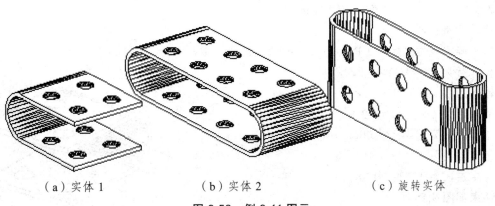

（a）实体 1　　　　　（b）实体 2　　　　　（c）旋转实体

图 9.52　例 9.11 图示

分析：该例题中实体 1 需要用到压印、阵列等命令；通过镜像又可由实体 1 变为实体 2，最终通过旋转命令可以得到旋转实体。三维操作和二维操作有哪些异同，用户需仔细体会。在学习该例题之前，应该熟悉拉伸、UCS、布尔运算等命令。

具体绘图过程如下：

1. 创建 "U" 形板

（1）将视图调整到主视图方向，绘制如图 9.53 所示的端面形状。

（2）按长度 200 拉伸成实体。

2. 3D 阵列对象

（1）绘制表面圆。

调整 UCS 至上表面，方向如图 9.54 所示。调用圆命令，以（50，50）为圆心，20 为半径绘制圆。

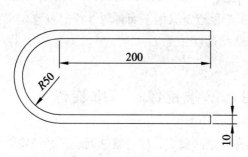

图 9.53　端面图形

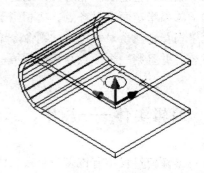

图 9.54　绘制圆

（2）阵列对象。

调用三维阵列命令方式如下：

① 菜单栏：选择 "修改" → "三维操作" → "三维阵列" 命令；

② 工具栏：单击建模工具栏中的 "三维阵列" 按钮 。

命令行提示如下：

命令：_3darray

选择对象：找到 1 个　//选择圆

选择对象：↙

输入阵列类型 [矩形（R）/环形（P）] <矩形>：R↙

输入行数（---）<1>：2↙

输入列数（|||）<1>：2↙

输入层数（...）<1>：2↙

指定行间距（---）：100↙

指定列间距（|||）：100↙

指定层间距（...）：-110↙

结果如图 9.55 所示。

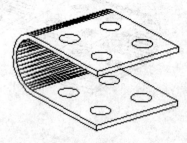

图 9.55　三维阵列圆

3. 压　印

调用压印命令：

① 菜单栏：选择 "修改" → "实体编辑" → "压印" 命令；

② 工具栏：单击实体编辑工具栏中的 "压印" 按钮。

命令栏提示如下：

命令：_solidedit

实体编辑自动检查：SOLIDCHECK=1

输入实体编辑选项 [面（F）/边（E）/体（B）/放弃（U）/退出（X）]<退出>：_body

输入体编辑选项[压印（I）/分割实体（P）/抽壳（S）/清除（L）/检查（C）/放弃（U）

/退出（X）]<退出>：_imprint

选择三维实体： //选择实体

选择要压印的对象：//选择一个圆

是否删除源对象 [是（Y）/否（N）]<N>：Y✓

选择要压印的对象：//选择另一个圆

是否删除源对象 [是（Y）/否（N）]<N>：✓

……

逐个选择各个圆，完成 8 个圆的压印。压印结果同上步，如图 9.55 所示。

4. 拉伸面

调用"拉伸面"命令，选择各个圆内的表面，以 – 10 的高度拉伸表面，得到 8 个通孔。结果如图 9.52（a）所示。

5. 三维镜像

调用三维镜像命令方式如下：

菜单栏：选择"修改"→"三维操作"→"三维镜像"命令。

命令行提示如下：

命令：_mirror3d

选择对象：找到 1 个   //选择实体

选择对象：✓

指定镜像平面（三点）的第一个点或   [对象（O）/最近的（L）/Z 轴（Z）/视图（V）/XY

平面（XY）/YZ 平面（YZ）/ZX 平面（ZX）/三点（3）]<三点>：3✓

在镜像平面上指定第一点：选择端面点 A

在镜像平面上指定第二点：选择端面点 B

在镜像平面上指定第三点：选择端面点 C

是否删除源对象？[是（Y）/否（N）]<否>：✓   //选择默认值

结果如图 9.56 所示。

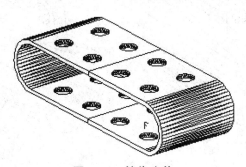

图 9.56 镜像实体

6. 布尔运算

调用"并集"命令，选择两个实体，完成图形，如图 9.52（b）所示。

7. 三维旋转

调用三维旋转命令方式如下：

① 菜单栏：选择"修改"→"三维操作"→"三维旋转"命令；

② 工具栏：单击建模工具栏中的"三维旋转"按钮 ⊕ 。

命令行提示如下：

命令：_rotate3d

当前正向角度：ANGDIR=逆时针 ANGBASE=0

选择对象：找到 1 个

选择对象：

指定轴上的第一个点或定义轴依据[对象（O）/最近的（L）/视图（V）/X 轴（X）/Y 轴（Y）/Z 轴（Z）/两点（2）]: //选择 U 形板左侧中点 E

指定轴上的第二点： //选择 U 形板右侧中点 F

指定旋转角度或 [参照（R）]: 90✔

结果如图 9.51（c）所示。

9.12.2 补充知识

1. 三维阵列

矩形阵列：同平面图形阵列一样，如果是矩形阵列，行表示沿 Y 轴方向，列表示沿 X 轴方向，层表示沿 Z 轴方向。

环形阵列：如图 9.57 所示的实体，调用 3D 阵列命令如下：

命令：_3darray

选择对象：选择小耳板 找到 1 个

选择对象：✔

输入阵列类型 [矩形（R）/环形（P）] <矩形>: P✔

输入阵列中的项目数目：3✔

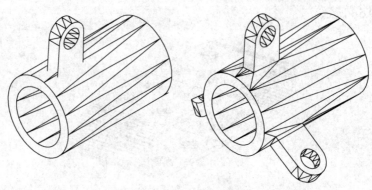

图 9.57 三维环形阵列

指定要填充的角度（+=逆时针，-=顺时针）<360>：✓

旋转阵列对象？ [是（Y）/否（N）]<是>：Y✓

指定阵列的中心点：选择圆筒端面中心

指定旋转轴上的第二点：选择圆筒另一端面中心

结果如图 9.57 所示。

2. 压　印

通过压印圆弧、圆、直线、二维和三维多段线、椭圆、样条曲线、面域和三维实体来创建三维实体的新面。可以删除原始压印对象，也可保留下来以供将来编辑使用。压印对象必须与选定实体上的面相交，这样才能压印成功。

9.13　编辑实体——分割、清除、检查实体

在三维建模过程中，经常需要对实体进行分割、清除和检查实体的操作，本节就为用户加以介绍。

9.13.1　分割实体

分割实体的操作可以将布尔运算所创建的组合实体分割成单个零件。如图 9.57 所示的实体经"差集"运算后，得到四块连在一起的三角形实体块，要想使其分开，则要调用"分割"命令。

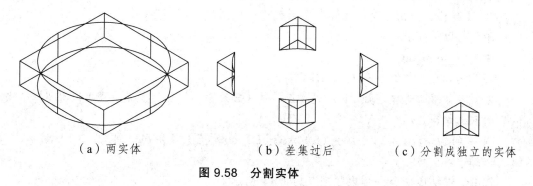

（a）两实体　　　　　　（b）差集过后　　　　　（c）分割成独立的实体

图 9.58　分割实体

调用分割命令：

① 菜单栏：选择"修改"→"实体编辑"→"分割"命令；

② 工具栏：单击实体编辑"工具栏中的"分割"按钮 。

命令行提示如下：

命令：_solidedit

实体编辑自动检查：SOLIDCHECK=1

输入实体编辑选项 [面（F）/边（E）/体（B）/放弃（U）/退出（X）]<退出>：_body

输入体编辑选项[压印（I）/分割实体（P）/抽壳（S）/清除（L）/检查（C）/放弃（U）

/退出（X）] <退出>：_separate

　　选择三维实体：　//在任意一个三角形块上单击

　　按 Esc 键结束命令。删除三个块，结果如图 9.57（c）所示。

9.13.2　清　除

　　AutoCAD 将检查实体对象的体、面或边，并且合并共享相同曲面的相邻面。三维实体对象上所有多余的、压印的以及未使用的边都将被删除。如图 9.59 所示的实体，图 9.59（a）上多余的三个圆弧形压印，要通过清除命令删除。

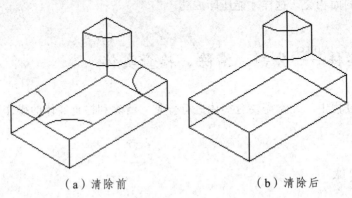

（a）清除前　　　　　　　　　（b）清除后

图 9.59　清除实体

　　调用清除命令方式如下：

① 菜单栏：选择"修改"→"实体编辑"→"清除"命令；

② 工具栏：单击"实体编辑"工具栏中的"清除"按钮 。

命令行提示如下：

命令：_solidedit

实体编辑自动检查：SOLIDCHECK=1

输入实体编辑选项 [面（F）/边（E）/体（B）/放弃（U）/退出（X）] <退出>：_body

输入体编辑选项

[压印（I）/分割实体（P）/抽壳（S）/清除（L）/检查（C）/放弃（U）/退出（X）] <退出>：_clean

选择三维实体：　//在实体上单击

按 Esc 键结束命令，结果如图 9.59（b）所示。

9.13.3　检察三维实体

　　验证三维实体对象是否为有效的 ShapeManager 实体。

　　调用检查命令方式如下：

① 菜单栏：选择"修改"→"实体编辑"→"检查"命令；

② 工具栏：单击"实体编辑"工具栏中的"检查"按钮 。

命令行提示如下：

命令：_solidedit

实体编辑自动检查：SOLIDCHECK=1

输入实体编辑选项 [面（F）/边（E）/体（B）/放弃（U）/退出（X）]<退出>：_body

输入体编辑选项

[压印（I）/分割实体（P）/抽壳（S）/清除（L）/检查（C）/放弃（U）/退出（X）]<退出>：_check

选择三维实体：此对象是有效的 ShapeManager 实体，点击 9.59（b）所示实体

9.14 实体编辑综合训练

本节通过一个工程实例来展示实体编辑的综合用法。

【例 9.12】创建图 9.60（b）所示的实体模型。

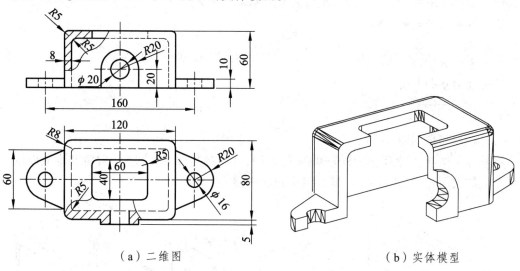

（a）二维图 　　　　　　　　　（b）实体模型

图 9.60　综合实例

分析：这是一个箱体类零件，需要使用抽壳、布尔运算等多种三维建模和编辑命令，在学习本例题前应该熟悉第 9 章前面部分内容。

具体绘制步骤如下：

1. 新建一张图

设置实体层和辅助线层，并将实体层设置为当前层。将视图方向调整到西南等轴测方向。

2. 创建长方体

调用长方体命令，绘制长 120、宽 80、高 60 的长方体。

3. 圆　角

调用圆角命令，以 8 为半径，对四条垂直棱边倒圆角，结果如图 9.61 所示。

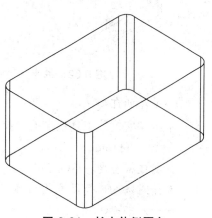

图 9.61　长方体倒圆角

4．创建内腔

调用抽壳命令，命令行提示如下：

命令：_solidedit

实体编辑自动检查：SOLIDCHECK=1

输入实体编辑选项 [面（F）/边（E）/体（B）/放弃（U）/退出（X）] <退出>：_body

输入体编辑选项

[压印（I）/分割实体（P）/抽壳（S）/清除（L）/检查（C）/放弃（U）/退出（X）] < 退出>：_shell

选择三维实体：//在三维实体上单击

删除面或 [放弃（U）/添加（A）/全部（ALL）]：找到一个面，已删除 1 个。//选择上表面

删除面或 [放弃（U）/添加（A）/全部（ALL）]：✓

输入抽壳偏移距离：8✓

已开始实体校验

已完成实体校验

结果如图 9.62 所示。

5．创建耳板

（1）绘制耳板端面。

将坐标系调至上表面，按图 9.60（a）所示尺寸绘制耳板端面图形，并将其生成面域，然后用外面的大面域减去圆形小面域，结果如图 9.63 所示。

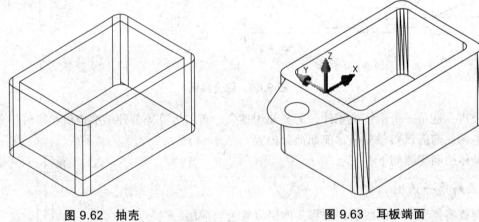

图 9.62 抽壳 　　　　　　　　　　　图 9.63 耳板端面

（2）拉伸耳板。

单击"实体"工具栏上的"拉伸"命令按钮，调用拉伸命令，命令行提示如下：

命令：_extrude

当前线框密度：ISOLINES=4

选择对象：选择面域找到 1 个

选择对象：✓

指定拉伸高度或［路径（P）］：-10✓

指定拉伸的倾斜角度 <0>：✓

结果如图 9.64 所示。

（3）镜像另一侧耳板。

调用"三维镜像"命令：

命令：_mirror3d

选择对象：找到 1 个 //选择耳板

选择对象：✓

指定镜像平面（三点）的第一个点或

［对象（O）/最近的（L）/Z 轴（Z）/视图（V）/XY 平面（XY）/YZ 平面（YZ）/ZX 平面（ZX）/三点（3）］<三点>：3✓

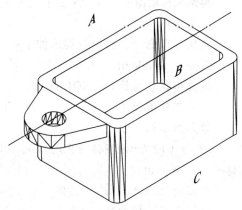

图 9.64　拉伸得到一侧耳板

在镜像平面上指定第一点：//选择中点 A

在镜像平面上指定第二点：//选择中点 B

在镜像平面上指定第三点：//选择中点 C

是否删除源对象？［是（Y）/否（N）］<否>：N✓

结果如图 9.65 所示。

（4）布尔运算。

调用并集运算命令，将两个耳板和一个壳体合并成一个。

6. 旋　转

调用"三维旋转"命令：

命令：_rotate3d

当前正向角度：ANGDIR=逆时针 ANGBASE=0

选择对象：找到 1 个　//选择实体

选择对象：✓

指定轴上的第一个点或定义轴依据

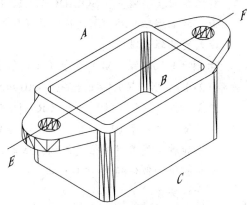

图 9.65　镜像得到两侧耳板

［对象（O）/最近的（L）/视图（V）/X 轴（X）/Y 轴（Y）/Z 轴（Z）/两点（2）］： //选择辅助线端点 E

指定轴上的第二点：　//选择辅助线端点 F

指定旋转角度或 ［参照（R）］：180✓

结果如图 9.66 所示。

7. 创建箱体顶盖方孔

（1）绘制方孔轮廓线。

调用矩形命令，绘制长 60、宽 40、圆角半径为 5 的矩形，用直线连接边的中点 MN，结果如图 9.67（a）所示。

（2）移动矩形线框。

连接箱盖顶面长边棱线中点 G、H，绘制辅助线 GH。

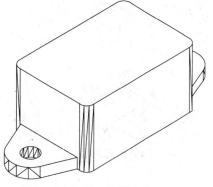

图 9.66　旋转实体

再调用移动命令，以 *MN* 的中点为基点，移动矩形线框至箱盖顶面，目标点为 *GH* 的中点。

（3）压印。

调用压印命令，命令行提示如下：

命令：_solidedit

实体编辑自动检查：SOLIDCHECK=1

输入实体编辑选项 [面（F）/边（E）/体（B）/放弃（U）/退出（X）] <退出>：_body

输入体编辑选项

[压印（I）/分割实体（P）/抽壳（S）/清除（L）/检查（C）/放弃（U）/退出（X）] <退出>：_imprint

选择三维实体：//选择实体

选择要压印的对象：//选择矩形线框

是否删除源对象 [是（Y）/否（N）] <N>：Y✓

结果如图 9.67（b）所示。

（4）拉伸面。

调用拉伸面命令，命令行提示如下：

命令：_solidedit

实体编辑自动检查：SOLIDCHECK=1

输入实体编辑选项 [面（F）/边（E）/体（B）/放弃（U）/退出（X）] <退出>：_face

输入面编辑选项

[拉伸（E）/移动（M）/旋转（R）/偏移（O）/倾斜（T）/删除（D）/复制（C）/着色（L）/放弃（U）/退出（X）] <退出>：_extrude

选择面或 [放弃（U）/删除（R）]：找到一个面。//在压印面上单击

选择面或 [放弃（U）/删除（R）/全部（ALL）]：✓

指定拉伸高度或 [路径（P）]：-8✓

指定拉伸的倾斜角度 <0>：✓

已开始实体校验

已完成实体校验

结果如图 9.67（c）所示。

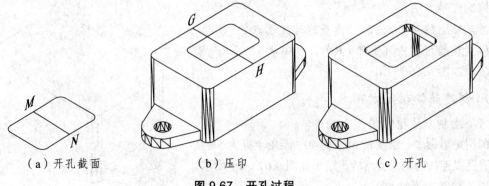

（a）开孔截面　　　　　　　（b）压印　　　　　　　（c）开孔

图 9.67　开孔过程

8. 创建前表面凸台

（1）绘制轮廓。

按图 9.60（a）所示尺寸绘制凸台轮廓线，创建面域，再将面域压印到实体上，结果如图 9.68 所示。

（2）拉伸面。

调用拉伸面命令，选择凸台压印面拉伸，高度为 5，拉伸的倾斜角度为 0°。

（3）合并。

调用"并集"命令，合并凸台与箱体。

（4）创建圆孔。

在凸台前表面上绘制直径为 20 的圆，压印到箱体上，然后以 −13 的高度拉伸面，创建出凸台通孔。

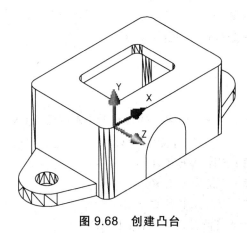

图 9.68　创建凸台

9. 倒顶面圆角

将视图方式调整到三维线框模式，调用圆角命令，命令行提示如下：

命令：_fillet

当前设置：模式 = 修剪，半径 = 5.0000

选择第一个对象或 [多段线（P）/半径（R）/修剪（T）/多个（U）]：选择上表面的一个棱边

输入圆角半径 <5.0000>：5✓

选择边或 [链（C）/半径（R）]：C✓

选择边链或 [边（E）/半径（R）]：//选择上表面的另一个棱边

选择边链或 [边（E）/半径（R）]：//选择内表面的一个棱边

选择边链或 [边（E）/半径（R）]：✓

已选定 16 个边用于圆角。

结果如图 9.69 所示。

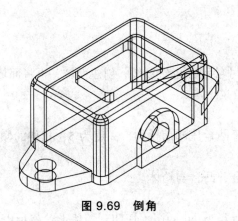

图 9.69　倒角

10. 剖　切

（1）实体剖切成前后两部分。

调用"剖切"命令，命令行提示如下：

命令：_slice

选择对象：找到 1 个

选择对象：✔

指定切面上的第一个点，依照 [对象（O）/Z 轴（Z）/视图（V）/XY 平面（XY）/YZ 平面（YZ）/ZX 平面（ZX）/三点（3）] <三点>：3✔

　　指定平面上的第一个点：//选择中点 A

　　指定平面上的第二个点：//选择中点 B

　　指定平面上的第三个点：//选择中点 C

在要保留的一侧指定点或 [保留两侧（B）]：B✔

结果如图 9.70（a）所示。

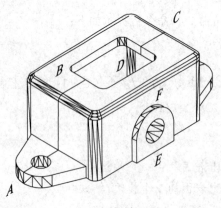 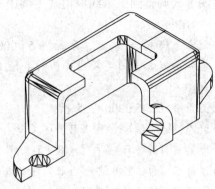

（a）前后剖　　　　　　　　　　　　　（b）左右剖

图 9.70　剖切

（2）剖切前半个实体。

调用剖切命令，命令行提示如下：

命令：_slice

选择对象：找到 1 个   //选择前半个箱体

选择对象：↙

指定切面上的第一个点，依照 [对象（O）/Z 轴（Z）/视图（V）/XY 平面（XY）/YZ 平面（YZ）/ZX 平面（ZX）/三点（3）] <三点>：3↙

指定平面上的第一个点：选择中点 *D*

指定平面上的第二个点：选择中点 *F*

指定平面上的第三个点：选择中点 *E*

在要保留的一侧指定点或 [保留两侧（B）]：//在右侧单击

结果如图 9.70（b）所示。

（3）合并实体。

调用"并集"命令，将剖切后的实体合并成一个，结果如图 9.60（b）所示。

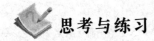 **思考与练习**

1. 思考题

（1）什么是布尔操作？包含几个命令？各有何作用？

（2）二维图形倒角和三维图形倒角有何区别？

（3）如何从各方位观察三维图形？

（4）简述绘制环的步骤。

（5）拉伸和旋转命令各适合于创建什么样的图形？

（6）如何创建全剖、半剖三维实体？

（7）可以对实体面进行哪些操作？各有何作用？

2. 练习题

（1）根据图 9.71 所示的二维图及尺寸，绘制出三维实体。

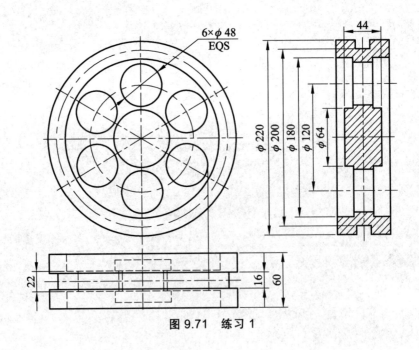

图 9.71 练习 1

（2）根据图 9.72 所示的三维图及尺寸，绘制出三维实体。

（3）根据图 9.73 所示的三维图及尺寸，绘制出三维实体。

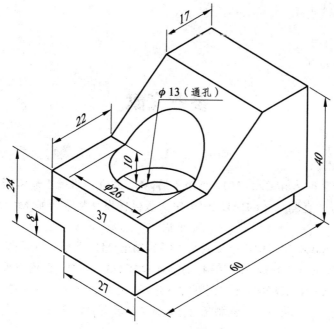

图 9.72　练习 2

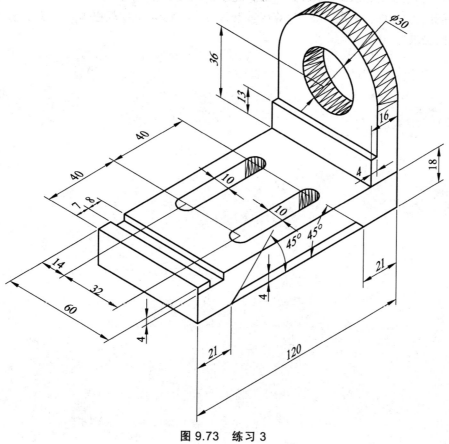

图 9.73　练习 3

参考文献

[1] 凌桂龙. 完全掌握 AutoCAD 2012 超级手册[M]. 北京：机械工业出版社，2012.

[2] 赵罘，龚堰珏，赵楠. AutoCAD 2014 中文版机械设计从零开始[M]. 北京：电子工业出版社，2014.

[3] 龙马工作室. AutoCAD 2010 中文版从入门到精通[M]. 北京：人民邮电出版社，2010.

[4] 马铭，王振宁，翟雁. AutoCAD 2014 快速入门教程[M]. 成都：西南交通大学出版社，2014.

[5] Autodesk inc. AutoCAD 2011 标准培训教程[M]. 北京：电子工业大学出版社，2011.

[6] 佟以丹，孙晓锋，王晓玲. 工程制图与 AutoCAD 教程[M]. 2 版. 北京：化学工业出版社，2015.

[7] 郑阿奇，徐文胜. AutoCAD 教程[M]. 北京：机械工业出版社，2015.

[8] 白春红，雷玉梅，王东，等. 计算机辅助设计——AutoCAD 教程[M]. 北京：清华大学出版社，2013.